Von Vera Bruns
illustriert von Wolfgang Kath

Mein Kind und fremde Menschen

Wie kann es sich selbst vor Gefahren schützen?

MOEWIG

Inhalt

Mein Kind und fremde Menschen

Wie kann es sich selbst vor Gefahren schützen?

MOEWIG

Ein Wort an Eltern und Erzieher

Hunderte von Kindern werden Jahr für Jahr als vermisst gemeldet, viele Tausende von Kindern, Jungen und Mädchen, werden jährlich sexuell gequält und missbraucht. Angezeigt werden die wenigsten Taten. Die Täter setzen ihre Opfer oft unter Druck, um zu erreichen, dass sie sich bei niemandem aussprechen. Die meisten Kinder schweigen, weil sie befürchten, dass man ihnen nicht glaubt und sie wegen ihrer Aussage zusätzlich bestraft werden. Etwa 50 Prozent der Täter kommen aus dem Bekanntenkreis der Familie, knapp 20 Prozent sind Verwandte und ungefähr 30 Prozent sind Fremde. Die schlimmen Geschehnisse der letzten Jahre haben dafür gesorgt, dass die Gefahren, in denen unser aller Kinder schweben, weltweit in den Blickpunkt gerückt sind. Umfassendere sexuelle Aufklärung und Aufklärung im Allgemeinen über den Umgang mit Fremden gehört unabdingbar zu dem, was in der Familie, im Kindergarten und in der Schule vermittelt werden muss.

Nehmen Sie sich viel Zeit für Kinder. Sprechen Sie mit ihnen über ihre Sorgen und Bedrängnisse. Machen Sie Kindern klar, dass sie Ihnen vertrauen und mit Ihnen über Dinge sprechen können, bei denen sie Scham verspüren oder gar ein schlechtes Gewissen haben. Klären Sie Ihr Kind frühzeitig und altersgemäß auf. Informieren Sie es über mögliche sexuelle Übergriffe. Gebrauchen Sie klare Beschreibungen, damit Ihr Kind missbräuchliche Situationen überhaupt erkennen kann. Vermitteln Sie Ihrem Kind, dass es zu jedem Erwachsenen „Nein" sagen darf, auch zu denen aus der eigenen Familie. Denn niemand hat das Recht, es gegen seinen Willen zu berühren. Geben Sie Ihrem Kind klar zu verstehen, dass Sie immer zu ihm stehen, dass es Ihnen vertrauen kann und nicht alleine mit seinen Nöten ist. Achten Sie darauf, wo sich Ihr Kind aufhält und mit wem es Kontakte hat. Wenn Sie den Eindruck haben, dass Ihr Kind Opfer eines sexuellen Übergriffs geworden ist, sprechen Sie mit ihm über Ihren Verdacht. Holen Sie sich Rat bei den Erziehungsberatungsstellen. Ungewohnte Verschlossenheit, aggressives Verhalten, Schulschwänzen, Ess- und Schlafstörungen, Störungen des gewohnten Vertrauensverhältnisses, Abweisung und eine plötzlich stark sexualisierte Ausdrucksweise können versteckte Hilferufe sein. Glauben Sie Ihrem Kind unbedingt, wenn es Ihnen von gefährlichen Situationen oder gar sexuellen Handlungen berichtet. Stehen Sie zu ihm, unterstützen Sie es! Machen Sie Ihrem Kind auf gar keinen Fall Vorwürfe. Stellen Sie verdächtige Personen zur Rede, gehen Sie zur Polizei, wenn es sich um eine Sexualstraftat handelt.

Erklären Sie Ihrem Kind, wie es sich fremden Menschen gegenüber verhalten soll. Verhindern Sie Vertraulichkeit und Anhänglichkeit zu unbekannten Personen. Wenn Sie nicht daheim sind, sagen Sie Ihrem Kind immer, wo und wie es Sie erreichen kann. Nennen Sie Ihrem Kind Personen Ihres Vertrauens, an die es sich wenden kann, wenn Sie einmal nicht erreichbar sind. Schaffen Sie Zutrauen zu Erziehern, Lehrern und zur Polizei. Geben Sie Ihren Kindern genaue Anweisungen, was sie tun können und was nicht. Sorgen Sie dafür, dass Ihr Kind so früh wie möglich seinen vollen Namen und seine Adresse weiß, dass es die Telefonnummer der Polizei kennt und mit dem Telefon umgehen kann. Sorgen Sie dafür, dass Ihr Kind ausreichend Telefongroschen bei sich hat. Noch besser ist es, wenn Sie ihm für Notfälle eine Telefonkarte geben. Üben Sie mit Ihren Kindern das Telefonieren! Sprechen Sie mit Ihren Kindern über Entführungen. Machen Sie ihnen jedoch keine Angst vor allen fremden Menschen.

Üben Sie notwendige Verhaltensregeln so selbstverständlich, wie Sie mit Ihren Kindern die Maßnahmen beispielsweise bei einem Feueralarm proben. Unser Buch will Ihnen dabei helfen. Arbeiten Sie es mit Ihren Kindern durch und besprechen Sie mit ihnen die geschilderten Situationen. Sicher finden Sie hier etliche wertvolle Anregungen und Beispiele, Begegnungen mit Fremden und richtige Verhaltensweisen darzustellen.

Eine Vielzahl von Institutionen bietet Ihnen weitere Informationen, Beratung und auch Hilfe, wenn Ihr Kind Opfer eines sexuellen Übergriffs wurde. Adressen erfahren Sie über die Jugendämter, die Landesarbeitsstellen der Aktion Jugendschutz (AJS) oder über den Deutschen Kinderschutzbund e.V. in Hannover und seine Außenstellen in allen größeren Städten.

Fremde triffst du überall

Seit du auf der Welt bist, hast du es mit fremden, dir unbekannten Menschen zu tun. Manchmal sprechen sie dich an. Sie fragen dich, wie alt du bist, wie du heißt und ob du schon in die Schule gehst. Sie wollen vielleicht auch wissen, wer deine Eltern sind, was sie beruflich machen und vieles mehr. Diese Leute können Passanten auf der Straße sein. Du triffst sie auch im Park, auf dem Spielplatz oder im Schwimmbad. Sie können Verkäufer oder Kunden in einem Geschäft sein. Sie halten sich beispielsweise auf dem Postamt auf oder warten am Bankschalter. Sie können Fahrgäste im Bus, in der U-Bahn oder in der Eisenbahn sein. Fremde Menschen triffst du also überall, wo du auch bist. Natürlich ist es nett, wenn man von Leuten beachtet wird, aber es kann auch gefährlich sein.

Wenn du mit deinen Eltern oder jemand anderem, der auf dich aufpasst, zusammen bist, kannst du dich natürlich mit anderen Menschen unterhalten. Denke aber immer daran: Plaudere niemals mit einem Fremden über dich oder deine Familie! Erzähle nicht, wo ihr wohnt, was deine Eltern tagsüber machen und ob du manchmal allein zu Hause bist. Auch wo du zur Schule gehst, sagst du nicht. Behalte das ganz einfach für dich, denn es geht Fremde nichts an. Achte darauf, dass deine Eltern dich gut sehen, wenn du mit einem Erwachsenen im Gespräch bist. Wenn deine Eltern dich rufen, dann beendest du das Gespräch und gehst sofort zu ihnen zurück.

Es gibt gute und böse Menschen

Natürlich hörst du Radio und siehst auch die Nachrichten im Fernsehen. Sicher blätterst du auch in Illustrierten und Zeitungen. Deine Familie diskutiert bestimmt oft darüber, was in der Welt tagtäglich passiert. Daher weißt du sicher, dass es Verbrecher gibt, die Kinder quälen und auch solche, die Kinder entführen, einsperren und Lösegeld von den Eltern erpressen. Das kann nicht nur kleinen, sondern auch größeren Kindern passieren, manchmal sogar Erwachsenen. Du siehst, es ist wichtig, vorsichtig zu sein. Leider kann niemand einem Menschen ansehen, ob er gut oder böse ist. Viele Kinder haben niemals Probleme mit bösartigen Unbekannten, denn die meisten Leute meinen es gut und verhalten sich freundlich. Außerdem sind immer Menschen um dich, die auf dich achten und auf dich aufpassen. Entweder die Eltern, Großeltern, ältere Geschwister oder Verwandte, die Nachbarn, deine Kindergärtnerin, die Lehrer und natürlich die Polizei.

Dieses Buch will dir keine Angst machen. Es will dir sagen, was du tun musst, wenn du dich von einem Fremden beobachtet, belästigt oder bedrängt fühlst. Lies dir die Ratschläge gut durch und schau dir die Zeichnungen aufmerksam an. Ganz wichtig ist, dass du mit deinen Eltern über das Gelesene sprichst. Sie haben ganz bestimmt gute Ratschläge für dich.

B

Wer ist für dich eine fremde Person?

Jeder, den du nicht kennst, ist für dich ein Fremder. Auch dann, wenn du ihn schon häufiger gesehen hast.
Sicher kommt es öfter vor, dass sich deine Eltern mit Leuten unterhalten, die du nicht kennst. Sie kennen vielleicht ihre Namen und wissen sogar, wo sie wohnen. Das bedeutet aber nicht, dass du diese Leute als deine Freunde oder Bekannten ansehen kannst. Der Postbote, der Müllmann, der Busfahrer oder die Verkäuferin in der Bäckerei sind zum Beispiel alles Menschen, die dir fast täglich begegnen und bestimmt immer sehr freundlich zu dir sind. Dennoch sind auch sie Fremde für dich.

Fremde sind jung oder alt, schön oder hässlich, Männer oder Frauen. Es ist ganz unwichtig, wie ein fremder Herr oder eine Dame gekleidet ist. Sie können sehr elegant sein oder in ganz einfacher Kleidung daherkommen. Du musst wissen: Eine gut gekleidete Person ist im Vergleich mit einer ärmlicher angezogenen kein besserer Mensch! Und: Solange eine Person deiner Familie nicht gut bekannt ist und nicht häufig bei euch zu Hause verkehrt, gehört sie nicht zu den guten Freunden deiner Eltern und ist für dich fremd.

Wenn Fremde dich ansprechen

Wenn dich jemand grüßt, so ist es höflich und völlig in Ordnung, wenn du freundlich zurückgrüßt und weitergehst. Wenn sich ein Unbekannter mit dir unterhalten will und Fragen über dich und deine Familie stellt, ist es das Allerbeste, wenn du schnell davonläufst. Denn dieser fremde Mensch meint es möglicherweise nicht gut mit dir. Es kann vorkommen, dass du von einer fremden Person um Hilfe gebeten wirst. Sage der fremden Person, dass sie sich an einen Erwachsenen wenden soll und gehe weiter. Bleibe niemals stehen! Das ist überhaupt nicht ungezogen, sondern ist im Gegenteil das einzig Richtige, was du tun kannst. Wenn du den Eindruck hast, dass der Fremde wirklich Hilfe benötigt, wenn er zum Beispiel krank oder schwach ist, dann informierst du Erwachsene darüber.

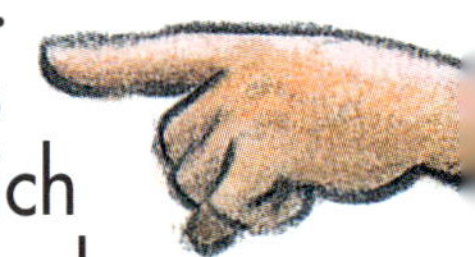

Damit hast du das getan, was dir in einem solchen Fall möglich ist und du gehst weiter. Die Erwachsenen kümmern sich dann schon um die hilfsbedürftige Person, mehr kannst du nicht ausrichten. Auch wenn du gebeten wirst, jemanden den Weg zu zeigen, vielleicht sogar, ihn ein Stück des Weges zu begleiten, lehnst du das unbedingt ab. Gehe niemals mit einem Fremden! In jedem Fall musst du deinen Eltern davon erzählen, wenn dich eine fremde Person auf der Straße oder sonstwo angesprochen hat. Auch wenn du der Meinung bist, dass es nichts Besonderes war. Es ist ganz wichtig, dass deine Eltern darüber informiert sind.

Fremde, die Kinder beobachten

Fremde, die Böses im Sinn haben, gehen oft zu öffentlichen Plätzen, wo sich Kinder treffen. Sie beobachten die Kinder und versuchen, sich ihnen zu nähern. Natürlich ist nicht jeder ein Verbrecher, der sich beispielsweise auf einem Spielplatz oder einer Rollerskatebahn aufhält. Aber es gibt einige Dinge, die auffällig sind und auf die du achten musst.

Auf dem Spiel- oder Sportplatz:
Lass dich nicht ansprechen und schon gar nicht mit Süßigkeiten oder anderen Dingen von einem Unbekannten beschenken. Auch wenn die Dame oder der Herr noch so freundlich ist und einen guten Eindruck auf dich macht! Wenn dich jemand in dieser Weise belästigt, läufst du sofort zu deinen Eltern oder zu deiner Spielgruppe zurück. Du kannst ebenso zu einer anderen

Kindergruppe gehen, auch wenn du die Kinder nicht kennst oder sie viel älter sind als du. Sage in jedem Fall den anderen Kindern, was geschehen ist, zeige den Kindern den Fremden und warne sie. Deute ganz deutlich auf die bestimmte Person! Wenn der Fremde sich weiterhin auf dem Spielplatz aufhält und deine Eltern nicht bei dir sind, wende dich an andere Erwachsene oder rufe die Polizei von einer Telefonzelle, einem Geschäft oder einem Restaurant aus an.

In der Schule oder auf dem Schulhof:
Grundsätzlich hat sich hier niemand aufzuhalten, der nicht zur Schule gehört. Wenn er also nicht zum Schulpersonal gehört, ist er ein Fremder! Es sei denn, es ist die Mutter oder der Vater eines Schülers. Wenn dir jemand auffällt, der im Schulgebäude herumläuft und nicht zur Lehrerschaft gehört, melde das sofort deinem Lehrer. Auch wenn ein Fremder auf dem Schulhof herumschleicht, die Kinder während der Pause oder den Schulausgang nach Schulende beobachtet, musst du das sofort melden.

In öffentlichen Toiletten:
Benutze niemals Toiletten in einsamen Parks oder in verwahrlosten Gegenden. Wenn du eine öffentliche Toilette benutzen musst, zum Beispiel im Kino, im Restaurant, in der U-Bahn-Station, auf dem Sport- oder Spielplatz, gehe immer in der Gruppe, wenigstens aber mit einem anderen Kind zusammen. Verweile dort nicht länger als notwendig und verlasse die Toilette schnellstmöglich. Für Duschen und Umkleidekabinen in Sportclubs oder im Schwimmbad gilt das Gleiche. Toiletten und Waschräume in der Schule sind eher gefahrlos. Sie werden ausschließlich von Schülern benutzt. Das Lehrpersonal hat eigene Räume. Wenn du trotzdem einmal einen Erwachsenen in den Schülerräumen antreffen solltest, meldest du das bei der Schulleitung, dem Hausmeister oder deinen Lehrern.

Fremde im Auto

Es gibt eine ganz besonders gefährliche Situation, in der du sofort weglaufen musst: Das ist, wenn dich ein völlig Fremder auffordert, mit ihm zu gehen oder zu ihm ins Auto zu steigen und eine Fahrt zu machen. Es kann verlockend sein, nach Hause gebracht zu werden, weil das Wetter schrecklich schlecht ist, du durchnässt bist und frierst. Du darfst dich jedoch keinesfalls darauf einlassen mitzugehen oder mitzufahren. Du rufst so laut du kannst: „Nein, ich will nicht!" Damit machst du andere Menschen auf dich aufmerksam. Ein Fremder, der dir Begleitung anbietet, handelt falsch und du kannst ihm nicht trauen. Auch wenn du dich von jemandem vom Auto aus beobachtet fühlst oder jemand im Schritttempo neben dir herfährt und auf dich einredet, musst du gleich weglaufen und Passanten auf den Fremden hinweisen. Denke auch daran, dass du immer einen großen Abstand zu einem Auto halten musst, das anhält oder langsam neben dir herfährt. Manchmal wollen Leute einfach nur wissen, ob sie richtig gefahren sind oder wie sie weiterfahren sollen. Selbstverständlich kannst du ihnen helfen und ihnen den Weg weisen, wenn du ihn beschreiben kannst. Aber: Komm nicht zu nahe an die Autotüren und steige auf keinen Fall ein! Sollte dich jemand vom Auto aus belästigen oder sogar versuchen, dich anzufassen oder zu packen, musst du ganz laut um Hilfe rufen und wegrennen.

Wer dich zur Schule bringt oder dich von dort abholt, bestimmen ausschließlich deine Eltern. Derjenige, der im Auto vorfährt, um dich nach Hause zu bringen, muss dir bestens bekannt sein. Zu keinem anderen darfst du ins Auto steigen!

Meistens holen dich die Mutti oder der Vati von der Schule ab. Wenn es jemand anderes ist, werden es dir deine Eltern sagen. Du musst unbedingt den Namen deines Abholers kennen. Sollten deine Eltern vergessen haben, dir den Namen zu nennen, frage unbedingt danach! Bevor du in das Auto steigst, vergewissere dich, dass der Fahrer oder die Fahrerin den Namen nennt, den man dir gesagt hat.

Wenn dich jemand nach Hause bringen will, den du ein bisschen kennst, möglicherweise auch die Eltern von Schulkameraden, solltest du auch dann ablehnen. Tu dies freundlich und sage, dass dir deine Eltern verboten haben, mit jemand anderem zu fahren als dem, den sie dafür bestimmt haben.

Jeder wird das verstehen und sicher nicht beleidigt sein. Du musst dir also gar keine Gedanken machen, sondern dich nur an das halten, was dir deine Eltern gesagt haben.

Geschenke und Einladungen

Fremde mit schlechten Absichten versuchen oft, Kinder durch Versprechungen oder Geschenke zu irgendetwas zu überreden. Sei unbedingt vorsichtig, wenn dir jemand Süßigkeiten, Eis oder einen Hamburger anbietet. Oder wenn du ins Kino, in den Zoo oder sonst wohin eingeladen wirst. Nimm solche Angebote niemals an, auch wenn sie noch so toll klingen! Lehne strikt ab und laufe schnell davon! Es gibt Menschen, die dich anlügen. Manche sagen beispielsweise, man habe sie geschickt, um dich zu holen, weil jemandem aus deiner Familie ein Unfall oder ein anderes Unglück passiert sei. Glaube das nicht, gehe nicht mit! Wenn du so eine betrübliche Nachricht hörst, vergewissere dich zuerst. Am besten rufst du zuerst deine Eltern an. Kannst du sie nicht erreichen, rufst du jemanden an, den du kennst. Das kann ein Verwandter oder jemand aus der Nachbarschaft sein. Derjenige wird sich erkundigen und sich um dich kümmern. Benutze nach Möglichkeit ein Telefon in einem Geschäft oder Restaurant. Warte dort, bis dich deine Eltern oder gute Freunde der Familie abholen. Glaube niemals einem Fremden, was er dir über deine Familie erzählt! Manche bösen Fremden überlisten Kinder, indem sie sie um Hilfe bitten. Kinder sind meist sehr hilfsbereit, weil sie zur Höflichkeit erzogen werden. Wenn du denjenigen, der dich um Hilfe bittet, nicht sehr gut kennst, darfst du nicht selbst helfen! Auch wenn es sich nur

darum handelt, zu suchen, was jemand verloren hat. Der, der dich bittet, kann noch so nett sein oder noch so gut aussehen. Du kennst ihn nicht und du weißt nicht, was er im Schilde führt. Du musst wissen, dass es grundsätzlich nicht in Ordnung ist, wenn Erwachsene Kinder um etwas bitten. Normalerweise wenden sich Erwachsene an andere Erwachsene. Es ist also völlig richtig, wenn du misstrauisch bist.

Lauf davon!

Wenn du von einem Erwachsenen belästigt oder bedrängt wirst, rufst du am besten laut: „Nein, lassen Sie mich in Ruhe!“ und rennst schnell davon. Wenn du mit einem anderen Kind zusammen bist, lauft ihr beide weg, aber bleibt zusammen! Nehmt euch an den Händen! Bist du allein, mische dich unter Passanten und mache auf den Fremden aufmerksam. Du kannst auch zu einer Mutter mit Kind laufen und dich anschließen. Noch besser ist, wenn du einen Polizisten siehst. Gehe gleich dahin und berichte über deine Begegnung, beschreibe den Fremden so gut du kannst. Wenn du dir sogar das Kennzeichen und die Automarke merken konntest, ist das ganz toll. Du kannst der Polizei damit sehr helfen. Auch wenn es sich später herausstellt, dass der Unbekannte völlig harmlos war, hast du richtig gehandelt. Du kannst in ein Café oder ein Restaurant, zu einer Tankstelle, in ein Geschäft oder Warenhaus, in ein Büro oder in ein Amt laufen. Halte dich da auch sofort an Erwachsene. Findest du keine Zuflucht dieser Art, laufe zu einem Wohnhaus und klingele dort, bis dir jemand öffnet. Betritt die fremde Wohnung nicht, aber bitte den Erwachsenen, dass er deine Eltern anruft oder die Polizei verständigt. Nie darfst du ohne Ziel wegrennen oder dich gar verstecken. Der Fremde könnte dich verfolgen und auch finden. Du siehst also, es ist wichtig, nicht allein zu bleiben. Du musst dich sofort dahin begeben, wo möglichst viele Menschen sind. Und du musst erzählen, was dir passiert ist.

Wenn du allein zu Hause bist

Du bist allein daheim und das Telefon läutet. Du nimmst den Hörer ab und stellst fest, dass dir Name und Stimme des Anrufers unbekannt sind. Hier gibt es ein paar einfache Regeln, die dir helfen, dich richtig zu verhalten. Auch wenn du gelernt hast, dich mit deinem Namen am Telefon zu melden, solltest du das von heute an grundsätzlich nicht mehr tun. Sag einfach „Hallo!" und erkundige dich sofort, wer spricht. Wiederhole den Namen laut und frage den Anrufer, ob du alles richtig verstanden hast. Wenn du schon schreiben kannst, schreib den Namen auf. Sorge dafür, dass immer ein Block und ein Stift neben dem Telefon liegen. Lass dich niemals ausfragen! Wer dich kennt und zur Familie oder zum näheren Bekanntenkreis deiner Eltern gehört, weiß ohnehin, wer du bist. Erzähle auf gar keinen Fall, dass du alleine bist oder wann du glaubst, dass deine Eltern oder einer von beiden zurückkommt. Eine Notlüge ist hier erlaubt und notwendig! Du könntest sagen, dass deine Eltern im Moment verhindert sind und nicht ans Telefon kommen können. Bitte den Anrufer um seine Telefonnummer, damit deine Eltern später zurückrufen können. Besser ist, wenn du mit deinen Eltern besprichst, welche Antwort du hierzu fremden Personen geben sollst. Es gibt Anrufer, die einfach aufhängen, ohne sich zu melden. Es gibt auch solche, die sagen, sie hätten sich verwählt. Du musst deinen Eltern auch von solchen Anrufen berichten.

Wenn jemand an der Haustür klingelt und du bist allein, gibt es ebenfalls einige Vorsichtsmaßnahmen zu beachten. Bevor deine Eltern das Haus verlassen, fragst du sie, wohin sie gehen und wo du sie im Notfall erreichen kannst. Bitte sie darum, dir wenn möglich eine Telefonnummer zu hinterlassen. Frage sie auch, ob sie jemanden erwarten. Das könnte zum Beispiel der Postbote, der Getränkelieferant oder ein Besucher sein. Lass dir sagen, was geliefert werden soll und wie der Name des Besuchers lautet. Kläre mit deinen Eltern, wann du unbesorgt an die Tür gehen kannst und was

du Fremden antworten darfst. Auch wenn du weißt, dass während der Abwesenheit deiner Eltern jemand kommen wird, frage den Fremden, wer er ist und was er möchte, bevor du öffnest. Ganz wichtig ist: Bist du auch nur ein kleines bisschen unsicher, ob es wirklich der Erwartete ist, der an der Tür steht, öffnest du nicht! Öffne auch dann nicht, wenn sich jemand als Eilbote oder Blumenlieferant ausgibt. Bitte diese Leute bei geschlossener Tür, dass sie später wiederkommen sollen oder ihre Lieferung beim Nachbarn abgeben möchten. Auch Menschen in Uniform, die sehr offiziell wirken wie beispielsweise Polizisten, lässt du nicht in die Wohnung. Das gilt für alle Leute in Uniformen und Arbeitskleidung, auch für Handwerker. Es gibt Menschen mit schlechten Absichten, die sich durch eine Uniform oder bestimmte Arbeitskleidung tarnen, um in fremde Wohnungen zu gelangen. Manchmal kann man Fremde an der Tür nicht loswerden. Sie sind so stur, dass sie unentwegt weiterläuten. In einem solchen Fall solltest du bei euren Nachbarn anrufen und darum bitten, dass man dir hilft. Kannst du niemanden erreichen, rufst du die Polizei an. Merke dir die Telefonnummer der Polizei 110 und achte darauf, dass sie auch immer griffbereit beim Telefon liegt. Die Polizeibeamten werden dir sagen, was du tun musst oder sie kommen vorbei. Hab keine Bedenken, andere um Hilfe zu bitten, das ist ganz normal. Das hat nichts mit Feigheit zu tun. In solchen Situationen ist es sehr dumm und gefährlich zu glauben, man könnte das Problem selbst lösen.

Das Frage-und-Antwort-Sicherheitsspiel

Damit du dich bei Begegnungen mit Fremden richtig verhältst, kannst du das richtige Verhalten üben. Frage deine Eltern, Geschwister und Freunde, ob sie diese Übungen mit dir durchspielen. Im Kindergarten und in der Schule wird das Thema sicher auch behandelt. Je häufiger du dich mit diesem Buch beschäftigst und mit deiner Familie darüber sprichst, desto sicherer wirst du im Umgang mit Fremden. Du findest hier noch einmal verschiedene Situationen kurz beschrieben und dazu den Hinweis, was du tun musst. Wenn du die vorangegangenen Seiten gut betrachtet und gelesen hast, wirst du alle Fragen schnell beantworten können.

1. Eine fremde Person behauptet, sie habe sich verlaufen und bittet dich, ihr den Weg zu zeigen. Was tust du?

Du lehnst höflich ab und verweist die Person an einen Erwachsenen. Du gehst weiter.

2. Du triffst auf jemanden, der krank oder schwach ist und Hilfe braucht. Was tust du?

Du bittest einen Erwachsenen, sich um den anderen Menschen zu kümmern. Du bleibst nicht neugierig stehen, sondern gehst weiter.

3. Du bist mit deinen Eltern unterwegs und wirst von einem Unbekannten angesprochen. Was tust du?

Du bleibst in Reichweite deiner Eltern. Du informierst deine Eltern sofort.

4. Du siehst jemanden auf dem Schulhof oder ganz in der Nähe, der die Kinder in der Pause oder nach Schulende beobachtet. Was tust du?

Du gehst sofort zu deinem Lehrer und meldest es.

5. Auf der Schülertoilette, im Duschraum oder in der Umkleidekabine triffst du auf eine fremde Person. Was tust du?

Da du weißt, dass sich außer Kindern dort niemand aufzuhalten hat, machst du sofort Meldung bei der Lehrerschaft. Auch dann, wenn die fremde Person keinen Kontakt mit dir aufgenommen hat.

6. Du wirst auf dem Spielplatz von einem unbekannten Erwachsenen aufgefordert, mit ihm zu gehen. Was tust du?

Du informierst umgehend deine Eltern. Wenn sie nicht da sind, wendest du dich an andere Erwachsene und bittest, die Polizei zu rufen.

Was machst du noch?

Du gehst zu den anderen Kindern, machst sie auf den Unbekannten aufmerksam und warnst sie. Deute klar und unmissverständlich auf ihn.

7. Du bist mit deiner Mutter beim Einkaufen und stöberst ein bisschen in den Regalen. Eine nett aussehende Dame kommt zu dir und lädt dich auf ein Eis ein. Du sollst dafür mit ihr gehen. Was tust du?

Du rufst laut: „Nein, ich komme nicht mit Ihnen!“, erzählst es deiner Mutter und zeigst ihr die fremde Frau.

8. Die Schule ist aus und es regnet in Strömen. Du hast den Bus verpasst und bist schon pudelnass. Ein freundlicher Herr hält in seinem Auto neben dir und bietet dir an, dich nach Hause zu fahren. Was tust du?

Du bleibst weit genug vom Auto entfernt. Du sagst: „Nein“ und läufst sofort zu Passanten auf der Straße, in eine Gaststätte oder in ein Geschäft.

9. Du bist daheim und spielst mit Freunden. Deine Eltern sind ausgegangen. Es klingelt an der Tür. Ein Mann in Polizeiuniform steht davor und sagt, dass er dich abholen soll. Er will, dass du sofort mitkommst. Was tust du?

Du bist sofort misstrauisch und öffnest auf keinen Fall die Tür. Echte Polizisten holen keine Kinder ab, sondern wollen mit den Eltern sprechen. Du rufst sofort die Polizei an, Telefon 110.

10. Du gehst mit Freunden irgendwo spazieren. Ihr trefft jemanden, der seinen Hund Gassi führt. Ihr habt ihn oft gesehen und kennt ihn daher schon. Er wünscht euch noch viel Spaß für den Tag. Was tust du?

Der Hundebesitzer ist zwar ein Fremder, aber es ist in Ordnung, wenn du freundlich bist und ihn grüßt. Er geht eben ganz einfach nur mit seinem Hund spazieren. Aber du gehst nicht mit ihm, auch wenn er noch so nett und sein Hund ganz besonders niedlich ist.

11. Du fährst mit deinem Fahrrad durch euer Wohnviertel und plötzlich hast du einen platten Reifen. Deine Luftpumpe hast du nicht dabei. Du schiebst dein Rad und findest das nicht komisch. Einer eurer Nachbarn kommt mit dem Auto vorbei und schlägt dir vor, dich und dein Rad mit dem Auto nach Hause zu transportieren. Was tust du?

Du musst wissen, welche Nachbarn für deine Eltern so vertrauenswürdig sind, dass du mit ihnen fahren darfst. Gehört der Nachbar unserer beschriebenen Situation nicht dazu, lehnst du sehr höflich ab und sagst, dass es deinen Eltern nicht recht ist, wenn du mit Fremden im Auto fährst. Du erzählst deinen Eltern von der Begegnung.

12. Du bist mit deinen Eltern im Restaurant. Jemand am Nebentisch verwickelt dich in ein Gespräch. Was tust du?

Du beantwortest keinesfalls persönliche Fragen. Deine Eltern sind bei dir und können eingreifen.

13. Du bist allein zu Hause und das Telefon läutet. Es ist jemand, dessen Stimme du noch nie gehört hast. Was tust du?

Du meldest dich nicht mit Namen am Telefon. Du sagst nicht, dass du allein daheim bist. Du fragst nach der Telefonnummer für einen Rückruf deiner Mutter. Oder du legst einfach den Hörer auf, ohne irgendetwas zu sagen.

14. Du bist allein. Jemand klingelt und sagt, dass er Blumen abgeben soll. Was tust du?

Du öffnest nicht, sondern sagst durch die Tür, dass der Nachbar die Blumen annimmt.

15. Du bist allein. Es klingelt an der Tür. Dort steht der Getränkemann und sagt, dass er Getränke liefert, die deine Eltern bestellt haben. Was tust du?

Wenn du weißt, dass der Getränkemann kommen soll, fragst du ihn, was er bringt. Bitte ihn, die Getränke vor der Tür abzustellen oder beim Nachbarn abzugeben.

16. Du bist unterwegs und triffst einen Fremden. Er erzählt, dass er etwas ganz Tolles gesehen hat, das er dir unbedingt zeigen will. Was tust du?

Du rufst sehr laut: „Nein, ich geh nicht mit!" und läufst sofort weg. Du machst andere Erwachsene in deiner Umgebung auf den Unbekannten aufmerksam. Du läufst in das nächste Polizeirevier und berichtest von dem Vorfall.

Denk daran, dass du dir möglichst einprägen solltest, wie die Leute aussahen, die dich angesprochen haben. Super ist es, wenn du dir das Autokennzeichen merken oder aufschreiben konntest. Du musst deinen Eltern und Lehrern immer erzählen, wenn sich ein Fremder merkwürdig verhalten hat. Du hilfst damit auch, andere Kinder vor Gefahren zu schützen.

Impressum

ISBN 3-8118-1358-7

Einbandgestaltung, Layout, Illustrationen: Wolfgang Kath, Wiesbaden
Druck und Bindung: Printer Portuguesa
Printed in Portugal

KONRAD DER GROSSE

DIE ADENAUERZEIT IN KÖLN 1917–1933

Herausgegeben von Rita Wagner

Jungfernfahrt eines Rheindampfers; Fotografie von August Sander, 1930–1939 (KSM)

DANK

Zum Gelingen der Ausstellung und des Begleitbands haben viele Personen beigetragen, ihnen sei herzlich gedankt:

Konrad Adenauer jr., Beatrix Alexander, Gregor Baldrich, Astrid Bardenheuer, Ibrahim Basalamah, Birgit Becker, Wibke Becker, Johannes Ralf Beines, Ramona Breuer, Gabi Büsch, Johanna Cremer, Thomas Deres, Melanie Eckert, Heidrun Edelmann, Michael Euler-Schmidt, Johann Maria Farina, Irene Franken, Corinna Franz, Andreas Freiträger, Judith Fröhlich, André Grosser, Dorothea Heiermann, Philipp Hoffmann, Jennifer Kirchhoff, Birte Klarzyk, Mario Kramp, Willi Kutsch, Manfred Lämmer, Stefan Lewejohann, Doris Lindemann, Susanne Meyer-Büser, Henriette Meynen, Jürgen Müller, Werner Müller, Sanna Nübold, Joachim Oepen, Gabriele Oepen-Domschky, Jürgen Pech, Hajo Ploenes, Sascha Pries, Thomas Romandi, Martin Schmidt, Irene Schoor, Patrick Siemen, Ulrich S. Soénius, Marco Spitzlay, Claudia Tiggemann-Klein, Julian Valant, Sabrina Walz, Rabea Weil, Holger Willms, Tobias Wüstenbecker

Kölner Kulturstiftung der Kreissparkasse Köln

FREUNDE DES KÖLNISCHEN STADTMUSEUMS

BEGLEITBAND

Redaktion: Rita Wagner, Johanna Cremer, Mario Kramp, Verena Caspers
Bildredaktion: Johanna Cremer

192 Seiten mit 181 Abbildungen

Bibliografische Information der Deutschen Nationalbibliothek
Die Deutsche Nationalbibliothek verzeichnet diese Publikation in der Deutschen Nationalbibliografie; detaillierte bibliografische Daten sind im Internet über http://dnb.d-nb.de abrufbar.

ISBN 978-3-961760-06-0
Gestaltung: Manuela Wirtz, www.manuwirtz.de
Lektorat: Verena Caspers
Gestaltung des Umschlags: Sanna Nübold, www.sanna-nuebold-gestaltung.de

Printed by Nünnerich-Asmus Verlag & Media

KONRAD
DER GROSSE

DIE ADENAUERZEIT IN KÖLN 1917-1933

Herausgegeben von Rita Wagner

Begleitband zur Ausstellung im Kölnischen Stadtmuseum
vom 1. Juli bis zum 19. November 2017

KÖLNISCHES STADTMUSEUM

Nünnerich-Asmus Verlag & Media

AUSSTELLUNG

Leihgeber
Konrad Adenauer jr.
artothek – Raum für junge Kunst, Köln
Erzbischöfliche Diözesanbibliothek Köln
Historisches Archiv der Stadt Köln
Paul Günther Jockel
Kölner Tennis- und Hockey-Club Stadion Rot-Weiß e.V.
Kunst- und Museumsbibliothek Köln
LWL-Industriemuseum, Westfälisches Landesmuseum für Industriekultur, Dortmund
Museum für Angewandte Kunst Köln
Museum Ludwig, Köln
Stiftung Bundeskanzler Adenauerhaus, Bad Honnef-Rhöndorf
Stiftung Deutsches Sport & Olympia Museum
Universität zu Köln – Der Rektor
Universitäts- und Stadtbibliothek Köln
WDR

Idee: Rita Wagner
Konzept: Rita Wagner, Sascha Pries, Johanna Cremer
Medienstationen: Sascha Pries, Johanna Cremer
Verwaltung: Sabine Eichler, Agnieszka Jurkiewicz
Sekretariat: Ursula von Pidoll
Leihverkehr: Ulrike Hohn
Praktikant: Patrick Siemen
Bildungs- und Öffentlichkeitsarbeit: Wibke Becker, Museumsdienst Köln
Plakate, Flyer, Einladung: Sanna Nübold

Aufbau und Restaurierung:
Leitung: Andrea Habel-Schablitzky
mit Jörg Borger-Besser, Michael Effelsberg, Monika Helfmann, Kristin Krupa, Julia Nagel-Geue, Sevgi Özgür, Kim Ohm, Anja Peter, Frank Schunk, Gerd Schweinsberg, Hendrik Strelow, Michael Tschirpke

Malerarbeiten: A. + M. Höveler GmbH, Brühl
Reproduktionen etc.: ad hoc media GmbH, Köln

INHALT

DIE ADENAUERZEIT IN KÖLN 1917–1933

Liebe Leserinnen und Leser,

als vor 100 Jahren Konrad Adenauer in das Amt des Oberbürgermeisters unserer Stadt gewählt wurde, befand sich die Welt im Ersten Weltkrieg. Es gab viele drängende Probleme. So herrschte Mangel an nahezu allem, die Bevölkerung war unterernährt und durch Krankheiten geschwächt, die jungen arbeitsfähigen Männer waren an der Front und in unserer Stadt mussten die Bürgerinnen und Bürger mit Bombenangriffen rechnen. Und doch übernahm Konrad Adenauer tatkräftig sein neues Amt und hatte Visionen für die Stadt nach dem Krieg. Eines seiner wichtigsten Anliegen war es, die Festungsanlagen in und vor der Stadt für die Bevölkerung als Grün- und Erholungsflächen zu gewinnen. Von diesen Inneren und Äußeren Grüngürteln profitieren wir noch heute – sie machen Köln zu einer grünen Stadt.

Die politischen Zeiten damals waren anders: Konrad Adenauer wurde 1917 von einer Stadtverordnetenversammlung gewählt, die aufgrund eines extrem ungerechten und ungleichen, die Reichen bevorzugenden Wahlrechts zustande kam. Ein anderer Aspekt ist, dass er ausschließlich von Männern gewählt wurde – Frauen hatten in Deutschland vor 1919 noch gar kein Wahlrecht. Erst der Zusammenbruch des Kaiserreiches machte eine neue, demokratische Verfassung und ein neues Wahlrecht möglich und so konnten 1919 erstmals Frauen wählen und gewählt werden. In alle Gemeindeparlamente über den Landtag bis zum Reichstag zogen erstmals Frauen ein und erhoben öffentlich ihre Stimmen. An der konstituierenden Sitzung des nach dem neuen Wahlrecht gewählten Stadtrates nahmen am 30. Oktober 1919 erstmals in der Kölner Geschichte zwölf gewählte weibliche Abgeordnete teil. In der nächsten Sitzung am 6. November sprach mit der SPD-Abgeordneten Elisabeth Röhl erstmals eine Frau vor den Kölner Stadtverordneten – als „Frau und Mutter" widmete sie sich einem sozialpolitischen Thema. Noch waren Frauen in den vermeintlich wichtigen Politikfeldern nicht erwünscht. Auch im 16-köpfigen Beigeordnetenkollegium suchte man vergebens nach weiblicher Fachkompetenz. 1923 wurde mit Hertha Kraus erstmals eine Frau Stadtdirektorin. Sie leitete das Wohlfahrtsamt der Stadt Köln. Selbst diese bescheidenen Anfänge wurden 1933 von den Nationalsozialisten gewaltsam beendet.

Seit 1945 sind wir bis heute einen weiten Weg gegangen – heute besteht die Kölner Stadtspitze in ihrer Mehrzahl aus Frauen!

Konrad Adenauer, der 1917 anders als die heutige Oberbürgermeisterin von den Stadtverordneten gewählt wurde und anschließend vom preußischen König bestätigt werden musste, sah sich, obwohl Mitglied des Zentrum, immer als Oberbürgermeister aller Kölnerinnen und Kölner. Als verantwortungsvolles Familienoberhaupt hatte er das Wohl der ‚Familie Köln' im Auge. Allerdings entsprach es seiner Zeit und wohl auch seinem Temperament, dies recht autoritär anzugehen. Gleichwohl zeigte er uns, wie man mit Gesprächen und schlagkräftigen Argumenten auch so manchen Gegner überzeugen konnte, denn auch Konrad Adenauer brauchte zur Umsetzung seiner Pläne immer eine Mehrheit in der Stadtverordnetenversammlung. Als geborener Kölner wusste er um die Macht der direkten Kommunikation und des Klüngels: „Man kennt sich, man hilft sich". Da dabei so vieles herauskam, was wir heute noch schätzen, kann man nur sagen: Dat han Se jood jemaach, Herr Doktor Adenauer!

Henriette Reker

Henriette Reker
Oberbürgermeisterin der Stadt Köln

Konrad Adenauer; Fotografie von Heinz Sangermann, 1928 (KSM)

DER „KÖNIG VON KÖLN“

Oberbürgermeister Adenauer

Welcher Titel trifft am besten? Auf der Suche nach einem griffigen Namen für die Ausstellung anlässlich des Amtsantritts Konrad Adenauers als Oberbürgermeister der Stadt Köln vor hundert Jahren wurde „Konrad der Große“ in die Diskussion geworfen. Und recht bald waren wir uns einig: dieser Titel – mit Augenzwinkern – trifft den Nagel auf den Kopf.
Adenauer war zwischen Oktober 1917 und seiner Entlassung im März 1933 die prägende Figur seiner Vaterstadt. Das *Handbuch von Köln*[1] listet 1925 die hier lebenden „führenden Persönlichkeiten“ auf. Die meisten kennen heute nur noch Spezialisten. Geblieben sind allenfalls die Namen von Künstlerinnen und Künstlern der Dada-Bewegung und der Kölner Progressiven, Musikern wie Klemperer oder Fotografen wie Sander, Mantz und Schmölz. Dabei gab es zahlreiche Protagonisten, deren Zusammenspiel Köln in der Weimarer Republik prägte. Doch allein Adenauer ist als Kölner Größe jener Zeit bis heute im kollektiven Gedächtnis verankert.
Die Jahre seiner „Regentschaft“ werden in Köln „Adenauerzeit“ genannt. Und diese wird anders als die zweite, bundesweite Adenauer-Ära, durchweg positiv wahrgenommen. So denkt man nicht an verkrustete Strukturen, gegen die die Jugend schließlich rebellierte. Das Köln der Weimarer Republik ließ genug Raum für bis dahin ungewohnte Freiheiten (hinter die die 1950er Jahre in manchem zurückfielen).
Außenminister Gustav Stresemann notierte am 16. Mai 1925 nach einem Besuch in Köln: „Die Oberbürgermeister des heutigen Deutschlands sind in Wirklichkeit neben den Großindustriellen die Könige der Gegenwart“[2]. Damit meinte er Adenauer, den man auch als „König von Köln“ oder „König des Rheinlands“ bezeichnete. „Duce von Köln“[3] nannte ihn – keineswegs schmeichelhaft – der SPD-Führer Wilhelm Sollmann angesichts Adenauers selbstbewussten, zuweilen autoritären Stils. Ein Satireblatt verpasste ihm wegen seines betont staatsmännischen Auftritts bei der PRESSA in Anspielung auf Mussolini den Beinamen „Pressolini“[4]. Gleichwohl schwang Respekt mit, wenn sogar die gegen seine Machtstellung wetternde KPD von ihm als „der tüchtigste Kommunalbeamte Deutschlands“[5] sprach.
Wäre Adenauer ein gekrönter Herrscher gewesen – man hätte ihn ohne Zögern „den Großen“ genannt.
Dass „Konrad der Große“ und das Köln jener Jahre nach über 40 Jahren erstmals wieder präsentiert werden, ist vor allem das Verdienst der Leiterin der Graphischen Sammlung des Kölnischen Stadtmuseums Rita Wagner, die die Ausstellung kuratiert und den vorliegenden Begleitband herausgegeben hat. Mein Dank gilt auch dem stets hilfsbereiten Rheinischen Bildarchiv und vielen anderen Institutionen, die uns mit Bildmaterial zur Seite standen. Dank gebührt nicht zuletzt den Autorinnen und Autoren, angeführt durch Konrad Adenauer, der den Reigen der Beiträge mit Betrachtungen über seinen Großvater eröffnet.
Damit ein solches Unternehmen gelingt, braucht es Unterstützung: Mein großer Dank gilt der Kulturdezernentin der Stadt Köln, der Kölner Kulturstiftung der Kreissparkasse Köln, den Freunden des Kölnischen Stadtmuseums e. V., unserem Medienpartner WDR und unserem Kooperationspartner, der Stiftung Bundeskanzler-Adenauer-Haus in Rhöndorf – und nicht zuletzt den Leihgebern, die sich für die Dauer der Ausstellung von ihren Schätzen trennen.

Mario Kramp
Direktor des Kölnischen Stadtmuseums

Quellen und Literatur

1 Wieger, S. 7–42.
2 Zit. n. Gruner, S. 170.
3 Rheinische Zeitung, 30.10.1929.
4 Heinz Reimann: Köln, in: Das Stachelschwein. Juli 1928, S. 6–16, zit. n. Müller, Adenauers Europa, 50 f.
5 Sozialistische Republik, 27.02.1930.

Oberbürgermeister Konrad Adenauer; Ölgemälde von Eduard Horst, 1928 (StBKAH)

DIE GOLDENEN ZWANZIGER

Die Adenauerzeit in Köln 1917–1933

Rita Wagner

Konrad Adenauer wurde 1876 in eine Stadt hineingeboren, die immer noch vom mittelalterlichen Mauerring umschlossen war und in der eine drangvolle Enge herrschte. 145.000 Menschen mussten sich den Raum teilen, der im Mittelalter großzügig für 40.000 ausgereicht hatte. Als Kind erlebte er die Niederlegung der Stadtmauer und die explosionsartige Ausdehnung seiner Vaterstadt; er erlebte Neuerungen wie Elektrizität und Automobil. Am Vorabend des Krieges hatte Köln nach Stadterweiterungen 635.000 Einwohner. Adenauer machte zielstrebig Karriere im wilhelminischen Deutschland. Er war im besten Mannesalter, als die Welt um ihn herum im Ersten Weltkrieg explodierte und sich in der Folge grundlegend wandelte. Als er 1917 zum Oberbürgermeister ernannt wurde, herrschte in Preußen ein König und im Deutschen Reich ein Kaiser. Der ihn – mit nur zwei ungültigen Stimmen – nahezu einstimmig wählende Stadtrat war nach dem Dreiklassenwahlrecht, welches die Besitzenden bevorteilte, gewählt worden, der ihn bestätigende König hatte sein Amt geerbt. Er übernahm eine Großstadt im Kriegszustand:[1] Die meisten arbeitsfähigen Männer waren eingezogen, das letzte Wort bei allen wichtigen Entscheidungen hatte der Festungskommandant, die Bevölkerung litt unter Mangel an Nahrung, an Heizung, an Kleidung. Zwischen Mai 1918 und Frühjahr 1919 grassierte auch in Köln die „Spanische Grippe“. Man geht heute von einer Todesrate von 2,5 Prozent der Erkrankten aus; es gab in Köln 2.141 bekannte Todesfälle durch Influenza und weitere 1.400 infolge von Lungenentzündung.[2] Zum Kriegsende wurde Köln als Frontstadt noch einmal besonders getroffen, bei alliierten Fliegerangriffen starben viele Menschen. Damals hatte Köln über 650.000 Einwohner.

Eine besetzte Stadt

Für einen so rationalen Mann wie Adenauer, der zuvor bereits als Erster Dezernent in leitender Position gestanden hatte, muss die Niederlage der Mittelmächte abzusehen gewesen sein. Überraschender kam da eher die Revolution in Form des Arbeiter- und Soldatenrates, noch bevor der Kaiser am 9. November zurücktrat und die deutsche Monarchie Geschichte war. Rheinisch-pragmatisch verständigte sich der Oberbürgermeister mit der parlamentarischen Opposition und wurde an die Spitze des neugebildeten Wohlfahrtsausschusses gewählt. Ruhe und Ordnung konnten gewahrt und das Militär am Eingreifen gehindert werden. Das war umso wichtiger, als im Waffenstillstandsabkommen festgelegt worden war, dass die deutschen Truppen in kürzester Zeit zurückkehren sollten und das Gebiet links und rechts des Rheins entmilitarisiert an die Alliierten zu übergeben war. Hunderttausende Soldaten strömten zwischen dem 11. 11. und 3. 12. 1918 von Westen in Köln über Hohenzollern- und Hängebrücke nach Osten, von den Bürgern und Bürgerinnen als „im Felde unbesiegte“ Helden begrüßt. Der reibungslos verlaufende Rückzug durch dieses Nadelöhr war aber ebenso den noch unter militärischer Disziplin stehenden Truppen wie auch deren Kriegsmüdigkeit und -überdruss zu verdanken.

Fliegerschaden am Haus Gülichplatz/Obenmarspforten im August 1918; Fotografie von Werner Mantz (RBA)

Medaille zur Ausrufung der Republik am 9. November 1918 auf dem Neumarkt; Entwurf von Karl Goetz, Bronze (KSM)

Den letzten deutschen Truppen folgten am 6. 12. 1918 über die Aachener Straße die britischen[3] Besatzungstruppen unter dem Kommando von General Lawson. Köln fiel als Brückenkopf des nördlichen Rheinlands in den Bereich der Briten, die ihr Hauptquartier im Hotel Ernst am Dom einrichteten. Seit dem 11. Dezember 1918 galt in Köln wie im gesamten britisch besetzten Rheinland die englische Zeit, man hinkte in den nächsten Jahren also den umgebenden Bezirken um eine Stunde hinterher. Dem Oberbürgermeister gelang es, sich mit den Briten auf ein gedeihliches Nebeneinander zu verständigen und einige Forderungen der Besatzer abzumildern, im Gegenzug forderte er die Kölner und Kölnerinnen auf, sich friedlich und respektvoll gegen die Besatzungstruppen zu verhalten. Auch mit Militärgouverneur Charles Ferguson unterhielt er ein fast freundschaftliches Verhältnis; politisch wird man sich nahegestanden haben. Die Briten, die im Russischen Bürgerkrieg auf Seiten der „Weißen" gegen die „Roten" eingriffen, wollten in ihrem Herrschaftsbereich keine Revolution, sie verweigerten auch die Kooperation mit dem Arbeiter- und Soldatenrat. Die Bevölkerung hingegen war den Besatzern gegenüber anfänglich sehr feindlich eingestellt. Pressezensur, Einschränkung der Versammlungsfreiheit, umfassende nächtliche Ausgangssperren griffen in das tägliche Leben ein. Zudem wurden viele britische Soldaten in Wohnungen eingewiesen – es galt, zeitweise bis zu 55.000 Mann unterzubringen. Schon bald stellten die Kölner fest, dass sich mit den Briten vergleichsweise verträglich leben ließ. Anders als die Franzosen hatten sie auch nicht zweimal in 50 Jahren deutsche Truppen ihre Heimat verwüsten und ausrauben sehen.

Mittlerweile hatte sich in Weimar die aus den Wahlen vom 19. Januar 1919 hervorgegangene Verfassunggebende Versammlung zusammengefunden, die bereits nach dem allgemeinen und gleichen Wahlrecht von Männern und Frauen gewählt worden war. Mit der „Verordnung über die Wahlen zur Verfassungsgebenden deutschen Nationalversammlung (Reichswahlgesetz)" vom 30. November 1918 war das aktive und passive Frauenwahlrecht gesetzlich fixiert worden; das galt ebenso für Wahlen zu den Landtagen und Stadtverordnetenversammlungen. Im Juli wurde eine neue Verfassung mit großer Mehrheit verabschiedet. Sie galt auch in den besetzten Gebieten. Der ins Auge fallende Unterschied: die schwarz-rot-goldene Fahne der Republik durfte nicht öffentlich aufgezogen werden, als einzige nationale Flagge war in Köln der Union Jack zugelassen.

Da die neue Verfassung die Gleichberechtigung vorschrieb, konnten nun auch erstmals Frauen in die Kölner Stadtverordnetenversammlung einziehen – ein sicherlich nicht nur für Oberbürgermeister Adenauer ungewohntes Bild. Ins Beigeordnetenkollegium schaffte es jedoch keine einzige, das blieb fest in männlicher Hand.

Aufbruch in eine neue Zeit

Trotz – oder vielleicht auch gerade wegen? – der britischen Besatzung konnten unter Konrad Adenauer in den nächsten Jahren die Weichen für wichtige Projekte gestellt werden. Zunächst einmal wurde am 1. Februar 1919 ganz offiziell aus dem wilhelminischen „Cöln" wieder das allseits gewünschte „Köln". Die Universität konnte wiederbegründet werden, die Entfestigung bot Raum für großflächige Grünanlagen in der Stadt und um die Stadt herum, mit bis heute legendären Sportstätten, die Eingemeindung des nördlich gelegenen Worringen arrondierte den Norden und ermöglichte die Anlage eines neuen Industriehafens in Niehl, in Deutz wurde die Messe mit der Großen Festhalle in Anwesenheit von Reichspräsident Ebert feierlich eingeweiht und 1925 fanden in Köln die zentralen Feiern anlässlich der tausendjährigen Zugehörigkeit der Rheinlande zum Deutschen Reich statt. Mitten im britischen Besatzungsgebiet feierte Deutschland sich selbst. Es gab eine große Ausstellung mit 1,4 Millionen Besuchern und zahlreichen Aktivitäten rund um dieses „Jubiläum" – jedoch ohne den Reichspräsidenten: Paul von Hindenburg weigerte sich, besetztes Gebiet zu betreten.

Zuvor hatte sich Köln wie ganz Deutschland 1920 gegen den Kapp-Putsch gewehrt, 1923 unter der Besetzung des Ruhrgebiets durch französische und belgische Besatzungstruppen gelitten, in der Folgezeit die Inflation durchlebt und kam nun allmählich wieder „auf die Beine". Die Ermordung der Minister Mathias Erzberger und Walter Rathenau durch Rechtsextreme führte zur demokratischen Umbenennung von Königsplatz und Königin-Louise-Platz in Rathenau- bzw. Erzbergerplatz. Die Jahre zwischen 1925 und 1929/30 gelten in Köln als die „Goldenen Zwanziger". Die Arbeitslosigkeit ging allmählich zurück, die Wirtschaft stabilisierte sich, neue Wohnsiedlungen boten modernen Wohnraum und nicht zuletzt die in der jungen Verfassung verbrieften Rechte liberalisierten das Leben. Und nachdem das Deutsche Reich in der Konferenz von Locarno im

Die Plastik des hl. Michael wurde als Totengedenkmal für die Gefallenen des Ersten Weltkrieges durch den Kölner Bildhauer Georg Grasegger geschaffen und kam 1920 in den Dom; Fotografie (Hohe Domkirche St. Petrus)

Oktober 1925 die neuen Westgrenzen – also den Verlust von Elsass-Lothringen und Eupen-Malmedy – akzeptiert hatte, verließen die Briten Köln am 31. Januar 1926. Die britische Flagge wurde vor dem Hotel Ernst herabgeholt und durch eine jubelnd begrüßte Kölner Fahne ersetzt. In der Nacht zum 1. Februar gab es einen großen Festakt vor dem Kölner Dom. Es war der spektakuläre Beginn des Rundfunks in Köln. Adenauer war es gelungen, den Westdeutschen Rundfunk nach Köln zu holen, der ab dem 1. November 1926 aus der Dagobertstraße senden würde. Die Übertragung der gesamten nächtlichen Feier durch viele Sender „zur gleichen Sekunde" erwies sich als riesengroßer Erfolg „wie wir ihn größer in der Geschichte des deutschen Rundfunks noch nicht kennen gelernt ha-

Hochwasser Am Leystapel; Fotografie von Wilhelm Matthäus, 1930 (KSM)

ben". Um Mitternacht erklangen die Worte des Kölner Oberbürgermeisters in ganz Deutschland (nach dem letzten Glockenschlag der neuen Petersglocke): „,Die Stunde', die Stimme des Redners bricht in übergroßer Erregung ab [...] ,Die Stunde ist gekommen, die so heiß, so inbrünstig ersehnte, der Tag der Freiheit ist angebrochen'". Nach der kraftvollen Rede Adenauers, die mit einem Treueschwur zu Deutschland endete, sangen die 100.000 vor dem illuminierten Dom das Deutschlandlied. Im Anschluss an die nüchterne Rede des preußischen Ministerpräsidenten erklang als Schlusschoral „Großer Gott, dich loben wir" und wieder Glockengeläut. Am 21. März fand die offizielle Befreiungsfeier in der Kölner Messe statt, nun auch unter Beteiligung von Präsident von Hindenburg. Auch wenn das übrige Rheinland bis 1930 besetzt blieb, machte sich nun ein ungekannter rheinischer Nationalismus breit. Bekanntester Protagonist war der bis dahin als Sänger kölnischen Karnevalsliedguts bekannte Willi Ostermann, der mit seinen hochdeutschen Rheinliedern ein vermögender Mann wurde.

Aus heutiger Sicht ist es verstörend, dass sich die meisten Deutschen völlig unschuldig durch alliierte Bosheit verfolgt sahen. Da mussten die jungen Künstler, die ihre Kriegserlebnisse verarbeiteten, als Nestbeschmutzer erscheinen und doch sind sie in Köln oft die einzigen gewesen, die in das nationale Selbstmitleid nicht miteinstimmten. Max Ernst spricht von „der großen Schweinerei dieses blödsinnigen Krieges"[4]. In ganz Europa wurden in vielen Gotteshäusern, Unternehmen, Schulen und auf Dorfplätzen Kriegerdenkmäler errichtet. Auch die Stadt Köln spendierte ihren gefallenen „Helden" ein Denkmal. Auf dem heute als Friedenspark bekannten Gelände am Rhein wurde 1927 ein Monument mit einer Adler-Plastik von Georg Grasegger, gegossen aus den Kanonen des Krieges, für die im Weltkrieg gefallenen Soldaten errichtet. Der Architekt Otto Scheib gab dem Denkmal den Namen „Numero oppressis mente invictis" (Der Vielzahl unterlegen, im Geiste unbesiegt).[5]
In die letzten beiden Monate der britischen Besatzung fiel eines der schwersten Hochwasser des Jahrhun-

Rheinlandbefreiungsfeier vor dem Kölner Dom in der Nacht zum 1. Februar 1926; Fotografie von Wilhelm Matthäus (KSM)

derts. „Beim sogenannten ‚Neujahrshochwasser' von 1926 wurde ein neuer Rekordpegelstand für das 20. Jahrhundert registriert. Ungewöhnlich war außerdem, dass dieser Wasserstand fünf Tage lang unverändert anhielt. Obwohl die Stadt aufgerüstet hatte und 14 Kilometer Stege verbaut wurden, war die Lage äußerst ernst. In weiten Teilen Kölns fiel der Strom aus. Bei Merkenich drohte der Rheindamm zu brechen. Helfer stopften das Loch mit Pfählen, Sandsäcken, Lehm und Dünger, und konnten eine Katastrophe nur knapp abwenden."[6]

Überhaupt wurde Köln zwischen 1920 und 1930 regelmäßig von Hochwasser heimgesucht: Am 16. Januar 1920 erreichte es 10,58 Meter, am 5. November 1924 9,80 Meter und am 25. 11. 1930 waren es immerhin noch 9,15 Meter.[7] Waren in früheren Zeiten die in Köln stationierten preußischen Soldaten immer wieder zu Hilfe gerufen worden, sah die Stadt sich beim Hochwasser 1919/20 auf sich gestellt. Als Reaktion richtete die Stadt Köln 1920 erstmals eine Hochwasserschutzzentrale ein.

Der Abzug der Besatzer scheint in Köln ungeahnte Energien freigesetzt zu haben. Nicht nur die Festungsanlagen waren umgewidmet worden, in der Stadt gab es auch große militärische Gebäude, die man nun anderen Zwecken zuführen konnte. Bereits zu Beginn der 1920er Jahre waren in das Lazarett in der ehemaligen Kartause sowie das preußische Zeughaus Finanzämter eingezogen; nach 1926 entstanden in der Barbara-Kaserne die Riehler Heimstätten. Überall wurde gebaut, experimentiert, die moderne Zeit war auch in Köln angebrochen. Köln sah sich auf dem besten Wege zur Weltstadt – mit Universität, Stadion, höchstem profanem Haus Europas, der ersten Rolltreppe Deutschlands, Musikhochschule, den Werkschulen als Beinahe-Akademie, einem Flughafen – als Zentrum zwischen Berlin und Paris: „Infolge des Weltkriegs ist die Stadt Köln wahrscheinlich für immer von der Festungsfessel befreit und damit die Möglichkeit einer bisher ungeahnten Entwicklung gegeben. Dies vorausschauend, hat unser Stadtoberhaupt Dr. Adenauer schon durch die Eingemeindung von Worringen eine

Gebäude der Kölner Messe; Chromotint-Postkarte, 1924 (KSM)

neue Grundlage für die Weltstadt Köln geschaffen, die dazu bestimmt erscheint, die große Kulturzentrale zu sein zwischen Ost- und Westeuropa", jubelte Professor Bender 1925. Auch der spätere Stadtkonservator Vogts bringt sich in Stellung für neue Aufgaben: „Heute steht Köln mit einer abermaligen Erweiterung des Stadtkerns vor seiner Entwicklung zur Weltstadt [...]."[8]
Am 28. Februar 1928 zog auch erstmals seit 1914 wieder ein Rosenmontagszug als „Kappenfahrt" durch Köln. Während Krieg und Besatzung war jeder öffentliche Karneval strengstens untersagt, erst im Vorjahr waren Feiern in geschlossenen Räumen wieder zugelassen worden.
Besonderes Augenmerk zog die im Mai 1928 eröffnete große „Internationale Presse-Ausstellung" in den nach Plänen von Adolf Abel umgebauten Messebauten auf sich. Besucher aus ganz Europa, selbst aus Übersee kamen nach Köln, um sich über das Neueste aus dem Bereich der Informationstechnik zu informieren. 5 Millionen wurden bis Ausstellungsende am 14. Oktober auf der „Pressa" gezählt. Nicht wenige hatten die neue Jugendherberge in Deutz als günstigen Schlafplatz genutzt, ebenso wie einige der 300.000 Teilnehmer und 200.000 Besucher des Deutschen Turnfestes im selben Jahr. Adenauer sah diese Großveranstaltungen als geeignete Gelegenheiten, Köln wieder in die internationale Gemeinschaft einzuführen. Aber seine Pläne gingen über Europa hinaus. Wie viele seiner europäischen Zeitgenossen glaubte er, dass die weißen Europäer ein Anrecht auf Kolonien hätten und dass den Deutschen ihre verlorenen Kolonien zurückgegeben werden müssten: „Wir müssen für unser Volk mehr Raum haben und darum Kolonien."[9] 1931 bis 1933 war Konrad Adenauer stellvertretender Präsident der Deutschen Kolonialgesellschaft. In seine letzten Jahre als Oberbürgermeister fielen die Vorbereitungen für eine große „Deutsche Kolonialausstellung" in der Kölner Messe, die 1934 von den Nationalsozialisten für ihre Zwecke instrumentalisiert wurde.[10] Aber auch auf der PRESSA hatte es eine „Koloniale Sonderschau" gegeben.[11]
Nachdem 1927 die Mülheimer Schiffbrücke abgefahren worden war, um die Einrichtung der Baustelle für die neue Brücke möglich zu machen, konnte diese bereits am 13. Oktober 1929 zur großen Freude der Bevölkerung ihrer Bestimmung übergeben werden. Nur fünf Tage später schlossen Stadt und Ford Motor Company den Vertrag, der die Ansiedlung der Ford-Werke am Niehler Rheinufer zur Folge hatte. Eine Woche darauf, am 26. Oktober, erfolgte die feierliche Grundsteinlegung für den Neubau der Universität Köln in Lindenthal. Zwei Tage zuvor hatte New York seinen „Schwarzen Freitag" erlebt. Noch war den meisten nicht bewusst, welche Konsequenzen dies auch für Köln haben würde. Aber es war nicht mehr zu übersehen, dass all die vielen Projekte zusammen mit einer schwächer werdenden Wirtschaft den Kölner Schuldenberg immer höher anwachsen ließen. Dadurch und durch Adenauers zunehmend autokratischer werdendes Handeln war seine Wiederwahl am 17. Dezember 1929 mehr als unsicher. Schließlich setzte er sich mit einer Stimme Mehrheit in der Stadtverordnetenversammlung durch – der der Stadtverwaltung, also seiner eigenen.
In den nächsten Jahren stieg die Zahl der Arbeitslosen immer weiter an. Auch wenn seit 1927 die Arbeitslosenversicherung eine staatliche Aufgabe war und nicht mehr von den Städten getragen werden musste, fielen doch immer mehr Menschen der städtischen Wohlfahrt zur Last. Die Zahl der Arbeitslosen stieg bis Juli 1932 auf über 100.000, fast ein Drittel der Erwerbsfähigen war ohne Arbeit und Einkommen, viele andere litten unter Lohnkürzungen oder Verdienstausfall. Die extremistischen Parteien erhielten verstärkten Zulauf, die politischen Auseinandersetzungen wurden auf die Straße getragen, es gab die ersten Toten.
Unterdessen trafen am 4. Januar 1933 in Lindenthal im Haus des Kölner Bankiers Kurt Freiherr von Schröder Adolf Hitler und Franz von Papen zusammen, um die Unterstützung einer Kanzlerschaft Hitlers durch das bürgerliche Lager auszuhandeln. Bereits im Februar besuchte Hitler Köln erneut – dieses Mal als Reichskanzler. Wie die meisten konservativen Politiker

Köln – Ford-Werke; Fotografie von August Sander, 1932 (KSM)

unterschätzte auch Adenauer die Gefahr, die von ihm ausging. Nach der Reichstagswahl wurde Oberbürgermeister Adenauer am 13. März 1933 seines Amtes enthoben, zum neuen Oberbürgermeister ernannte NSDAP-Gauleiter Josef Grohé, der neue ‚starke' Mann, Dr. Günther Riesen. Adenauer war gewarnt worden und hatte sich einer Verhaftung durch Flucht entziehen können. Damit war eine Ära zu Ende gegangen.

Trotz dieses abrupten Endes sind die Jahre seiner Oberbürgermeisterzeit in Köln als „Adenauerzeit" in bester Erinnerung geblieben. Vieles von dem, was er angestoßen hat, ist bis heute von Bedeutung, mitunter sogar identitätsstiftend und sei es ein Stadion im Westen der Stadt, dass selbst nach zweimaligem Neubau und neuer Namensgebung im Volksmund immer noch so heißt wie bei seiner Eröffnung 1923: Müngersdorfer Stadion. Und die beiden Hügel daneben: Adenauerhügel und: „großer Konrad".

Quellen und Literatur

1 Vgl. Hesse – Kramp – Soénius.
2 Vgl. Hieronimus.
3 Es handelt sich keineswegs um „englische", vielmehr gehörten zu diesen Truppen auch schottische, irische, indische, australische, neuseeländische, kanadische u. a. Soldaten des British Empire.
4 Der deutsche Rundfunk, 7.2.1926, zit. nach R. Rossbach, Der Rundfunk, in: Vom Dadamax zum Grüngürtel, S. 170–174. – Fast 40 Jahre später war die gemeinsame Übertragung der Feierlichkeiten anlässlich Adenauers Beerdigung durch ARD und ZDF in 18 Länder ebenfalls eine Neuerung.
5 Vgl. z. B. die Texte unter www.willi-ostermann.de/willi-ostermann/lieder-und-gedichte/liedgut-abc/index.html, 14.04.2017.
6 Zit. nach Jung, S. 36.
7 Vgl. //de.wikipedia.org/wiki/Friedenspark_(K%C3%B6ln), [19.04.2017].
8 www.steb-koeln.de/hochwasser-und-ueberflutungsschutz/hochwasser/Hochwassergeschichte/Hochwassergeschichte.jsp; [14.4.2017].
9 Vgl. de.wikipedia.org/wiki/Pegel_K%C3%B6ln, [14.04.2017].
10 Franz Bender: Die Stadt Köln in ihrer geschichtlichen Entwicklung, in: Wieger, S. 45–58, hier S. 58.
11 Hans Vogts: Kölns alte und neue Kunst, in: Wieger, S. 327–360, hier S. 358. Vogts' „neue" Kunst endet in der Vorkriegszeit.
12 Zit. nach Horstmann, S. 197.
13 Ebd., S. 197 f.; S. 201 f.
14 Vgl. Bechhaus-Gerst.

Oberbürgermeister Konrad Adenauer in seinem Büro im Kölner Rathaus; Fotografie, wohl 1917 (StBKAH)

„KONRAD DER GROSSE"

Über meinen Großvater

Konrad Adenauer

Mein Großvater war seit 1906 Beigeordneter und seit 1909 Erster Beigeordneter der Stadt Köln und damit Stellvertreter des Oberbürgermeisters. Dieses Amt bekleidete seit 1907 der Onkel seiner Frau Emma, geb. Weyer, nämlich Max Wallraf, von dem bekannt war, dass er einen höheren Posten in Berlin anstrebte. Er gehörte, obwohl Katholik, der national-liberalen Partei an, mein Großvater dem katholischen Zentrum. Beide Parteien bildeten die einzigen Fraktionen im Kölner Stadtrat. Es lag in der Natur meines Großvaters, dass er nicht Vertreter eines Oberbürgermeisters bleiben, sondern selbst erster Mann seiner Vaterstadt werden wollte. Sein Wunsch ging 1917 in Erfüllung, mitten im Ersten Weltkrieg, als Max Wallraf als preußischer Minister des Inneren und in Personalunion als Staatssekretär des Inneren im Deutschen Reich (gleichbedeutend mit dem späteren Reichsminister) nach Berlin berufen wurde. Zwar traf meinen Großvater diese Aufstiegsmöglichkeit in einer recht ungünstigen persönlichen Situation. Im Oktober 1916 war seine Ehefrau im Alter von nur 36 Jahren einem Nierenleiden erlegen. Er selbst hatte im März 1917 einen sehr schweren Autounfall, der ihn zu einer halbjährigen Pause vom Dienst zwang. Gleichwohl kandidierte er und wurde von den beiden Fraktionen nahezu einstimmig zum Bürgermeister der Stadt Köln gewählt. Einen Monat später erfolgte seine Amtseinführung und auch die Ernennung zum Oberbürgermeister durch den preußischen König und deutschen Kaiser Wilhelm II. Adenauer wurde traditionsgemäß Mitglied des Preußischen Herrenhauses in Berlin, der ersten gesetzgebenden Kammer Preußens. Dort erhob er jedoch nie das Wort. Um die Ausgestaltung seines Dienstvertrages und seine darin geregelte Besoldung kümmerte er sich intensiv. Andererseits vertraute er einem nicht weiter fort-

Gussie Adenauer mit Kindern und Stiefkindern; Fotografie, 1928 (StBKAH)

geführten Tagebuch am Silvestertag 1917 an, dass er in jungen Jahren in eine hohe Stellung berufen, doch dabei bitterarm sei. Er dachte dabei vor allem an seine drei 1906, 1910 und 1912 geborenen Kinder Konrad, Max und Ria, deren Betreuung und Erziehung ihm nun allein oblag. Dennoch ging er mit Tatkraft als neuer Oberbürgermeister ans Werk und bewältigte das letzte Kriegsjahr und die Revolution in Köln im November 1918 mit Bravour. Schon im Mai 1919 konnte er sein erstes Meisterstück, die Wiederbegründung der Kölner Universität nach ihrer Schließung 121 Jahre zuvor, vorlegen. In demselben Jahr entschloss sich mein Großvater nach fast dreijähriger Witwerschaft, aber erst 43 Jahre alt, zur Wiederverheiratung. Seine Braut war die 20 Jahre jüngere Gussie Zinsser, die mit ihrer Familie nur einige Häuser weit entfernt an der Ecke Max-Bruch-Straße/

Gussie und Konrad Adenauer vor ihrem Haus in Köln-Lindenthal; Fotografie vom Westdeutschen Bilderdienst, Cohnitz Verlag Schauberg Köln, um 1930 (StBKAH)

Haydnstraße in Lindenthal lebte. Er hatte sie als Tochter seines Nachbarn Ferdinand Zinsser kennengelernt, der Chef der Hautmedizin an der Kölner Universitätsklinik war und im Jahr 1929 Rektor der Universität wurde. Aus dieser Ehe gingen die Kinder Ferdinand (1920), Paul (1923), Lotte (1925), Libet (1928) und Georg (1931) hervor. Ferdinand starb jedoch schon vier Tage nach seiner Geburt. Die junge Gussie kümmerte sich nicht nur liebevoll um ihre eigenen Kinder, sondern auch um die Kinder ihres Mannes aus erster Ehe. Es half auch die unverheiratete Schwester von Adenauers erster Frau, Maria, genannt Mia, Weyer mit. Mitte der 20er Jahre baute Adenauer an sein 1911 errichtetes Wohnhaus in der Max-Bruch-Straße 6 einen Flügel mit der Hausnummer 4 an und führte dieses großzügige Anwesen als städtische Dienstwohnung. 1921 war er zum Präsidenten des Preußischen Staatsrates gewählt worden und wurde jährlich bis einschließlich 1933 in diesem Amt bestätigt, das ihn monatlich für eine Woche nach Berlin führte. Die 20er Jahre waren Adenauers große Erfolgsjahre, nicht nur als Haupt der städtischen Verwaltung, sondern auch familiär. Deutschland und damit auch Köln begannen, sich aus der tiefen Depression des verlorenen Ersten Weltkrieges und der Hyperinflation von 1923 zu lösen. Köln strebte als drittgrößte Stadt des Deutschen Reiches und zweitgrößte Preußens mächtig nach vorne. Adenauer eilte in Köln von Erfolg zu Erfolg. Er war Vorsitzender des Provinzialausschusses der Rheinprovinz, in vielen Aufsichtsräten, nicht nur von städtischen Gesellschaften, und wurde vielfach als Kandidat für das Reichskanzleramt genannt. 1929 wurde Adenauer nach zwölfjähriger Amtszeit für eine weitere Periode vom Stadtrat wiedergewählt, allerdings mit knapper Mehrheit. Im Stadtrat waren nunmehr viele Parteien vertreten, von der äußersten Linken bis zur äußersten Rechten. 1931 konnte er sein silbernes Dienstjubiläum feiern. Die größte Zäsur in seinem Leben brachte der 30. Januar 1933. Die Nationalsozialisten setzen ihn ohne Rechtsgrundlage am 13. März 1933 ab, für meinen Großvater ein Absturz aus höchsten Höhen. Seitdem hat er nicht mehr in Köln gewohnt, bis auf einige Monate im Jahr 1945, als die Amerikaner ihn wieder als Oberbürgermeister von Köln eingesetzt hatten und er im St. Elisabeth-Krankenhaus in Hohenlind die Woche über wohnte. Sechs Monate nach seiner Vertreibung aus Köln, am 13. September 1933, vertraut er einem wiederum begonnenen und nicht fortgeführten Tagebuch an, in welch verzweifelter Lage er sich befinde: „Alles ist ungewiss, alles ist schwankend."

GUSSIE ADENAUER

Die Frau an seiner Seite

Irene Franken

Auguste Amalie Julie Zinsser, genannt Gussie, wurde am 7. Dezember 1895 in Köln geboren. Die Eltern waren der Dermatologe Ferdinand Zinsser und seine Frau Wilhelmine (Minna), geb. Tourelle. Die Familie war protestantisch und lebte in der Haydnstraße 7–9. Anders als dem jüngeren Bruder Ernst (1904–1985) war Gussie kein Studium vergönnt, obwohl Frauen seit 1908 in Preußen zum Studium zugelassen waren. Stattdessen erhielt die privilegiert aufwachsende Professorentochter ‚nur' eine fundierte kulturelle Bildung; sie war musikalisch begabt und spielte Geige.

1911 zog die Familie des Beigeordneten Konrad Adenauer in die benachbarte Max-Bruch-Straße 6. Die Familien pflegten bald ein freundschaftliches, zwangloses Verhältnis. Am 6. Oktober 1916 starb Emma Adenauer; der ein Jahr später zum Oberbürgermeister gewählte Vater der Kinder Konrad, Max und Maria startete als Witwer in sein Amt. „Das Jahr 1917 war für mich schwer, sehr schwer, voll körperlicher und geistiger Qual und Elend. Das ganze Jahr ist erfüllt von Schmerz und Leid und Sehnsucht nach meiner teuren Frau. Sehr schwer lastet auch auf mir die Sorge um die Erziehung meiner geliebten Kinder, der ich mich kaum widmen kann; mutterlose Kinder – das ist etwas unendlich Trauriges. Ein Übermaß von Arbeit brachten mir die ersten Monate des Jahres; die Arbeit war mir ein Narkotikum für mein Leid."[1]

Gussie Zinsser und Konrad Adenauer kamen sich näher; es verband sie die Liebe zur Natur, zum Gärtnern und zur Musik. Sie schrieben sich zu Beginn zahllose Briefe.[2] Der 40-jährige Adenauer verjüngte sich in diesen Monaten auch äußerlich.[3] Am 25. August 1919 heiratete die 24-jährige Gussie den hochrangigsten Kölner Mann und hatte sofort drei Kinder zwischen sieben und dreizehn Jahren zu betreuen. Zuvor hatte

Gussie Adenauer mit dem ältesten Sohn Paul; Fotografie von Eugen Coubillier, 1923 (StBKAH)

sie zum katholischen Glauben konvertieren müssen, was ihr nach Erinnerung der Tochter Libet nicht leicht fiel: „Sie hatte Mühe, sich mit den starren Geboten zurechtzufinden. Ihre Religiosität war unmittelbarer."[4] Die Konversion hielt sie nicht davon ab, weiterhin liberales Gedankengut zu vertreten, sie vertrat auch die Idee der Ökumene.

Ab 1921 hatte sie fünf Geburten, vier Kinder überlebten: Paul, Charlotte, Elisabeth/Libet und Georg. Der Vater hatte oft Kopfschmerzen und bedurfte der Ruhe – die Mutter „prägte die häusliche Atmosphäre [...], dem heiteren Lebensstil ihres Elternhaus folgend, förderte warmherzig und lebensbejahend ein fröhliches, abwechslungsreiches Familienleben."[5] In diesen Jahren war Konrad Adenauer, inzwischen Mitglied des Preußischen Staatsrates in Berlin, oft abwesend. Sie war an seiner Seite bei Schachtbesuchen wie bei offiziellen Veranstaltungen und ergriff mehr, als es noch einer Frau im Kaiserreich möglich gewesen wäre, Partei.

Die Neu-Katholikin wirkte schließlich im Katholischen Deutschen Frauenbund als Bezirksvorsitzende mit. 1929, als eine Kinderfrau ihr Arbeit abnahm, ließ sie sich in den geschäftsführenden Arbeitsausschuss des Frauenbeirates der Kölner Zentrumspartei wählen und wurde Kuratoriumsmitglied der Katholischen Vereinigung für Kinder- und Jugendhilfe, Schmerenbeck-Schule. Ebenso engagierte sie sich kulturell für Frauen, wurde Mitgründerin des Frauen-Kunstverbandes Gedok. Diese Mitgliedschaft brachte sie in Kontakt mit vielen nichtkonfessionell engagierten Frauen des Stadtverbandes Kölner Frauenvereine, u. a. mit Else Falk, der bedeutendsten Kölner Frauenrechtlerin der Weimarer Spätzeit.

Auch wenn sie selbst sich politisch kaum engagierte, unterschrieb sie mit fünf weiteren Frauen am 25. Februar 1933 einen Wahlaufruf für Liste 4 der Zentrumspartei bei den anstehenden Wahlen zum Reichstag und zur Stadtverordnetenversammlung. Der Wahlaufruf begann: „Es geht um deutsches Schicksal. Wir Frauen sind mitverantwortlich für seine Gestaltung. Wir gestalten es durch die Abgabe unserer Stimme." Wer nicht wähle, mache sich mitschuldig „an der weiteren Radikalisierung unseres Volkes. [...] Unsere Versammlungen wurden gesprengt, die Redner am Sprechen verhindert [...], Geistliche tätlich angegriffen, katholische Druckereien gestürmt, ohne daß die Polizei eingegriffen hätte." Der Aufruf sprach sich „gegen Straßenterror und hemmungslosen Hass" aus. Dafür erhielt sie „Diffamierungen und Drohungen der Nationalsozialisten." Das war vermutlich Gussie Adenauers erstes und letztes explizit politisches Statement. Nachdem die NSDAP Konrad Adenauer seines Amtes enthoben hatte, war Auguste Adenauer in den kommenden Jahren für ihren Mann eine lebensrettende Stütze.

Als Konrad Adenauer die Familie verließ und vorübergehend untertauchte, vermieden Gussie und die Kinder durch Wegzug aus Köln offene Anfeindungen der Nazi-KölnerInnen. Im engen Austausch mit Gussie beschloss Adenauer 1934 einen Umzug nach Potsdam; vergeblich hoffte er, dort eine neue Anstellung zu finden. „Meine Frau und ich beschlossen dann, an den Rhein zurückzukehren, und zwar an einen Ort im Siebengebirge. So kamen wir nach Rhöndorf."[6]

Quellen und Literatur

1 Tagebucheintrag Konrad Adenauers, zit. n. Mensing 1998, S. 36, zit. nach www.konrad-adenauer.de/biographie/zitate/biographisches?highlight=gussi.
2 Werhahn, S. 80.
3 Diese Veränderung wird auch auf die Politik rückbezogen: „Schon äußerlich machte er den Wandel sichtbar: Statt eines Kaiser-Wilhelm-Barts mit nach oben gezwirbelten Spitzen trug Adenauer, Mitglied der katholischen Zentrumspartei, nun ein kurz gestutztes Oberlippenbärtchen wie der Sozialdemokrat Friedrich Ebert." www.spiegel.de/spiegel/spiegelgeschichte/d-129494128.html, [19.05.2017].
4 Werhahn, S. 80.
5 Ebd.
6 Konrad Adenauer: Aus meinem Leben, Köln 1961, zit. nach www.konrad-adenauer.de/biographie/zitate/biographisches, [19.05.2017].

Gussie und Konrad Adenauer am Tag ihrer Hochzeit mit den Kindern Konrad, Max und Ria; Fotografie, 1919 (HAStK)

Eine Woche nach der Revolution fanden in ganz Köln gemeinsame Versammlungen von Unabhängigen und Mehrheitssozialisten statt, auf denen über die deutsche Revolution diskutiert wurde; Druck von Greven & Bechtold, 1918 (KSM)

„SIEGEL UND STEMPEL BLEIBEN UNVERÄNDERT"

Der Novemberumsturz von 1918 in Köln

Gabriele Oepen-Domschky

Einschneidende Ereignisse in der Politik ziehen gemeinhin auch öffentlich sichtbare Veränderungen nach sich. Bei dem Novemberumsturz 1918 in Köln ist das nicht erkennbar: Der Bürgermeister, Konrad Adenauer, blieb derselbe, die Dienstgeschäfte der städtischen Verwaltung wurden ordnungsgemäß weitergeführt, alle Schriftstücke trugen neben dem Stempel des Arbeiter- und Soldatenrates weiterhin den der Stadt. Köln war allenfalls von einer „sanften Revolution" heimgesucht worden.

„Was die Revolution angeht, so war der Zerfall der staatlichen Macht schon vorher offensichtlich." [1]

Für die Zeitgenossen war kaum noch zu übersehen, was auch Konrad Adenauer im Rückblick auf 1918 berichtete. Im letzten Kriegsjahr beherrschten die militärische Niederlage, Forderungen nach Abschaffung des preußischen Dreiklassenwahlrechts und Demokratisierung des Staates die öffentliche Diskussion im Deutschen Kaiserreich. Die Anfang Oktober gebildete parlamentarische Regierung unter Prinz Max von Baden konnte den Untergang der Monarchie nicht verhindern. In Kiel meuterten am 4. November Matrosen gegen den sinnlosen Befehl, zur entscheidenden Schlacht gegen britische U-Boote auszulaufen. Von dort ausgehend, bildeten sich in Norddeutschland Arbeiter- und Soldatenräte, die das Kaiserreich wie ein Kartenhaus zusammenbrechen ließen.

Der Kölner Arbeiter- und Soldatenrat im November 1918; Fotografie (HAStK, Repro KSM)

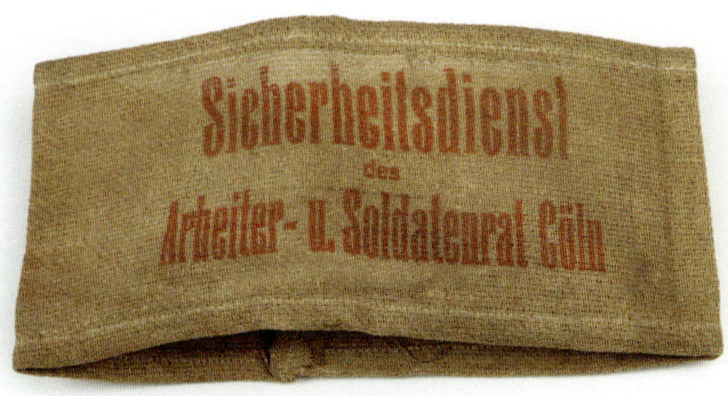

Armbinde für die Mitglieder des Kölner Arbeiter- und Soldatenrates; bedrucktes Papiergewebe, 1918 (KSM)

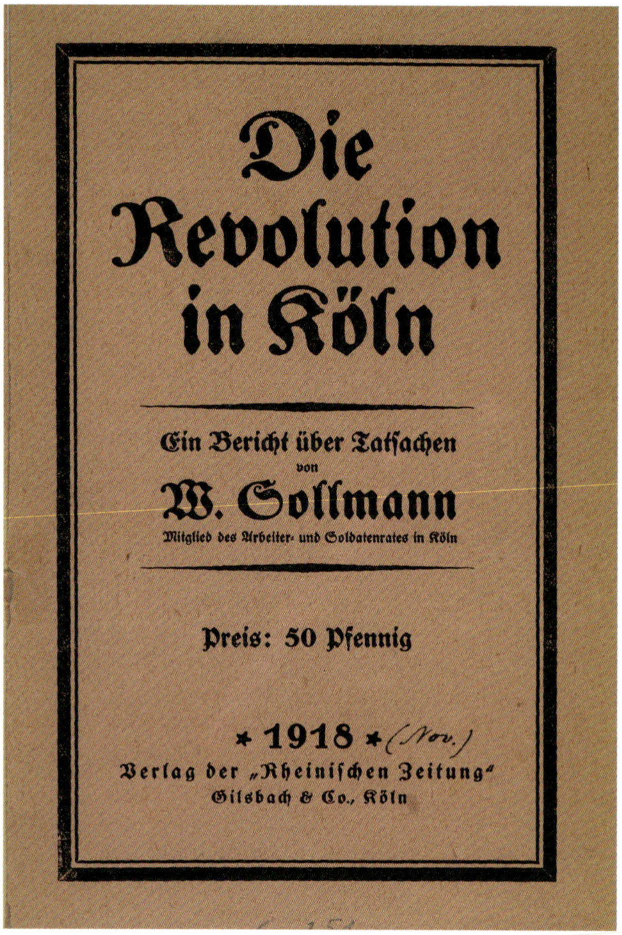

Der Führer der Mehrheitssozialisten, Wilhelm Sollmann, verfasste noch 1918 „Die Revolution in Köln. Ein Bericht über die Tatsachen", erschienen im Verlag der Rheinischen Zeitung (KSM)

In Köln war der Großteil der Bevölkerung genauso kriegsmüde, überarbeitet und unterernährt wie in Berlin, Hamburg oder München. Bereits im Sommer und Herbst 1917 streikten die Straßenbahnerinnen sowie die Arbeiter der Metallindustrie für Arbeitszeitverkürzungen und Lohnerhöhungen. Ein hauptsächlich von Metallarbeitern getragener Streik Ende Januar 1918 brach wegen fehlender Unterstützung der Gewerkschaften wieder zusammen. Einer Gruppe von Vertrauensleuten gelang es aber, ihre nunmehr politischen Forderungen (Frieden ohne Annexionen, Änderung des Wahlrechts u. a.) dem Regierungspräsidenten und dem Oberbürgermeister zu übermitteln.
Das Vorherrschen dieser gemäßigten Forderungen war in der Dominanz der politischen Diskussion innerhalb der Kölner Arbeiterschaft durch die Mehrheitssozialdemokraten (MSPD) begründet. Zwar hatte sich in Köln im Mai 1917 eine Ortsgruppe der Unabhängigen Sozialdemokraten (USPD) unter der Führung von Henriette Ackermann u. a. gegründet, die aber trotz finanzieller Unterstützung des Berliner Parteivorstands keine wirksame Agitation entfalten konnte. Nur einer Gruppe von jungen Erwachsenen um Walter Stoecker und Franz Dahlem gelang es, Antikriegspropaganda und Schriften von USPD und Spartakusgruppe zu verbreiten. Die MSPD hingegen war seit Ende 1917 mit drei Mandaten in der Kölner Stadtverordnetenversammlung vertreten.
Die Revolution sei da, der Bürgerkrieg nicht – so lautete die Kurzformel ihres Parteivorsitzenden, Wilhelm Sollmann, in einer der großen Versammlungen im Kölner Gürzenich am 23. Oktober 1918. Unter dem Eindruck der revolutionären Ereignisse Anfang November entwickelte die Kölner MSPD die Leitlinie, die Kontrolle über die Massen zu gewinnen, sich an die Spitze der revolutionären Bewegung zu stellen und Gewaltausbrüche zu verhindern. Auch andere Vereine und Verbände (Christliche Gewerkschaften, Volksverein für das katholische Deutschland, Evangelische Bürgervereinigung Köln) versuchten, in öffentlichen Zusammenkünften die Massen mit den kommenden Veränderungen vertraut zu machen. Die Handelskammer veröffentlichte auf Initiative ihres Präsidenten Louis Hagen Mitte Oktober eine Entschließung, in der sie zur Unterstützung einer neuen Regierung aufrief, welche die Mehrheit des Volkswillen repräsentieren würde.
Im Spätherbst 1918 war die Stimmung der Bevölkerung schließlich von Aufregung und Unsicherheit geprägt. Das gehobene Bürgertum fürchtete sich vor der Revolution: So mancher Hauseigentümer versteckte persönliche Wertgegenstände und befestigte Eisenplatten an der Haustür. Die Sympathisanten der USPD hingegen wünschten sich fieberhaft „die so sehnlichst erwarteten Kieler Matrosen" herbei.

„Solange es in Köln nicht knallt, glaube ich an Köln und die Kölner"[2]

Im Großen und Ganzen hat es, wie es Wilhelm Sollmann beschwörend formulierte, in Köln tatsächlich kaum geknallt, obwohl bereits einen Tag nach den Unruhen in Kiel eine kleine Gruppe von Matrosen unbemerkt in Köln eingetroffen war, die in verschiedenen Kasernen unter den Soldaten agitiert hatte. In der Stadt blieb es zunächst ruhig. Der 7. November war von Besprechungen der verantwortlichen Stellen über die politische Lage und Situation in Köln geprägt. Oberbürgermeister Adenauer besprach vorsorglich

Kundgebung auf dem Rudolfplatz im November 1918; Fotografie von Werner Mantz (RBA)

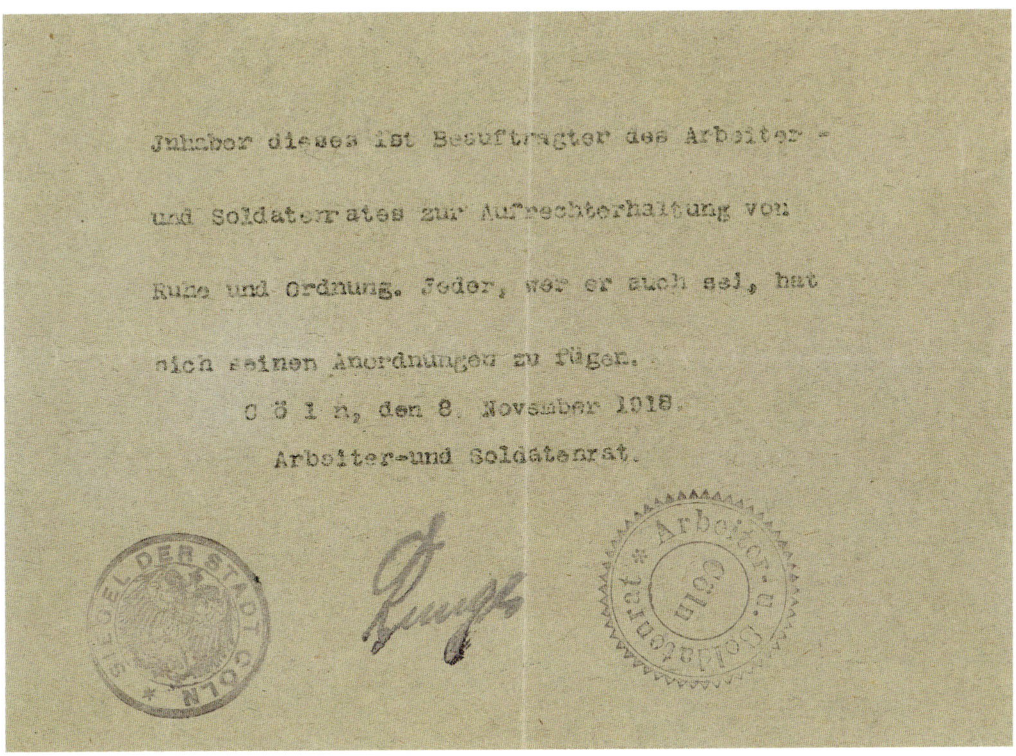

Jnhaber dieses ist Beauftragter des Arbeiter -
und Soldatenrates zur Aufrechterhaltung von
Ruhe und Ordnung. Jeder, wer er auch sei, hat
sich seinen Anordnungen zu fügen.
C ö l n, den 8. November 1918.
Arbeiter-und Soldatenrat.

SIEGEL DER STADT CÖLN

Arbeiter- u. Soldatenrat Cöln

Ausweis des Arbeiter- und Soldatenrates vom 8. November 1918 mit der Unterschrift von Paul Runge (KSM)

Arbeiter, Soldaten, Bürger!

Durch Beschluß des Arbeiter- und Soldatenrates vom 10. November ist ein

Wohlfahrtsausschuß

eingesetzt worden. Dem Wohlfahrtsausschusse gehören unter dem Vorsitze des unterzeichneten Oberbürgermeisters an:

Haas, **Hertwig**, **Königs**, **Lenzen**, **Napp**, **Smeeths** – Mitglieder des Arbeiter- u. Soldatenrates

Falk, **Mönnig**, **Sollmann** – Stadtverordnete

Kaiser, Christl. Gewerkschaften

Becker, Generaldirektor, Vertreter der Arbeitgeber,

Der Gouverneur

von Starck, Regierungspräsident

Dem Wohlfahrtsausschusse sind folgende Arbeitsgebiete übertragen: Öffentliche Sicherheit, Verkehr und Transport, Verpflegung und Unterkunft, Gesundheitswesen.

Die bisherigen vom Arbeiter- u. Soldatenrat zur Bearbeitung der gleichen Angelegenheiten eingesetzten Kommissionen bleiben zunächst bestehen. Ueber ihre Aufhebung ergeht weitere Bekanntmachung.

Der Wohlfahrtsausschuß rechnet bei der Erfüllung seiner schwierigen Aufgabe zuversichtlich auf die Mitwirkung der gesamten Bürgerschaft.

Cöln, den 11. November 1918.

Der Wohlfahrts-Ausschuss.

Der Vorsitzende:

Adenauer, Oberbürgermeister.

Greven & Bechtold, Cöln, Weyerstr. 19.

Der Wohlfahrtsausschuss teilt den Kölnern am 11. November 1918 seine Einsetzung durch den Arbeiter- und Soldatenrat mit; Druck von Greven & Bechtold, Köln (KSM)

mit Vertretern der Freien und Christlichen Gewerkschaften sowie den Vorsitzenden der Liberalen, der MSPD und des Zentrums die Bildung einer Bürgerwehr. Am späten Vormittag wurden Adenauer und Sollmann durch den Gouverneur Kruge informiert, dass Matrosen nach Köln unterwegs seien. Sollmann stellte sich klar gegen den Einsatz von bewaffnetem Militär, Adenauer hingegen riet dem Gouverneur, den Zug auf offener Strecke vor Köln anzuhalten und die Meuterer zu verhaften, damit sie den Hauptbahnhof nicht erreichten. Aber dazu konnte Kruge sich nicht entschließen. Er ließ auch nachmittags die bewaffneten Soldaten vom Hauptbahnhof abziehen, wo Menschen auf die Ankunft der Matrosen warteten. Als diese am frühen Abend eintrafen, forderten sie auch in Köln die Freilassung aller politischen Gefangenen und die Bildung von Arbeiter- und Soldatenräten. Hinzu geeilte Vertreter der beiden sozialdemokratischen Parteien konnten sich zwar vor den Massen kein Gehör verschaffen, doch immerhin gelang es Hecker (USPD), für den nächsten Morgen eine Kundgebung auf den Neumarkt einzuberufen. Während die Versammlung auseinanderging, zogen Soldaten und aufständische Bevölkerung in dieser Nacht durch die Stadt: „Ich bin", so die spätere KPD-Anhängerin Gertrud Meyer, „mit ihnen revoluzzend durch die Straßen gezogen, hab' mit ihnen aus Müngersdorf und Klingelpütz Gefangene befreit, Offizieren die Achselstücke heruntergerissen. Wenn sie sich wehrten und zum Degen greifen wollten, waren ‚Unsere' schneller."[3]

Bei der Kundgebung am nächsten Morgen (8. November) hielt sich das Militär erneut zurück und die Vertreter der MSPD konnten die Menschenmenge in verschiedene Säle der Stadt leiten, um Konfrontationen zu vermeiden. Am späten Vormittag gründete sich auf der Versammlung im Gürzenich ein Arbeiter- und Soldatenrat für Köln (ASR) und verabschiedete seine Hauptforderungen: sofortiger Friedensschluss, Vereidigung des Heeres auf die Verfassung, Freilassung politischer Gefangener, Abschaffung aller Dynastien, Einstellung der militärischen Einberufungen und die Annullierung der Kriegsanleihen sowie die Abschaffung des militärischen Grußes. Zu den ersten Handlungen in der konstituierenden Sitzung des ASR am Nachmittag gehörten vorbereitende Maßnahmen wie die Erteilung von Auskünften, Druck von Formularen, Beschaffung von Stempeln und Abzeichen und die Bildung einer Sicherheitswehr. Tagsüber war es nämlich zu Diebstählen in der Innenstadt gekommen, wie Falk berichtete: „Von den Fenstern seines [Adenauers] Amtszimmers sahen wir, wie elendes Gesindel, Männer und Frauen, ein am Alter Markt in der Nähe des Rathauses befindliches Depot plünderten und mit ihrem Raub [...] verschwanden."[4] Der ASR arbeitete zunächst im Volkshaus der SPD, bis Oberbürgermeister Adenauer ihm Zimmer im Rathaus zur Verfügung stellte. Am darauffolgenden Tag, dem 9. November, konnten so Soldaten mit Ausweisen und Passierscheinen versorgt werden. Soldaten und Deserteure sollten schnellstens die Stadt verlassen. An diesem Abend erkannte auch der Gouverneur den ASR als regierende Gewalt an. In Berlin waren im Verlauf des Tages die Abdankung Wilhelms II. und die deutsche Republik verkündet worden. Von entscheidender Bedeutung wurde die Bildung eines Wohlfahrtsausschusses (WA) unter dem Vorsitz von Konrad Adenauer. In mehreren Kommissionen sollte die Verwaltung der Stadt abgewickelt werden.

Parade mit britischen Tanks vor dem Kölner Dom am 30. Juli 1919 anlässlich der Unterzeichnung des Friedensvertrags zehn Tage zuvor; Fotografie (KSM)

Rückzug der deutschen Truppen auf der Hängebrücke 1918; Fotografie von Werner Mantz (RBA)

Der liberale Politiker und Justizrat Bernhard Falk gehörte zu den führenden Mitgliedern des Wohlfahrtsausschusses; Autotypie, um 1920 (KSM)

Zusätzlich wurden Volksbeauftragte beim Oberbürgermeister, dem Regierungspräsidenten und anderen Verwaltungsstellen eingesetzt, um zu gewährleisten, dass kein Behördenleiter in die laufenden Geschäfte eingriff. Damit hatte sich der ASR selbst entmachtet: Die Leitung der Stadt lag nunmehr in den Händen von WA und städtischer Verwaltung.

„Ich habe im Verein mit anderen wackeren und mutigen Männern versucht […] für Ruhe und Ordnung und Sicherheit zu sorgen."[5]

Doch was gab es bis zum Eintreffen der englischen Besatzung am 6. Dezember 1918 zu tun und wer waren die „mutigen Männer", von denen Konrad Adenauer sprach?
Ruhe, Ordnung und Sicherheit standen für den Oberbürgermeister, die MSPD und die bürgerlichen Parteien an erster Stelle. Daher wurde die spontan gebildete Sicherheitswehr durch eine geregelte Bürgerwehr abgelöst. Ihr Umfang wuchs zwar bis Ende November auf etwa 2.800 Mann, in ihrer Wirksamkeit war sie jedoch beschränkt: Bis zum Eintreffen der deutschen Truppen um den 23. November gab es immer wieder nächtliche Schießereien mit Wachleuten. Besonders den schweren Plünderungen in der Nacht vom 3. auf den 4. Dezember war die Bürgerwehr nicht gewachsen: Eine Gruppe von etwa 300 gewaltbereiten Männern zog von der Severinstraße zum Eigelstein und beraubte Lebensmittellager, Geschäfte und Einkaufshäuser. Insgesamt zwölf Todesfälle soll es infolge der Revolution gegeben haben.
Zum zweiten musste die Versorgung der Bevölkerung mit Lebensmitteln gesichert werden. Alle Vorschriften zur Lebensmittelrationierung blieben in Kraft. Die Lebensmittelvorräte der Festungsproviantämter und der zur Versorgung der durchziehenden Truppen angelieferte Heeresproviant wurde dem Wohlfahrtsausschuss unterstellt und in städtische sowie private Lager überführt, so dass eine erhebliche Verbesserung der Ernährungslage erzielt wurde.
Drittens stand der Durchzug der deutschen Truppen durch Köln und deren Übergang über den Rhein bevor. Vorbereitende Gespräche zwischen dem militärischen Hauptquartier der Westfront und den Vertretern des WA hatten bereits in den Revolutionstagen stattgefunden. Seit dem 14. November strömten die Soldaten nach Köln. Linksrheinisch stationierte Soldaten wurden hier entlassen, Soldaten anderer Landesteile kurzzeitig in Volksschulen einquartiert. Die Verpflegung erfolgte über die städtischen Stellen. Zwischen dem 23. November und 3. Dezember marschierten die 6. und die 17. Armee mit rund 70.000 Soldaten durch Köln. Die jeweiligen Formationen bezogen in den linksrheinischen Vororten das Nachtquartier, um am nächsten Tag die Stadt und ihre Brücken zu passieren. Der Straßenverkehr wurde gesperrt, Schulen geschlossen und die Sperrstunde auf 20.00 Uhr herabgesetzt. Adenau-

er und der WA konnten dabei auf die funktionierende Kommunalverwaltung zurückgreifen.
Der Grund für den gemäßigten Verlauf des Novemberumsturzes lag darin, dass im ASR und WA die gemäßigten Politiker der Kölner Parteien in der Mehrheit waren. Insbesondere waren die Spitzenfunktionäre der MSPD, der Vorsitzende Wilhelm Sollmann (1881–1951), der Sekretär der Konsumgenossenschaft Hoffnung, Heinrich Schäfer (1880–1924), der Parteisekretär der MSPD, Paul Runge (1877–1948), sowie der Reichstagsabgeordnete Johann Meerfeld (1871–1956), von der Idee der provisorischen Arbeiter- und Soldatenräte überzeugt, die sich zugunsten einer zu wählenden Nationalversammlung wieder aufzulösen hätten. Sie waren Gegner von Gewalt und Ausschreitungen: „Jede Diktatur ist abzulehnen."[6] Zwar bestand der Kölner ASR paritätisch aus Mitgliedern von MSPD und USPD, aber die zahlenmäßig größere MSPD verfügte über den besseren Funktionärskörper und konnte so die weiterführenden Organe wie WA und die Posten der Volksbeauftragten mit ihren Mitarbeitern besetzen. Neben den Vertretern der MSPD wurde der WA vor allem von den bürgerlichen Kräften dominiert, den Parteivorsitzenden der Liberalen, Bernhard Falk (1867–1944) und des Zentrums, Hugo Mönnig (1864–1950). Hier deutete sich bereits die große Koalition zwischen Zentrum und SPD an, welche die Stadtpolitik der Weimarer Zeit bestimmen sollte.

„Alles ist zu Ende. Ganz zu Ende"[7]

Die schändliche Flucht des Kaisers sei der letzte, schreckliche Schlag – so Konrad Adenauer – und daher eben auch alles ganz zu Ende gewesen. Damit meinte der durchweg im wilhelminischen Kaiserreich sozialisierte Kölner Oberbürgermeister sicherlich die deutsche Niederlage und den Untergang der Monarchie in der Revolution. Ein Weltbild war zusammengebrochen. Zu Beginn des Novemberumsturzes noch voll überzeugt vom Einsatz der militärischen und polizeilichen Gewalt gegen die Kieler Matrosen, stand er gleichwohl in dessen Folge auf dem „Boden der gegebenen Tatsachen". Eines sticht dabei hervor: Sein rasches Umdenken, das dazu führte, den neu entstandenen gemäßigten politischen Verhältnissen und Kräften Raum zu geben, um so Ruhe und Ordnung zu sichern. Seine monarchische Gesinnung gab Adenauer auf, nicht jedoch seine konservative Haltung als Stadtoberhaupt. Daher wehte im November 1918 auch keine rote Fahne auf dem Kölner Rathaus.

Quellen und Literatur

1 Konrad Adenauer im Interview mit der „Bild"-Zeitung, 22.12.1965, www.konrad-adenauer.de/biographie/zitate/biographisches, [20.02.2017].
2 Sollmann, S. 6.
3 Wiessing, S. 52.
4 Bernhard Falk, zit. nach Schwarz, Bd. 1, S. 191.
5 Redeentwurf für eine verbotene Wahlveranstaltung der Kölner Zentrumspartei, 10.03.1933. www.konrad-adenauer.de/biographie/zitate/biographisches, [20.02.2017].
6 Sollmann, S. 18.
7 Konrad Adenauer im Interview mit Lucien Chassaigne 1919, zit. nach Biermann, S. 113.

Plakat: Großes Fußballendspiel zwischen Labour Corps und 2. Water Tank Company an der Amsterdamer Straße am 15. März 1920 oder 1925; Druck von Greven & Bechtold (KSM)

'AN ISLAND WITH ITS CAPITAL IN COLOGNE'

The British Empire's occupation of Cologne, 1918–1926

Julian Valant

"Military occupation, however honestly the 'occupiers' may strive to be just to the 'occupied', remains always an unpleasant business"[1]

The joint-Allied occupation of the German Rhineland (1918–1929) is a topic that has been largely eclipsed by its sequel. Indeed, the very need for a second occupation in 1945 meant that the first was – and largely still is – deemed a failure. Yet the world was a very different place in November 1918. One where great colonial powers like Britain and France still dictated the context. The British garrison occupying Cologne for instance, a city of some 600.000, only represented one relatively small commitment for a vast global empire at its zenith.[2] Thus although on paper the Rhineland occupation was unprecedented in European terms, and located far from what we might typically consider 'colonial' climes, we shall see that for those serving in the British Army of the Rhine (BAOR), this was still very much 'business as usual'. As one newly arrived soldier remarked upon entering Cologne: 'I might have been at Aldershot or Rawal Pindi'.[3]

Understanding this ostensibly 'modern' occupation more so on its own terms can therefore prove tremendously useful. Specifically, in navigating the murky transition between the imperial era and the 'post-colonial' world we recognise today, as well as probing the mindsets of those significant individuals who emerged from it, such as Konrad Adenauer, Oberbürgermeister of Cologne (1917–1933) and later Bundeskanzler of West Germany (1949–1963).

Historians like David Williamson have for instance argued that imperialist 'machiavellian intrigues' between

Deutscher Polizist (links) und britischer Militärpolizist am 24. April 1919 neben einem Anschlagbrett mit Anweisungen der britischen Truppen im Falle ziviler Unruhen; Fotografie von John Warwick (IWM London)

Ein britischer Soldat hält das Titelblatt der Cologne Post vom 20. Juni 1919 mit der Schlagzeile zum unterschriebenen Friedensvertrag; Fotografie, 1919 (KSM)

the victors did perhaps as much to steer the occupation's eventual course as the desire to forge a lasting peace.[4] With Belgium towing the French line, and the United States – which had often been in a position to support the British – playing a far less active role after failing to ratify the Versailles Treaty in late 1919;[5] competing Anglo-French interests dominated the fates of the Rhinelanders.

Indeed it is hard to believe now that the region faced the very real prospect of a French-backed separation from the rest of Germany, with tensions eventually culminating in the now infamous French occupation of the Ruhr in 1923.[6] The British Foreign Office was also acutely aware of Cologne's role as a vital nexus for trade east of the Rhine, and the implication that this had on Europe's – though principally the Empire's – post-war recovery.[7] As the head British administrator in Cologne recalled, these old rivalries 'would inevitably lead to the city's becoming a kind of Anglo-German Gibraltar in the Rhineland'.[8]

It is unfortunate then that the details of occupying 'the most important town in the West of Germany'[9] are often dismissed merely as a 'postscript' of the war before, or an 'ominous prelude' to the next one.[10] It does not help also that the majority of the official source material regarding the British occupation has either been lost or destroyed, in the UK and in Germany. This was during the London Blitz, when the records of the BAOR were bombed, and in 2009 when Cologne's Historisches Archiv tragically collapsed.

The following article does what it can in light of these limitations, utilising alternative source collections in London and Cologne to illustrate some day-to-day aspects of this obscure British enclave. These sources include novels, first-hand accounts, photographs, and occupation ordinances, many of which are carefully preserved at the Kölnisches Stadtmuseum.

Another significant and yet still largely untapped resource are the thousands of daily editions (excluding Mondays) of the BAOR's unofficial newspaper, the *Cologne Post*. Held at the British Library and the Universitäts- und Stadtbibliothek Köln, the paper's mission statement was 'to interest, to amuse, and to convey the latest news to the British soldier'.[11] This provides another useful means of unpicking this imperial oddity, not to mention the city's own impressive array of contemporary news publications like the *Kölnische Volkszeitung*, and *Kölnische Zeitung*'s *Stadt-Anzeiger* which await more intensive study at the Universitäts- und Stadtbibliothek Köln.

From the very start of the occupation these sources prove insightful. For example, in spite of the extreme propaganda efforts of both sides during the war – and the numerous ordinances forbidding fraternisation between soldiers and civilians – the first years were apparently quite friendly, intimate even. Phillip Gibbs, a popular author at the time saw it as much. Borrowing scenes from Cologne's Hohe Straße as a setting for his 1920 novel *Back to Life*, he wrote: 'Among them [the Rhinelanders], not aloof, but mingling with them, laughing with them, were English and Canadian soldiers. Many of them were arm-in-arm with German girls. [...] The German girls needed no interpreters. Their eyes spoke, and their laughter.'[12] We might also look to a letter home by a Private Stapleton Eachus: 'Spent the evening in a large hotel which was crammed to the doors with Tommies and Fraulines and Fraus who had lost their husbands in the war, all fraternising to their hearts content in spite of G.R.O. no. something forbidding same [...] everybody appeared crazily happy and drinking, smoking, singing and embraces were the order of the night.'[13]

Practical limitations on barrack space also meant that the majority of British servicemen were initially billeted in the homes of the local populace.[14] Though this would have the effect of exacerbating an already acute housing shortage in Cologne,[15] it would also do much to humanise both occupier and occupied in

"Tea Time" im Hauptquartier der Londoner Division anlässlich eines von dieser Division organisierten Pferderennens in Köln; Fotografie von Ernest Brooks, 1919–1925 (IWM London)

each other's eyes. 'Dr. Francis', a frequent contributor to the *Cologne Post* makes this point in his article, 'The Rhinelanders we Have Met: Views and Reviews of Them', reporting that his subordinates would almost always say: 'Of course, all Germans are impossible – except those with whom I happen to be: they are really quite decent folk'.[16]

With the signing of a formal peace in January 1920 however, we see the emergence of what could be described as that familiarly 'imperial' mode. The *Cologne Post* 1920 Christmas annual read: 'From the excitement of a war-time occupation it has become a peace-time garrisoning, with all the features of a military garrison anywhere in the Colonies.'[17] It was no fluke that this coincided with demobilisation, which reduced the BAOR from a total of over 40.000 men to a mere 12.000 (for comparison, the total in India at this time was around 57.000).[18] This downsizing to an officer-heavy nucleus, coupled with the removal of restrictions on their wives to accompany them – who generally made little or no effort to learn German – meant the occupation would, as one British officer observed, 'assume that self-contained, almost segregated air which was to characterize it for the remainder of its life.'[19] One soldier even went as far to say: 'The Germans were regarded in much the same light as the natives in any other foreign station; to mix with them would have occurred to no one.'[20]

Indeed, if mixing had occurred to some, the locals were often reluctant to serve their uniformed guests, as the segregation of selected shops and businesses was enforced by the British Summary Courts. Those unfortunate enough to get caught serving British soldiers, particularly whenever alcohol was involved, could be fined up to two-thousand marks, no small sum in 1920.[21] Yet the *Cologne Post* did its best remind its readers, British or German, that: 'For judicious handling of the scales of justice, Britain has a world-wide reputation, and it is claimed with pride that wherever the Union Jack flies no man is convicted without a

Britische Soldaten auf einem Karussell auf der Kölner Osterkirmes am 20. April 1919; Fotografie von Ernest Brooks (IWM London)

fair trial. [...] And so it is in the British Courts of the Army of the Rhine. Infinite care is taken by Presiding Officers to establish irrefutably the guilt of a prisoner, before conviction and punishment.'[22] Not all took this at face value however, with one ex-soldier recalling that 'full credence [was] given to any allegation of an officer or non-commissioned officer unless there was completely overwhelming rebutting evidence'. '[I]nterpreters', he continues, 'caused many a conviction by the inaccuracy of their English and their subservience to the vagaries of military judicial temper, lest they might themselves get into trouble.'[23]

These factors in turn further reinforced mutual isolation, which naturally gave rise to amenities catering exclusively to the British. With the number of soldiers' family members as high as 5.000 – with another 2.500 permanent British civilians, or 'Colognials', who had emigrated to the city since 1918 – this led to a varied and sophisticated network of shops, schools, clubs (for officers and men), cinemas, a specialist bakery, and a truly staggering number of sports clubs.[24] Reporting from Cologne to the Bystander magazine, G.E.R. Gedye wrote: 'It is the characteristic of the Englishman that as soon as two or three are gathered together in any corner of the Earth's surface, they form an English sports club of some sort. [...] Not only has Tommy got [...] his own cricket and football leagues, [...] His officers have, amongst other forms of recreation, their own monthly race meetings, polo matches, and sports club.'[25]

Most celebrated of all British institutions in Cologne however was the BRADC, the British Rhine Army Dramatic Company. Founded in May 1919 by Lieutenant Esme Percy, an associate of the famous playwright George Bernard Shaw who would go on to feature in over forty feature films; the Company's performances at the 'Deutsches Theater' on Bismarckstraße were a welcome treat for the BAOR.[26]

Following its second anniversary performance the *Cologne Post* was moved to comment: 'The enthusiasm which permeated the theatre last night and the great reception accorded to all members of the cast of the present play are evidence that the [BRADC] holds a very dear place in the hearts of the Rhine Army.'[27] It was so celebrated in fact that it attracted the odd – though certainly enthusiastic – Rhenish patron. The *Cologne Post* reported with pride in December 1920: 'On a recent evening some well-dressed German civilians were waiting outside the box office of the Deutsches Theatre two hours before it opened in order to make sure that they got seats'.[28] This would no doubt have pleased many a British officer who had gone through the arduous experience of trying to pick up tickets for the Cologne Opera, one of the few other places where one might see the British and the Rhinelanders regularly interact, and not always positively. The *Cologne Post* would eventually even publish a guide titled: 'Buying Opera Tickets: How and Where to Book Your Seats for the Opera House; And How to Fail'.[29]

These examples represent only a small fraction of what can be found in the archive, and there is still much to discover about this curious chapter in Cologne's history. Beyond cultural observations and such as those above, there is also the story of the greater political intrigues between the various factions – British, French, Rhenish (socialist, Catholic, separatist) – who wished to shape the region's future for their own ends. Perhaps it should be no surprise then that it was an individual like Adenauer, having had extensive experience negotiating these forces whilst also administering a city where '[t]he problems of unemployment, hunger and the threat of bolshevism were experienced more acutely',[30] who would emerge as the one to shape the future of West Germany up to the 1960s, doing so from Bonn no less, only fifteen miles up the Rhine. The Christian Democratic Union party he founded continues to define Germany's political discourse up to the present day, and although we now celebrate the centenary of his becoming mayor of Cologne, and no doubt take some pleasure in the absurdities of the British colonial mission that came after, we are reminded that this world was not so far from our own, and that the past fortunes of Britain and Germany were more intertwined than we might first assume, be this in 1918 or the decades since.

Der Zug mit den letzten britischen Soldaten verlässt am 30. Januar 1926 den Kölner Hauptbahnhof; Fotografie von Atlantic Presse Photo (KSM)

Quellen und Literatur

Cologne Post (31 March 1919 - 17 January 1926): Nos. 1-1815, held at the British Library, London; Illustrated Hand Book of Cologne for Troops (1919), held at the Universitäts- und Stadtbibliothek Köln, Cologne.

Private Papers of G E R Gedye MBE, Imperial War Museum, London, documents 22580. www.iwm.org.uk/collections/item/object/1030029465

Private Papers of S T Eachus, Imperial War Museum, London, documents 11667. www.iwm.org.uk/collections/item/object/1030011530

1 Gedye, p. 130.
2 Jeffery, p. 1.
3 Storer, p. 68.
4 Williamson, 1991, p. 60.
5 See Nelson.
6 See Nadler.
7 Williamson, 1991, pp. 213–4.
8 Piggott, pp. 817–8.
9 Illustrated Hand Book of Cologne for Troops (Cologne, 1919), pp. 12–13.
10 Pawley, p. 486.
11 'Our Policy', Cologne Post, 4 February 1921, p. 2.
12 Gibbs, pp. 154–5.
13 S. T. Eachus, 'Letter to Parents', Private Papers of S T Eachus, Imperial War Museum, documents 11667, pp. 168–70.
14 Storer, p. 67.
15 'British and German Relations: Oberbürgermeister of Cologne on Culture', Cologne Post, 22 August 1920, p. 1.
16 'Open Letter from Dr. Francis: The Rhinelanders we Have Met: Views and Reviews of Them', Cologne Post, 7 December 1920, p. 6.
17 'Nineteen-Twenty in Retrospect', Cologne Post, December 1920, pp. 20–1.
18 Williamson, 1977, pp. 698–701; 'The British Armies Abroad: Why They Are There', Cologne Post, 14 June 1921, p. 1.
19 Tuohy, pp. 220–1.
20 Apex, p. 7.
21 'Summary Court: On Forbidden Ground', Cologne Post, 25 July 1920, p. 1.
22 'The British Way', Cologne Post, 15 October 1920, p. 2.
23 Gedye, p. 60.
24 Williamson, 1991, p. 210–2.
25 G. E. R. Gedye, 'Recreation on the Rhine: The Britisher on the Rhine', Private Papers of G E R Gedye MBE, folio 9, Imperial War Museum, documents 22580, pp. 69–73.
26 Ibid.
27 'B.R.A.D.C.', Cologne Post, 10 May 1921, p. 2.
28 'Echoes from Rhineland: Why is it?', Cologne Post, 6 December 1920, p. 6.
29 'Buying Opera Tickets: How and Where to Book Your Seats for the Opera House; And How to Fail', Cologne Post, 4 September 1920, p. 3.
30 Williamson, 1991, p. 32.

Inflationsgeld der Stadt Köln. Der höchste Wert waren 100 Billionen Mark (KSM)

ALS ALLE KÖLNER BILLIONÄRE WURDEN

Notgeld und Inflation 1917 bis 1923

Günter Grosch †, überarbeitet von Rita Wagner

Notgeld sind Münzen und Geldscheine, die bei Mangel an normalem Geld – mit oder ohne staatliche Genehmigung – in Umlauf gebracht werden.
Der Erste Weltkrieg und seine Folgen waren Anlass für die Ausgabe verschiedener Notgeldserien in den Jahren 1914 bis 1923. Als mit Beginn des Krieges Silbermünzen, aber auch Kleinmünzen aus Nickel und Kupfer gehortet und ab 1916 auch für die Rüstungsproduktion eingezogen wurden, die Ersatzmünzen aus Aluminium, Zink und Eisen jedoch nicht schnell genug bereitgestellt werden konnten, kam es zu einer ersten Ausgabe von Notgeld. Obwohl ohne Genehmigung der zuständigen Behörden hergestellt, wurde das Notgeld stillschweigend geduldet und bald durch Darlehnskassenscheine und neugeprägte Münzen ersetzt. Eine zweite Notgeldserie mit Münzen und kleinen Scheinen in Werten zwischen 5 und 50 Pfennig erschien ab Ende 1916, als das Kleingeld wieder knapp wurde. Bis zum Oktober 1919 hatte die Reichsbank 67 Millionen Mark dieser Ausgaben von 1552 Ausgabestellen ermittelt. Anfang des Jahres 1917 beschlossen auch die Kölner Stadtverordneten, dass zwei Millionen 10-Pfennig-Scheine (insgesamt also 200.000 Mark) gedruckt werden sollten. In den Jahren 1917/18 gab die Stadt Köln Kleingeldscheine zu 10, 25 und 50 Pfennig aus, denn Metall für Münzen war laut dem Stadtverordneten Louis Hagen „überhaupt nicht zu haben". Diese Scheine gibt es außerdem von 1920, 1921 und 1922, jedoch keine Notmünzen der Stadt Köln. Gegen Ende des Krieges kam es dann zu einer dritten Periode der Notgeldausgaben. Ein großer Bedarf an Zahlungsmitteln veranlasste die Reichsbank, den Städten die Ausgabe von Notgeld zu empfehlen. Von der Stadt Köln gibt es aus dieser Zeit Scheine in den Werten zu 2, 5, 10, 20, 50 und 100 Mark vom Jahre 1918.
Besonders in den Jahren 1921/22 erschienen in vielen Orten Serienausgaben mit gleichen, meist kleinen Werten. Farbig, oft künstlerisch gestaltet, bringen sie historische Ansichten oder Darstellungen der Orte. Auch hier gibt es Ausgaben der Stadt Köln: zwei Serien mit den Stadtsoldaten, den Heinzelmännchen und dem Dombaumeister auf Scheinen im Wert zu 50 Pfennig.
Deutschland hatte den Krieg mit Krediten finanziert in der Hoffnung, nach einem Sieg diese Schulden wie bereits 1871 mittels Reparationen zurückzahlen zu können. Stattdessen aber verpflichtete der Versailler Vertrag das Deutsche Reich zu Reparationszahlungen an die Siegermächte, insbesondere Frankreich. Nach Bekanntgabe der im Londoner Ultimatum vom April 1921 festgesetzten Höhe der alliierten Reparationsforderungen beschleunigte sich die Inflation nochmals. Mehr als 132 Milliarden Goldmark wurden vom Deutschen Reich als Kriegsentschädigung in Dollar, Pfund und Franc gefordert. Der Schuldendienst des Reiches lag bei 126 Prozent der Staatseinnahmen. Zur Deckung laufender Ausgaben mussten immer neue Kredite aufgenommen werden.
In der zweiten Hälfte des Jahres 1922 führte der Wertverlust der Mark – nicht zuletzt als Folge des internationalen Vertrauensverlustes nach dem Mord an Außenminister Walter Rathenau im Juni – zu einer neuen Krise in der Versorgung mit Zahlungsmitteln. Die Behörden erlaubten neue Notgeldausgaben, die jedoch den Nennwert von 1000 Mark nicht überschreiten sollten, auch die Umlaufdauer sollte begrenzt sein. Mit

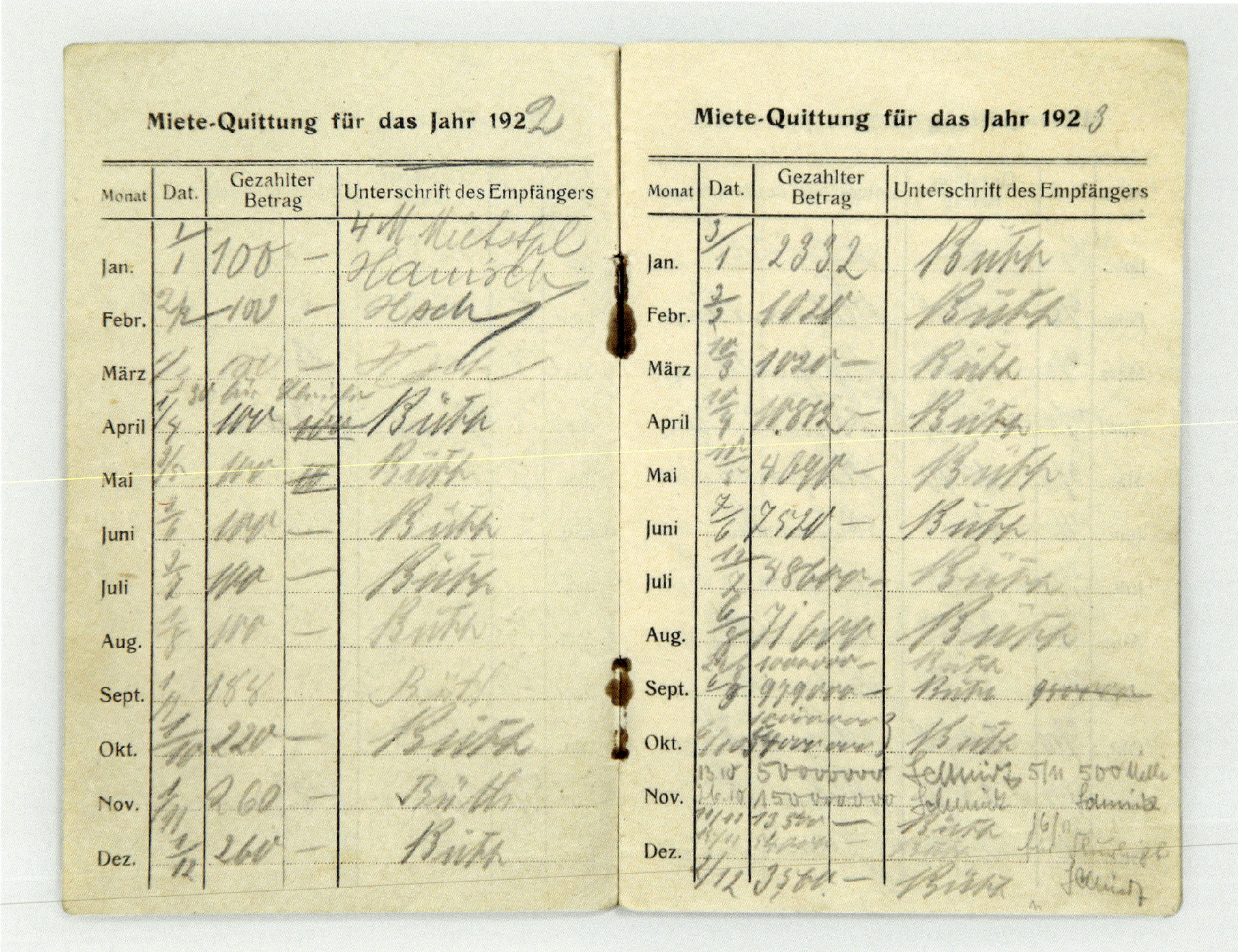

Inflation anhand des Mietbuches der Kölner Familie Müllenbeck: Im Januar 1922 zahlten die Mieter 100 Mark im Monat, am 5. November 1925 waren es 500 Millionen in der Woche. Im Dezember 1923 betrug die Miete nur noch 35 RM (KSM)

den Daten des 12. bzw. 20. Septembers 1922 und nach Vorschriften dieser Verordnung gab die Stadt Köln Scheine zu 100, 500 und 1000 Mark aus.
Da das Reich nicht mehr dazu in der Lage war, Reparationen zu zahlen oder Wirtschaftsgüter zu liefern, kam es im Januar 1923 zur Ruhrbesetzung durch französische und belgische Truppen, um sich in den Besitz von „produktiven Pfändern" für ihre Reparationsforderungen zu bringen. Die Reichsregierung unter Reichskanzler Cuno rief zum passiven Widerstand auf und ließ den Streikenden finanzielle Unterstützung in einer nicht gedeckten Währung auszahlen. Das war der Startschuss zur folgenden Hyperinflation. Eine Notgeldwelle, die alles bisher Dagewesene in den Schatten stellte, setzte im Sommer 1923 mit dem Sturz der Mark ins Uferlose ein. Die Stadt Köln begann mit der Ausgabe von Scheinen zu 5000 Mark, datiert auf den 1. Februar 1923. Es folgten 10.000, 50.000, 100.000 und 500.000, dann ging es am 4. August 1923 in die Millionen mit 1, 2, 5, 10, 20, 50, 100, 200 und 500 Millionen-Scheinen. Der 18. September brachte auch in Köln die erste Milliarde, es folgten rasch, 2, 5, 10, 20, 50, 75, 100, 150, 200, 250 und 500 Milliarden. Eine Billion gab es am 23. Oktober 1923, weiter ging es mit 2, 5, 10, 20, 25 und 50 Billionen. Am 23. November war mit 100 Billionen (100.000.000.000.000) in Köln der Höhepunkt erreicht. Insgesamt sind über 700 Trillionen Mark als Notgeld und rund 524 Trillionen Mark von der Reichsbank verausgabt worden.
Mit fortschreitender Inflation hatte sich die Versorgungslage der Bevölkerung laufend verschlechtert. Dem Anstieg der Preise für Waren und Dienstleistungen konnten die Löhne und Gehälter nicht folgen. Die rasche Geldentwertung trieb unzählige Menschen in den Ruin. Vor allem Arbeiter ohne Besitz konnten von

ihrem Lohn kaum noch leben: Der Verdienst eines städtischen Arbeiters mit Frau und zwei Kindern wurde für den Zeitraum 29. September bis 5. Oktober 1923 auf 48 Millionen Mark festgelegt. Am 1. Oktober 1923 kostete ein Kilogramm Schwarzbrot 10 Millionen, ein Kilogramm Kartoffeln 5 Millionen und ein Kilogramm Butter 200 Millionen Mark.
Das von Reichskanzler Gustav Stresemann ausgerufenen Ende des Ruhrkampfes am 26. September 1923 ermöglichte eine Währungsreform. Am 15. November wurde die Papiermark durch die Rentenmark ersetzt; mit dem 22. November 1923 lehnten die Reichsbankstellen die Annahme des Notgeldes ab und verlangten die Einlösung durch die Emittenten. Dies erfolgte im Laufe des folgenden Jahres 1924 und war am 31. August 1924 im Wesentlichen abgeschlossen. Allerdings sollte es bis Anfang 1925 dauern, bis genügend neue Scheine zur Verfügung standen, so lange war auch das Notgeld in Umlauf.
Die Entwertung erfolgte zu einem Kurs von 1 Goldmark gleich 1 Million Papiermark gleich 1 Rentenmark. Der Gegenwert der Rentenmark bestand aus Rentenpapieren, also Wertpapieren über Grundstücke. Jeder Grundbesitzer musste sechs Prozent seines Grundeigentums an den Staat übertragen, damit die neue Währung gedeckt war. Gleichzeitig war dies auch als Ausgleich für all die gedacht, deren Geldvermögen durch die Währungsreform nur noch ein Bruchteil wert waren. Gemäß dem Grundsatz „Mark = Mark" konnten Kredite, die in höherwertigem Geld aufgenommen worden waren, mit entwertetem Geld zurückgezahlt werden. Schulden lösten sich in nichts auf. Größter Profiteur war der Staat: Seine gesamten Kriegsschulden in Höhe von 164 Milliarden Mark beliefen sich bei der Währungsumstellung am 15. November 1923 auf gerade einmal 16,4 Pfennige.
Angesichts der katastrophalen Folgen der Inflation überdachten die Alliierten ihre Politik gegenüber dem Deutschen Reich. Der Amerikaner Charles Dawes entwickelte für die Reparationskommission 1924 einen neuen Zahlungsplan und schlug eine 800 Millionen Goldmark hohe Anleihe zur Stabilisierung der Mark vor. Dem Dawes-Plan folgend, erhielt die Reichsbank am 30. August wieder ihre frühere Funktion einer von der Regierung unabhängigen Notenbank. Gleichzeitig wurde zusätzlich zur Rentenmark die Reichsmark eingeführt. Eigentlich sollte die Reichsmark die Rentenmark ganz ersetzen, doch tatsächlich geschah das

Unser täglich Brot, Ölgemälde auf Sackleinen von Otto Barthels, 1923: Barthels übt Kritik am Dollarkapitalismus, dem die Kirche zur Seite steht, während im Hintergrund der rote Sowjetstern aufgeht (KSM)

nicht und beide Währungen gab es parallel bis zur Einführung der Deutschen Mark im Juni 1948. Anders als die Rentenmark war die Reichsmark wieder klassisch durch den Staat gestützt.

Quellen und Literatur

Biegel, S. 52 f.; Michael Kunzel, Die Inflation, in: www.dhm.de/lemo/kapitel/weimarer-republik/innenpolitik/inflation, [07.03.2017].
Sascha Pries, 100.000.000.000.000 (Kölner) Mark, in: www.museenkoeln.de/portal/bild-der-woche.aspx?bdw=2012_45, [07.03.2017].
de.wikipedia.org/wiki/Deutsche_Inflation_1914_bis_1923, [07.03.2017].

Glockengießermeister Heinrich Ulrich mit der St. Petersglocke in der Gießerei in Apolda; Fotografie, 1923 (KSM)

„Du deutsche Glocke an den Rhein – Verkünderin besserer Tage!"[1]

Die St. Petersglocke des Kölner Domes

Johanna Cremer

Sie ist die weithin bekannteste Stimme des Kölner Domgeläuts: die St. Petersglocke – von den Kölnern liebevoll „Dicker Pitter" genannt. 1923 im thüringischen Apolda gegossen, gilt sie bis heute als die größte freipendelnd läutbare Glocke der Welt.[2] Bei ihrer Weihe am 30. November 1924 nannte sie der Kölner Erzbischof Karl Joseph Kardinal Schulte die „deutsche Friedensglocke"[3] als Antwort auf die 1918 zu Kriegszwecken eingeschmolzene Vorgängerin. Die Vernichtung der damaligen Kaiserglocke wurde von der Kölner Bevölkerung als großer Verlust empfunden. Das Wiedererstehen einer neuen Glocke sollte als Sinnbild hoffnungsvoller Zukunft gelten, als Gemeinschaftssymbol nach dem verlorenen Krieg und der andauernden alliierten Rheinlandbesetzung. Neben ihrer liturgischen Funktion kam der Petersglocke als sogenannte „Deutsche Glocke am Rhein" somit auch eine säkulare Bedeutung zu.

Am 15. Januar 1922 verfassten Erzbischof Karl Joseph Kardinal Schulte, Oberbürgermeister Konrad Adenauer und der stellvertretenden Regierungspräsident Karl Johann Ferdinand Budding ein Schreiben an den Reichskanzler in Berlin, in dem sie um die kostenlose Überlassung von Metall für einen neuen Glockenguss baten. Ihr Brief, der die Unterschriften von 65 weiteren Persönlichkeiten trägt, verdeutlicht, welche Bedeutung sie der neuen „Deutschen Glocke am Rhein" als identitätsstiftendes Symbol beimaßen: „Wenn der laute Ton der neuen ‚Deutschen Glocke' über den Häusern der rheinischen Metropole klingt, soll er deren Bevölkerung mahnen, in allen Kreisen, allen Schichten treu zusammenzustehen. Dem deutschen Volke auf deutscher Erde werde ihr Geläute zum ehernen Mahnruf. Er wecke in ihm trotz aller Leiden dieser Jahre den Glauben an des geschlagenen Vaterlandes wiederkehrendes Glück."[4]

Wie die ehemalige Kaiserglocke sollte die neue Glocke 50 Zentner schwer sein und als Schlagton ein reines „C" aufweisen, um zum bestehenden Domgeläut in einem harmonischen Verhältnis zu stehen. Bereits am 13. März 1922 erhielt die Glockengießerei Gebrüder Ulrich aus Apolda den Auftrag. Auf die europaweite Ausschreibung der Glocke hatte einzig das Thüringer Unternehmen ein Angebot abgegeben. Andere Glockengießereien schreckten vor einem solchen Großprojekt zurück, zu sehr erinnerte man sich an den anfänglich gescheiterten Guss der Kaiserglocke, der die damalige Glockengießerei in den Konkurs getrieben hatte.

1,2 Millionen Mark wurden dem Oberpräsidenten der Rheinprovinz für den Erwerb des für den Glockenguss benötigten Materials bereitgestellt, darüber hinaus sollten 2.000 Kilogramm an Glockenmaterial von bis Kriegsende bereits abgelieferten Glocken oder deren Geldwert zur Verfügung gestellt werden. Bis zum geplanten Zeitpunkt des Glockengusses war man jedoch nicht mehr in der Lage, mit der schnellen Entwertung des Geldes im Zuge der Inflation Schritt zu halten. Das Projekt geriet in finanzielle Schwierigkeiten: Die Kosten für Guss, Transport und Anbringung der Glocke mussten neu berechnet werden und stiegen auf eine Höhe von 60 Millionen Mark an. Nur durch private Spenden aus der Kölner Bevölkerung sowie mit Hilfe des Deutschen Reiches und des preußischen Staates konnte diese Summe schließlich aufgebracht werden.

Im Mai 1923 war es dann soweit: ca. 600 Zentner Kupfer und Zinn wurden in 18 Stunden geschmolzen. Der Guss selbst dauerte nur neun Minuten und 32 Sekunden und gelang – die Gusstechnik und die Verzierungen waren tadellos. Zum künstlerischen Schmuck der Petersglocke zählten neben figürlichen Darstellungen und Wappen auch zahlreiche Inschriften. Die hohe symbolische Bedeutung von Einigkeit und Frieden, die mit dieser neuen Glocke einherging, verdeutlicht der Reimvers auf der Glockenwandung: „ST. PETER BIN ICH GENANNT / SCHÜTZE DAS DEUTSCHE LAND / GEBOREN AUS DEUTSCHEM LEID / RUF ICH ZUR EINIGKEIT".

Über ein Jahr lang mussten die Kölner jedoch noch auf ihre neue Glocke warten. Infolge der Besetzung des Ruhrgebietes befürchtete man deren Beschlagnahme als Reparationsgut, so dass die fertige Glocke zunächst in Apolda verblieb. In dieser Zeit starb ihr Schöpfer, Glockengießmeister Heinrich Ulrich, ohne die Glocke jemals läuten gehört zu haben.

Der Transport der schweren „Friedensglocke" nach Köln erforderte enorme Anstrengungen und besondere Vorbereitungen. Allein für den 1.200 Meter langen Weg von der Gießerei bis zum Bahnhof Apolda benötigte man 29 Stunden. Am 12. November 1924 verließ die Glocke dann auf einem speziell für sie konstruierten Wagen der Reichsbahn den Bahnhof und trat ihre Reise nach Köln an. Nach zweitägigem Transport traf sie schließlich – sehnlichst von den Kölnern erwartet – im Rheinauhafen ein, wo sie mehrere Tage verblieb. Am 24. November wurde sie im Beisein hochrangiger geladener Gäste und hunderter Zuschauer mithilfe des „Herkuleskrans" auf einen Wagen der Kölner Elektrizitätswerke verladen und endlich im Triumphzug zum Kölner Dom gebracht. Vor der Kathedrale wurde die Petersglocke vom Geläut der Domglocken und bis zu 40.000 wartenden Menschen begrüßt. Auch in den Kölner Medien beherrschte die Ankunft der Glocke die

Mit dem Herkuleskran wird der „Dicke Pitter" am 24. November 1924 für den Transport zum Kölner Dom verladen; Fotografie (RBA)

Empfang der geschmückten Glocke vor dem Kölner Dom am 24. November 1924; Fotografie (KSM)

Schlagzeilen. „Du sollst uns treuste Freundin sein, / Mit jedem Glockenschlage! / Umjubelt ziehst du ein, / Du deutsche Glocke an den Rhein – / Verkünderin besserer Tage!“[5] lautete es in der „Kölner Illustrierte Woche“. Zunächst wurde sie im Mittelportal aufgestellt und dort am 30. November von Erzbischof Karl Joseph Kardinal Schulte feierlich geweiht. Unter den zahlreichen Ehrengästen war auch Oberbürgermeister Konrad Adenauer. In seiner Ansprache würdigte Schulte die Geschichte und den Stellenwert der neuen Petersglocke: Diese solle „Sinnbild werden [...] von des deutschen Volkes und des Deutsches Reiches Einheit und zugleich Symbol des langersehnten endlichen Friedens und der Völkerversöhnung!“.[6]

Es dauerte mehrere Wochen, bis man die neue Glocke in den Glockenstuhl transportiert hatte. Mit ihrem gewaltigen Ausmaß von 3,20 Metern Höhe und 3,22 Metern Breite passte sie nicht durch die Türen des Hauptportals, so dass der Mittelpfeiler ausgebaut werden musste. Zusätzlich mussten ein Viertel des Glockenstuhls und zwei Glocken demontiert werden, um die Petersglocke an zehn Seilen die 53 Meter bis zur Glockenstube hochzuziehen. Nachdem eine erste Läuteprobe misslang, sollte sie endlich an Weihnachten das erste Mal läuten. Nach wenigen Schlägen riss jedoch das Seil der Läutemaschine und die „Friedensglocke“ blieb stumm. Nach weiteren monatelangen Arbeiten am Klöppel und der Aufhängung ertönte sie schließlich im Oktober 1925 erstmals über den Dächern Kölns. Seit dem Schreiben an den Reichskanzler 1922 waren über dreieinhalb Jahre vergangen.

Als tönendes Wahrzeichen der Stadt Köln verkündete die Petersglocke 1926 das Ende der Rheinlandbesetzung, läutete 1945 das Ende des Zweiten Weltkrieges ein und erklang am Tag der Wiedervereinigung Deutschlands 1990. Sie galt daher nicht nur als Symbol der Einheit und des Friedens für die rheinische Metropole, sondern für ganz Deutschland. Auch für Adenauer selbst sollte sie läuten: Bei seiner Begräbnisfeier im Kölner Dom 1967 ließ sie ihr reines „C“ über die Domstadt erklingen.

Feierliche Weihe der St. Petersglocke vor dem Hauptportal des Kölner Domes am 30. November 1924; Fotografie von Hermann Jansen (KSM)

Mit Manneskraft wird der „Dicke Pitter" in den Kölner Dom gezogen; Fotografie, 1924 (RBA)

Quellen und Literatur

Kölner Illustrierte Woche, 1924, Nr. 49: Die deutsche Glocke am Rhein; Kölnische Volkszeitung, 14. 11.1924, Nr. 887: Die neue Kölner Domglocke; Kölnische Volkszeitung, 21.11.1924, Nr. 905: Die große Kölner Domglocke; Kölnische Volkszeitung, 01.12.1924, Nr. 934: Die Weihe der St. Peterglocke. Rheinische Volkswacht, 13.11.1924; Rheinische Volkswacht, 19.11.1924; Rheinische Volkswacht, 24.11.1924; Stadtanzeiger, 27.10.1925, Nr. 547: Die Deutsche Glocke am Rhein Bund; Kaltenbach; Nitt; Seidler, Wolff.

1 Kölner Illustrierte Woche, 1924, Nr. 49: Die deutsche Glocke am Rhein.

2 Im November 2016 wurde in der Glockengießerei Grassmayr in Innsbruck eine 25.190 kg schwere Glocke gegossen. Die Glocke soll in der „Kathedrale der Erlösung des rumänischen Volkes" in Bukarest ebenfalls an einem geraden Joch aufgehängt werden und wäre somit an Stelle der Kölner Petersglocke mit einem Gewicht von ca. 24.000 kg die größte freischwingende Glocke der Welt. Die Bukarester Kathedrale befindet sich derzeit noch im Bau, eine Fertigstellung ist nicht vor Ende 2018 geplant. vgl. www.domradio.de/themen/weltkirche/2017-04-15/petersglocke-des-koelner-domes-bekommt-konkurrenz, [15.04.2017].

3 Kölnisches Volkszeitung, 01.12.1924, Nr. 934: Die Weihe der St. Peterglocke.

4 Wilhelm Kaltenbach: Die St. Petersglocke des Kölner Doms, in: Kölner Domblatt, Jahrbuch des Zentral-Dombauvereins, 36./37. Folge, Köln 1973, S. 143/144.

5 Kölner Illustrierte Woche, 1924, Nr. 49: Die deutsche Glocke am Rhein.

6 Kölnisches Volkszeitung, 01.12.1924, Nr. 934: Die Weihe der St. Peterglocke.

K. HEUSER
DRUCK GEORG LUTZ KÖLN
JAHRTAUSEND-AUSSTELLUNG
DER RHEINLANDE
MAI JUNI KÖLN 1925 JULI AUGUST

EIN HOCH AUF DIE KULTUR

Die Jahrtausend-Ausstellung der Rheinlande 1925 in Köln

von Beatrix Alexander

Auf der Suche nach einem identitätsstiftenden nationalen Feiertag nach dem verlorenen Krieg und der andauernden Besetzung des Rheinlands durch die Alliierten war es der Düsseldorfer Archivdirektor Paul Wentzcke, der in einem Vortrag das Jahr 925 und die Eingliederung Lotharingiens ins Ostfränkische Reich als Ursprung Deutschlands vorschlug.[1]

In Köln, wo ursprünglich für Oktober 1923 eine kleine Tausendjahrfeier im Zusammenhang mit der Literatur- und Buchwoche geplant war, mutierte dieses Projekt dank der Initiative Konrad Adenauers und der Konkurrenz anderer rheinischer Kommunen um Fördermittel und werbewirksamer öffentlicher Aufmerksamkeit zum Großereignis.[2]

Die Kölner Jahrtausendausstellung fand vom 15. Mai bis 15. August 1925 in den Deutzer Messehallen statt. Dort wurden mehr als 10.000 Objekte gezeigt[3] und die Schau zog ca.1,4 Millionen Besucher an.

Mit der Zusammenstellung und Inszenierung der Ausstellung beauftragte man Ende September 1924 den Neusser Museumsdirektor Wilhelm Ewald (1878–1955) und stellte ihm den Wirtschaftshistoriker Bruno Kuske (1876–1964) zur Seite.

Die Ausstellung war in zwei Abteilungen gegliedert: A umfasste die Themen Geschichte, Kunst und Politik; B Kommunalpolitik, Wirtschaft und Soziales. Die 52 Räume im Erdgeschoss boten den Besuchern in teils kleinen Kabinetten, unterbrochen von größeren Schauräumen, das Rheinland in Darstellungen zu Adel (Krönungen, Insignien und Residenzen), Katholische Kirche (Bistümer, Dome und Stifte), Evangelische Kirche, sakrale Kunst (Goldschmiedekunst, Paramente), Skulptur, Malerei, Buchkunst, Wohnkultur, Steinzeug, Porzellan und Fayence. Allein zwei Räume waren Frankfurt am Main gewidmet; „mit Rücksicht auf ihr reiches historisches Material"[4]. Weiterhin kamen die Rheinische Stadt, Bürger- und Bauernhaus, Judentum und Geistesleben (Universität, Schule, Theater, Musik) zur Anschauung. Nach Spiel und Sport bildete die Darstellung des Karnevals das Ende des Parcours, der gnädig im Ausstellungsrestaurant endete.

Die mit 92 Räumen noch umfänglichere, zeitgenössische Abteilung B bot dem Betrachter die kommunale Verwaltung ausgewählter rheinischer Städte und Themen wie Erzbergbau und Hüttenwesen, Stahlin-

Bau der großen Festhalle in der Messe; Fotografie von August Kreyenkamp, 1924/25 (KSM)

Das Plakat der Jahrtausend-Ausstellung zeigt den Treueschwur zu Deutschland mit abwehrender Haltung gegen Frankreich; gestaltet von Karl Heuser, gedruckt von Georg Lutz, 1925 (KSM)

Besucherandrang vor den Messehallen in Deutz anlässlich der Jahrtausend-Ausstellung; Fotografie, 1925 (RBA)

dustrie, Elektrizität, Braunkohle und Metallindustrie, des weiteren Hanf-, Draht und Kabelwerke, Chemie, Steine, Erden etc., wie auch die Vorstellung großer rheinischer Wirtschaftsunternehmen. Bei der Einrichtung der Wirtschaftsabteilung „wurde Sorge getragen, daß die Vorführung möglichst sinnenfällig geschah, insbesondere durch Modelle, statistische Schaubilder und vergrößerte Abbildungen.“[5]

Das Logo der Ausstellung, das auch auf dem Katalogumschlag zu sehen ist, zeigt einen stilisierten Ritter, der aus dem Rhein aufsteigt, die rechte Hand zum Schwur erhoben und in der linken einen Wappenschild mit dem Reichsadler. Es scheint in seiner grafischen Reduktion der Ausstellung ein einprägsames Bild zu verleihen: die Zugehörigkeit der Rheinlande zum Deutschen Reich, zu Deutschland, wie von Köln nach Berlin zu versinnbildlichen.

Entsprechend dem nationalkonservativ geprägten Veranstaltergremium lag der Schwerpunkt der Präsentation der Kunstwerke auf den Epochen von Romanik und Gotik; an Skulptur, Malerei, Buchkunst und sakralem wie profanem Kunstgewerbe konnten Spitzenwerke aus rheinischem Besitz zusammengetragen werden. Während in der Ausstellung der ‚bürgerlichen Wohnkultur‘ noch das Biedermeier als stilbildend präsentiert wurde, reichte es bei Malerei und Kunstgewerbe nur noch bis Barock und Rokoko. Zeitgenössische Kunst und Künstler wie z. B. die Kölner Progressiven um Hoerle, Seiwert, Freundlich u. a. fanden weder hier noch auf der in Düsseldorf anlässlich des Jubiläums veranstalteten ‚Großen Kunstausstellung‘ Berücksichtigung.[6] Bedenkt man, dass in Köln bereits 1912 die vierte Sonderbundausstellung als Präsentation internationalen, aktuellen Kunstschaffens zu sehen war und 1914 die Kölner Werkbundausstellung zur Vorstel-

Ein Raum der Abteilung „Juden und Judentum im Rheinland"; Fotografie, 1925 (RBA)

lung modernen Designs in Gebrauchsgegenständen und Architektur, 1926 mit den Kölner Werkschulen quasi Kölns Kunsthochschule entstand, wurden diese zukunftsweisenden Initiativen in der Jahrtausendausstellung komplett ignoriert. Das Kunstempfinden der Veranstalter scheint ebenso historisierend wie das von ihnen präsentierte Geschichtsbild.
Neben Leihgaben wie den Kopien der Reichsinsignien (Krone, Apfel, Zepter) aus dem Historischen Museum der Stadt Frankfurt[7], Stefan Lochners ‚Altar der Stadtpatrone' und dem Dreikönigenschrein aus der Hohen Domkirche zu Köln stammte eine große Zahl der Objekte aus rheinischem Privatbesitz. Den auf 738 Seiten im Katalog lediglich in Aufzählung angeführten Exponaten wird pro Thema eine kurze Einführung vorangestellt. Der Katalog verdeutlicht, welche immense Materialmenge die Besucherscharen in den 52 Räumen der Abteilung A wie den 91 der Abteilung B bewältigen mussten.
Eine Besonderheit in der Ausstellung bot die Abteilung „Juden und Judentum im Rheinland", in der neben Gegenständen aus synagogalem und häuslichem Bereich auch jüdische Hand- und Druckschriften, Privilegien, Urkunden und eine Karte der jüdischen Gemeinden gezeigt wurden. Verantwortlich für die Zusammenstellung war der Kölner Oberrabbiner Adolf Kober, ihm assistierte die Kunsthistorikerin Elisabeth Moses, die damals am Kölner Kunstgewerbemuseum tätig war. Auch wenn ihnen u. a. vorgeworfen wurde, die Auswahl sei beliebig und nicht wissenschaftlich aufgearbeitet, sollte es in Köln für lange Zeit das letzte Mal sein, dass eine Sammlung von Judaica außerhalb der Synagogengemeinden zur Anschauung kam, in dem Versuch, die geistige Tradition des rheinischen

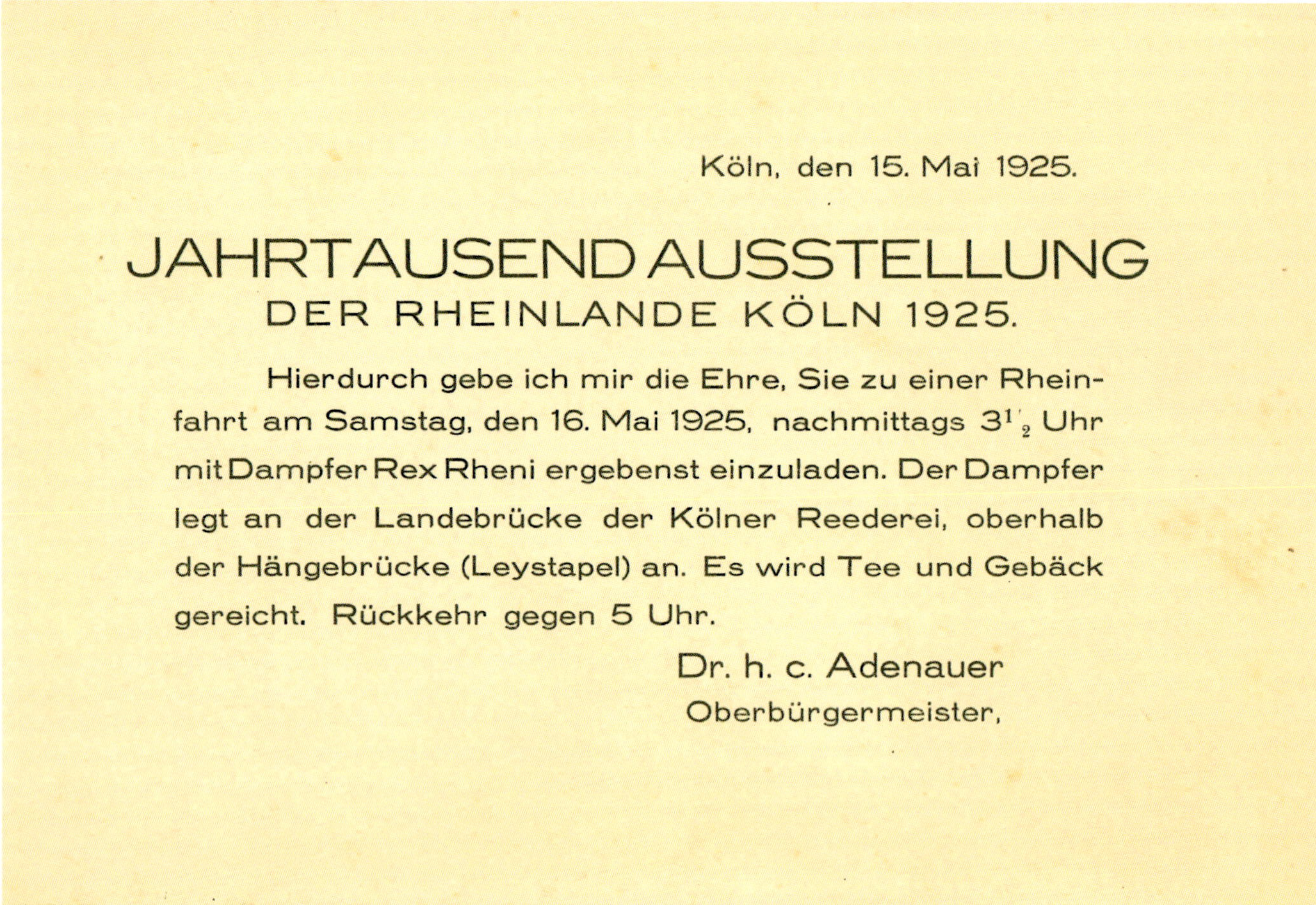

Köln, den 15. Mai 1925.

JAHRTAUSEND AUSSTELLUNG
DER RHEINLANDE KÖLN 1925.

Hierdurch gebe ich mir die Ehre, Sie zu einer Rheinfahrt am Samstag, den 16. Mai 1925, nachmittags 3½ Uhr mit Dampfer Rex Rheni ergebenst einzuladen. Der Dampfer legt an der Landebrücke der Kölner Reederei, oberhalb der Hängebrücke (Leystapel) an. Es wird Tee und Gebäck gereicht. Rückkehr gegen 5 Uhr.

Dr. h. c. Adenauer
Oberbürgermeister,

Einladung zu einer Rheinfahrt auf der „Rex Rheni" (oder: Rheinkönig) durch Oberbürgermeister Adenauer (KSM)

Judentums zu zeigen. (1928 auf der „PRESSA" wurden lediglich Schriftzeugnisse ausgestellt.)[8]
Noch während der Laufzeit der Ausstellung propagierte Konrad Adenauer den Plan, „in Köln ein Rheinhistorisches Museum zu gründen, in welchem vor allem sehr viele der wertvolle Gegenstände gezeigt werden sollen, die zur Zeit auf der hiesigen Jahrtausendausstellung gezeigt werden."[9]
Es sollte noch gut ein Jahrzehnt dauern, bis dieser Plan realisiert wurde und das ursprünglich gedachte Rheinische Museum war bei der Eröffnung 1936 zum „Haus der Rheinischen Heimat" mutiert. Das jedoch ist eine andere Geschichte.

Quellen und Literatur:

1 Hans M. Schmidt: Die Jahrtausend-Ausstellung in Aachen, Düsseldorf, Köln, sowie Koblenz und Mainz, in: Cepl-Kaufmann, S. 230.
2 Anne Ganteführer-Trier: Eine Beteiligung nicht erwünscht. Die Jahrtausend-Ausstellung der Rheinlande in Köln 1925 und die moderne Kunst, in: Cepl-Kaufmann, S. 264 f.
3 Ewald – Kuske, Vorwort , S. XIV.
4 Ebd., S. VIII.
5 Ebd., S. XIII.
6 Ganteführer-Trier, S. 267 ff.
7 Ewald – Kuske, S. 26.
8 Falk Wiesemann: Die Abteilung Juden und Judentum im Rheinland auf der Kölner Jahrtausendausstellung im Rheinland von 1925, in: Cepl-Kaufmann, S. 286–290; Tobias Arand: Die jüdische Abteilung der Kölner „Jahrtausend-Ausstellung der Rheinlande" in: Grübel – Mölich, S. 203 ff.
9 Konrad Adenauer an Dr. Peusquens, Köln, 23. Juni 1925, HAStK, Best. 611/160, ungez. Bl.

Modell „Haus Weinsberg", gefertigt für die Jahrtausend-Ausstellung von Bildhauer H. Ott nach Hans Vogts, 1925 (KSM)

Reichspräsident Friedrich Ebert und Oberbürgermeister Konrad Adenauer bei der Eröffnung der Kölner Messe am 11. Mai 1924; Fotografie von Wilhelm Matthäus (Ausschnitt) (RBA)

IM SCHNITTFELD VON KOMMUNALPOLITIK UND STADTVERWALTUNG

Der Oberbürgermeister Konrad Adenauer

Philipp Hoffmann

Konrad Adenauer wurde als „Mann der einsamen Entschlüsse" bezeichnet.[1] Nicht, dass er sich autoritär über Stadtverordnete hinweggesetzt hätte oder die öffentliche Meinung ignorierte. Sanft und beharrlich – unterstützt durch Tricks und Überraschungsmomente – versuchte er, Mehrheiten zu finden. Die Lehrjahre in der Kölner Kommunalpolitik waren prägend für sein weiteres politisches Leben. Für den Aufstieg zum Oberbürgermeister der Stadt und der späteren Amtsführung entscheidend war neben seiner straffen, rationalen und effizienten Vorgehensweise seine Fähigkeit, zuverlässige Netzwerke über die Parteigrenzen seiner Zentrumsfraktion hinaus zu flechten. Durch die Rheinische Städteordnung begünstigt, verfügte Adenauer als Oberbürgermeister zudem über einen beachtlichen Handlungsspielraum. „Sich

Der 1921 neugestaltete Sitzungssaal der Stadtverordneten im Spanischen Bau; Fotografie von H. Groß, Bonn, 1925

Blick auf das Kölner Rathausareal (links) im Herzen der Altstadt; Fotografie von Junkers Luftbild-Zentrale (Ausschnitt), 1928 (KSM)

ganz auswirken mit den Kräften des Verstandes und der Seele, mit seiner ganzen Persönlichkeit schöpferisch tätig sein zu können, ist der schönste Inhalt menschlichen Lebens. Das Feld hierzu haben Sie [...] mir durch die Wahl zum Bürgermeister der Stadt Köln geöffnet", sagte Adenauer in seiner Antrittsrede vor den Kölner Stadtverordneten.[2] Als Oberbürgermeister stand Adenauer der Stadtverordnetenversammlung vor – und bestimmte dadurch maßgeblich deren Tagesordnung, auch wenn er die Sitzungen meist mit der einem Vorsitzenden obliegenden Zurückhaltung verfolgte. Hinter den Kulissen hingegen nutzte er seinen gesamten Einfluss, um Entscheidungen zu beeinflussen. Die Versammlungen leitete Adenauer „am liebsten mit leichter Hand" und „einem Schuss Kölner Humors" – wenn auch manchmal recht bissig.[3] Seine Macht als Vorgesetzter der Beigeordneten nutzte er hingegen konsequent, um Dezernate nach seinem Gusto zuzuschneiden und fähige Mitarbeiter für seine Vision einer modernen Metropole am Rhein an sich zu binden.

Um seine Ziele zu erreichen, ging Konrad Adenauer pragmatisch vor und suchte frühzeitig die Unterstützung der anderen Parteien – auch die der Sozialdemokraten unter ihrem Vorsitzenden Wilhelm Sollmann. Noch während des Krieges hatte Adenauer seine Bereitschaft zu erkennen gegeben, künftig drei Sozialdemokraten in das bisher nur aus Liberalen und Zentrumspolitikern bestehende Beigeordnetenkollegium zu holen. In den Tagen der Novemberrevolution zahlte sich dieses Bekenntnis aus: Weitgehend unbehelligt konnten durch die Unterstützung der Sozialdemokraten die Stadtverwaltung aufrechterhalten und chaotische Zustände wie in anderen deutschen Großstädten verhindert werden. Das stille Zweckbündnis zwischen Adenauer und Sollmann zerbröckelte nach 1919 nur langsam. Denn das relativ gute Verhältnis zu den Kölner Mehrheitssozialisten war nicht nur Taktik: Adenauer war überzeugt, dass eine zahlenmäßig so starke Partei in die Verantwortung und Verwaltung der Stadt eingebunden werden müsse. Die Stadtverordnetenwahlen vom 5. Oktober 1919 gaben ihm recht: Das Zentrum mit 49 Sitzen hatte seine Dominanz gegenüber den Mehrheitssozialdemokraten mit 43 Stadtverordneten eingebüßt.

Nicht nur Adenauers besonnenes Handeln während der Novemberrevolution machte deutlich, dass er für die Umsetzung seiner Ideen von der zukünftigen Stadt Köln undogmatisch, bisweilen auch oszillierend in seinen Positionen agierte. Entscheidendes Movens

Das Beigeordnetenkollegium der Stadt Köln mit Oberbürgermeister Adenauer im Senatssaal; Fotografie von Eugène Coubillier, 1926 (KSM)

Konrad Adenauer spricht anlässlich der Eröffnung der Mülheimer Hängebrücke am 13. Oktober 1929; Fotografie von Wilhelm Matthäus (KSM)

Die ehemalige Barbara-Kaserne des 1. Westfälischen Pionier-Bataillons in Köln-Riehl, umgebaut zum Wohnstift der Kölner Heimstätten; Lichtdruck 1928 (KSM)

für Konrad Adenauer war seine Vorstellung der kommunalen Selbstverwaltung, die nach seiner Auffassung allein dem Allgemeinwohl zu dienen hatte. Dieser vereinzelt kompromisslose Pragmatismus brachte ihm nicht nur Sympathien ein. So holte er 1923 die gerade 26-jährige Hertha Kraus als Stadtdirektorin ins Wohlfahrtsamt der Stadt Köln. Kraus, die er als Regierungsdirektorin im Reichsernährungsministerium schätzen gelernt hatte, formte in Köln eine moderne kommunale Wohlfahrtspflege. Ihr wichtigstes Projekt: die Riehler Heimstätten. Diese unorthodoxe Personalentscheidung – es sollte nicht die einzige bleiben – sorgte für Unmut in der Verwaltung wie auch in der Tagespresse. Hertha Kraus war eine in Prag geborene, zum Quäkertum konvertierte Jüdin, die nach ihrer Promotion bei Christian Jasper Klumker am Lehrstuhl für Fürsorgewesen und Sozialpädagogik an der Universität Frankfurt am Main erste Berufserfahrung bei der amerikanischen Quäker-Mission in Berlin gemacht hatte. Als SPD- und AWO-Mitglied, zudem Vertreterin der bürgerlichen Frauenbewegung, war ihre Berufung ein deutliches Zeichen für die Entscheidungsfreiheit Adenauers. Von einer Parlamentarisierung des Beigeordnetenkollegiums und einer proportionalen Personalauswahl befürchtete er katastrophale Folgen. Durch die Berufung Kraus' sah er zudem die Interessen der SPD auf längere Zeit befriedigt, die das Amt des Wohlfahrtsdezernenten forderte. In der Folge war 1926 der Weg für Ernst Schwering – später selbst Oberbürgermeister von Köln – an die Spitze des Wohlfahrtsdezernats frei, der als Katholik und Zentrumsmitglied Adenauers Favorit war. Damit kam er auch dem Wunsch der Zentrumspartei nach, weiterhin in der Kölner Bevölkerung als Urheber kommunaler Wohlfahrtsleistungen aufzutreten. Dass Adenauer seine Ablehnung eines SPD-Kandidaten mit dem Verweis auf die fehlende fachliche Vorbildung begründete, erweckte den Anschein, als handele es sich um einen Angriff gegen die SPD-Fraktion in der Stadtverordnetenversammlung. Da eine Kompensation durch eine vierte Beigeordnetenstelle ausblieb, verharrte die SPD für die nächsten Jahre in schärfster Opposition gegen den ehemals verbündeten Oberbürgermeister Adenauer.

Adenauer konnte sich meist auf seinen Pragmatismus verlassen, wenn er die unterschiedlichen parteipolitischen Interessen zu entsprechenden Mehrheiten kanalisieren und für seine Pläne nutzen wollte. So gelang es ihm, der Stadt seinen Stempel aufzudrücken und durch zentrale Bauprojekte das Gesicht der Rheinmetropole nachhaltig zu formen: Deutzer Messe, Niehler Hafen, Grüngürtel und Müngersdorfer Stadion, Mülheimer Hängebrücke. Bahnbrechende Projekte des sozialen Wohnungsbaus setzten internationale Akzente. Die wirtschaftliche Bedeutung konnte durch die Ansiedlung der Ford-Werke und die Ausrichtung der PRESSA gestärkt werden, die Wiederbegründung der Universität 1919 setzte ein Zeichen für die langfristige Entwicklung der Metropole Köln. Diese von Adenauer maßgeblich vorangetriebenen Großprojekte brachten die Stadtverwaltung und ihre Finanzen an den Rand ihrer Leistungsfähigkeit und konnten nur gegen erhebliche Widerstände durchgesetzt werden. „Eine Kombination von Überredung, Beschuldigung, faits accomplis und Druck" kamen gegenüber den Stadtverordneten zum Einsatz.[4] Er versuchte sich nicht als Sachwalter der Zentrumsfraktion zu profilieren, sondern war – zwangsläufig – auf die Unterstützung der anderen Fraktionen angewiesen – und spielte diese auch bewusst gegeneinander aus, wenn es die Verfolgung seiner Ziele opportun erscheinen ließ. Der Liberale Johann Kaiser hielt Adenauer 1928 vor: „Der Volksmund sagt, und hier darf ich scherzhaft werden, daß Sie in Köln mehr zu sagen hätten, wie jemals der König von Preußen oder der deutsche Kaiser."[5]

Der Bau der Mülheimer Brücke entwickelte sich zu einem wahren Krimi, bis sich der Kölner Oberbürgermeister mit seiner favorisierten – mit 16,9 Mio. RM gegenüber 9,95 Mio. RM für eine Bogenbrücke wesentlich teureren – Hängebrückenkonstruktion durchgesetzt hatte. Adenauer wurde in der entscheidenden Debatte der Stadtverordnetenversammlung von der Opposition Selbstherrlichkeit und Missachtung von Mehrheitsentscheidungen vorgeworfen. Gutachten und Gegengutachten wurden von Gegnern und Befürwortern im „Kölner Brückenstreit" aufgeboten – begleitet von einer lebhaften Diskussion in der Tagespresse. Selbst die eigene Fraktion bot Adenauer keine Mehrheit, weshalb er sich schließlich nicht scheute, die KPD-Fraktion auf seine Seite zu ziehen. Am 28. April 1927 fiel die endgültige Entscheidung, die bis heute das Panorama der Stadt prägt. Ein „Kabinettstück Adenauerscher Taktik gegenüber den Stadtverordneten"[6]. Im bürgerlichen Lager wurde sein energisch-funktionaler Verwaltungsstil – mehr auf sachliche Zuarbeit als auf persönliche Intimität begründet – als „monarchisch" abgelehnt. Adenauers parteipolitisches Engagement fiel zudem gering aus: Weder stand er an der Spitze des rheinischen Zentrums noch war er Vorsitzender der Kölner Zentrumspartei. Parteipolitische Auseinandersetzungen mied er und konzentrierte sich auf seine Funktion in den für seinen Wirkungsbereich als Oberbürgermeister wichtigen Körperschaften, etwa den Rheinischen Provinziallandtag, den Provinzialausschuss oder den Preußischen Staatsrat. Die Verknüpfung der Provinzialebene mit Kölner Interessen ermöglichte es Adenauer, die überregionale Bühne als Hebel zur Umsetzung seiner kommunalpolitischen Ziele zu nutzen.

Die Finanzierung der städtebaulichen Großprojekte erfolgte größtenteils durch Anleihen und andere Schuldaufnahmen. Eine ganze Reihe von Investitionsvorhaben ließ Adenauer in der Inflationszeit durchführen – womit Köln zu den Inflationsgewinnlern gehörte. Trotz manch waghalsiger Finanzierungen dieser Großprojekte war Adenauer ein erfahrener Kenner der kommunalen Finanzwirtschaft: Mehr als 23 Jahre hatte er entscheidenden Einfluss auf die städtischen Finanzen – als Beigeordneter wie als Oberbürgermeister. Er richtete die Finanzwirtschaft der Stadt am wachsenden Bedarf einer modernen Großstadt aus und hatte weitgehend Erfolg mit der kurzfristigen, situationsgerechten Anpassung derselben. Die Steuerkraft wurde unter seiner Führung ebenso verbessert wie die Einkommensmöglichkeiten der Bevölkerung.

Adenauer liebte es, Presse und Öffentlichkeit kraft seiner Ämterfülle mit seinen Planungen zu überrumpeln. Unterstützt wurde er dabei zunächst auch von Wilhelm Sollmann, seit 1920 Chefredakteur der *Rheinischen Zeitung*. Mit der Zeit entfremdete Adenauers Politikstil die beiden führenden Köpfe der Kölner Kommunalpolitik. In seiner Machtfülle und dem steigenden Ansehen verlagerte Adenauer die kommunalen Entscheidungsprozesse vermehrt in die Spitze, wodurch sich die Stadtverordneten übergangen fühlten. Die Metropolwerdung Köln macht die Adenauersche Kommunalpolitik für die Sozialdemokraten immer angreifbarer. Kleinbürger und Mittelstand spürten Adenauers Stadtpolitik mitunter schmerzlich. „Die Adenauersche Politik ist darauf angelegt, großartige Wirtschaftsentwicklung grundzulegen und geistige Ausstrahlung des Deutschtums zu setzen gegen den übermächtigen Internationalismus in den Besatzungszonen um Köln."[7]

Die Wiederwahl Adenauers am 17. Dezember 1929 fiel denkbar knapp aus: Nur 49 von 96 Stimmen konnte der Kölner Oberbürgermeister auf sich vereinen.

Gespräch von Zentrumspolitikern im Garten des Kölner Adenauer-Hauses: Johannes Rings, Konrad Adenauer, Hugo Mönnig und Johannes Dech; Fotografie von Böhm, Arthur & Co GmbH, 1926 (StBKAH)

Erbittert wurde der politische Tagesstreit auch nach seiner Wiederwahl ausgetragen: Das politische Umfeld polarisierte sich stark. Adenauer arbeitete zudem weiterhin auf lange Zukunft, was für Außenstehende den Eindruck der Desinteressiertheit an den Nöten und Problemen des Alltags aufkommen ließ. In den Augen der Oppositionspresse wohnte ihm etwas von der „großzügigen Skrupellosigkeit des Renaissance-Menschen" inne.[8]

Die durch die Großprojekte erheblich belasteten Finanzen dominierten vor der sich am Horizont abzeichnenden Weltwirtschaftskrise die Wahrnehmung von Adenauers Politik. Maßgeblich hatte er für die Umsetzung der zahlreichen Großprojekte geworben und seine Person wurde mit den nun eingetretenen finanziellen Problemen verknüpft. Anleihen und Kredite mit kurzer Laufzeit – auch eine Folge der Erzbergerschen Finanzreformen – hatten die Metropolwerdung finanziert: Ein bedrohlicher Schuldenberg lastete auf der Stadt. Politisch stand Adenauers zweite Amtszeit unter dem Menetekel des drohenden finanziellen Ruins. 301 Mio. RM an Verbindlichkeiten wurden dem Oberbürgermeister vorgeworfen – denen er ein auf 926 Mio. RM angewachsenes Vermögen entgegenhielt. Auch wenn Adenauers dynamisch vorangetriebenen Investitionen sicherlich den gegenwärtigen Bedarf überschritten, wurden sie selbst von den politischen Gegnern als erforderlich und langfristig notwendig anerkannt. Köln gilt heute als Muster kommunaler Finanzwirtschaft dieser Jahre: produktiv – aber verschwenderisch.

Die *Rheinische Zeitung* urteilte in ihrer Ausgabe vom 5. Januar 1926 über den Kölner Oberbürgermeister wie folgt: „Männer wie Adenauer bedürfen nicht des Ansporns zur Tat, aber sie brauchen, um ein Wort von Bismarck anzuwenden, die Stachel der Kritik, an denen sie sich ihren Weg zurechtsuchen müssen. Es wird gut um Köln stehen, wenn dieser starke Oberbürgermeister im Stadtparlament und in der Kölner Presse stets die unbestechliche, nötigenfalls rücksichtslose Kritik findet, die er zu seinem und der Stadt Heil braucht." Vermutlich – und umso beachtenswerter – wurden diese Zeilen von Wilhelm Sollmann verfasst.

Quellen und Literatur

1 Konrad Adenauer: Erinnerungen 1953–1955, S. 347.
2 Verhandlungen der Stadtverordneten zu Köln (VStVK) 1917, S. 236.
3 Klaus Pabst: Konrad Adenauers Personalpolitik und Führungsstil, in: Stehkämper 1976, S. 283.
4 Schwarz, S. 312.
5 VStVK 1928, S. 187.
6 Klaus Pabst. Konrad Adenauers Personalpolitik und Führungsstil, in: Stehkämper 1976, S.289.
7 Ekkhard Häussermann: Konrad Adenauer und die Presse vor 1933, in: Stehkämper 1976, S. 235.
8 Rheinische Zeitung, 17.12.1929.

Wahlplakat der SPD zu den Wahlen zur preußischen Nationalversammlung; gestaltet von Heinz Ruland, Druck von Jacobi (KSM)

ES GAB NICHT NUR ADENAUER

Der Oberbürgermeister und die Opposition im Rat der Stadt Köln

Thomas Deres

Mit zunehmendem Abstand wird die Wahrnehmung der 1920er Jahre in Köln immer stärker von der Person Konrad Adenauers bestimmt. Er ist in vielen populären Darstellungen der Modernisierer der Metropole Köln präsent: Oberbürgermeister Adenauer ist der Initiator zur Einrichtung der neuen Universität, der Erbauer des Stadions oder der Gründer der Kölner Messe. Damit wird ein Grundprinzip der demokratischen Gemeindeordnung ignoriert, denn die Entscheidungen – insbesondere das Haushaltsrecht – trifft die Gemeindevertretung als repräsentatives Organ der Bürgerschaft. Gleichzeitig verstellt die Zuschreibung der als Fortschritt und als Grundlage für die weitere Entwicklung Kölns bewerteten Ereignisse den Blick auf andere Akteure der städtischen Politik, sei es auf Mitglieder der Zentrumsfraktion, die ‚ihrem' Oberbürgermeister die notwendigen Mehrheiten sicherten, oder auf Vertreter anderer Parteien, die sich bei aller geübten Opposition in ihren Entscheidungen als gewählte Vertreter der Bevölkerung im Stadtrat dem Wohl der Stadt Köln mehr verpflichtet fühlten als einer ideologisch motivierten Verbundenheit zu ihrer Partei. Hier sind nicht die Oppositionspolitiker des linken politischen Spektrums gemeint. So war die streitbare Henriette Ackermann von den unabhängigen Sozialdemokraten und später der KPD für Adenauer keine Politikerin, mit der er zusammenarbeiten konnte. Ihr kompromissloses Auftreten und ihre Haltung gegenüber dem Oberbürgermeister, den sie als „Repräsentanten der bürgerlichen Parteien" genauso ablehnte wie sie die ehemaligen Genossen aus der SPD als Rechtssozialisten geißelte.[1] Ohne ein Gefühl für taktische Überlegungen oder den Willen zu Kompromis-

Karikatur von Henriette Ackermann von FvD, erschienen in der Serie „Kölner Köpfe" im Stadt-Anzeiger am 9. November 1922

Aufruf der freien Gewerkschaften am 28. November 1918, auf Volks-Versammlungen die „Forderungen an das neue Deutschland" zu diskutieren – an einem Donnerstagnachmittag (KSM)

sen war sie keine Partnerin. Dennoch war Henriette Ackermann eine wichtige politische Akteurin: Sie errang bis zu den Wahlen des Jahres 1929 ein Mandat in der Stadtverordnetenversammlung auch ohne die Unterstützung der KPD, der sie schon 1922 den Rücken kehrte, um zur bedeutungslos gewordenen USPD zurückzukehren.

Die Vertreter der KPD spielten im Kölner Stadtrat keine große Rolle. Abgesehen von dem vielzitierten, für Adenauers taktisches Geschick stehenden und inzwischen legendären Beschluss zum Bau der Mülheimer Brücke mit den Stimmen der KPD, war die linke Fraktion nicht über eine Protestpartei hinausgekommen. Abgesehen von dieser Entscheidung gehörte die KPD für Adenauer zu den „staatsfeindlich eingestellten Organisationen". Er ließ sich vom Polizeipräsidenten regelmäßig über deren Aktivitäten berichten, auch über die Umsetzung reichsweit geltender Beschlüsse auf lokaler Ebene und die einzelnen Aktionen, die im Vorfeld der Partei stattfanden.[2] Dennoch vermochte sie bei den Kommunalwahlen 1924 die SPD in der Wählergunst zu überholen.

Mit den Vertretern der NSDAP in der Kölner Kommunalpolitik war keine Zusammenarbeit möglich. Als sie bei den Kommunalwahlen 1929 mit vier Mitgliedern in die Stadtverordnetenversammlung einzog, setzten diese ihre gegen Adenauer gerichteten Aktionen fort. Sie verweigerten Adenauer ihre Stimmen bei der Wiederwahl zum Oberbürgermeister am 17. Dezember 1929 und ließen keine Gelegenheit aus, ihre Ablehnung gegen die demokratisch gewählte Volksvertretung kundzutun, einzelne Mitglieder direkt anzugreifen und dem Oberbürgermeister als Versammlungsleiter Versäumnisse vorzuwerfen. Trotz der laut gegen ihn verkündeten Drohungen („Fort mit Adenauer") und dem Erkennen der Gefahr, die von der nationalsozialistischen Bewegung ausging, war Adenauer bemüht, die NSDAP-Fraktion „geschäftsmäßig-korrekt" zu behandeln. Damit konnte auch ein Ausschluss von der Sitzung einhergehen, denn Adenauer hatte sich schon Anfang der 1920er Jahre die Geschäftsordnung der Stadtverordnetenversammlung um entsprechende Befugnisse erweitern lassen. Aber ebenso wenig wie mit der KPD war er bereit oder gar in der Lage, der NSDAP in der Kommunalpolitik politisch entgegenzukommen. Die Parteien des extremen linken und des extrem rechten Spektrums schieden aus dem Kreis der politischen Kräfte aus, die gestalterisch in die Geschicke der Stadt eingreifen sollten. Die sonstigen Parteien wie DVP, DNVP, Wirtschaftspartei oder Mieterschutz und Bodenrecht waren meist in der Stadtverordnetenversammlung mit nur wenigen Abgeordneten vertreten. Einzelne Mitglieder allerdings waren wichtige Unterstützer von Adenauer, so z. B. der Fraktionsvorsitzende der DDP, Bernhard Falk, der bei der Wahl von Adenauer zum Oberbürgermeister für die Zustimmung der Nationalliberalen verantwortlich zeichnete und bei der Wahl von Adenauers Schwager Willi Suth zum Beigeordneten keine Gegnerschaft aufkommen ließ.

Als zweite politische Kraft hinter dem Zentrum hatte sich seit 1918 – mit Ausnahme der Wahlperiode zwischen 1924 und 1929 – die SPD etabliert. Es war schon vor dem Ersten Weltkrieg zu erkennen, dass die Arbeiterbewegung parlamentarisch ein Mitspracherecht einforderte. Bei den Reichstagswahlen errang sie in Köln ein erstes Mandat. Brachten die Einberufungen der Mitglieder und damit insbesondere der Verlust der meist ehrenamtlichen Parteimitglieder zunächst einen Rückschlag in der organisatorischen Stärke, entschloss sich die lokale Parteiführung, die Aktivitäten zur Linderung der durch den Krieg verursachten Not zu unterstützen. Insbesondere in der Ernährungsfrage sah sie die Möglichkeit, sich selbst als tatkräftige Anwältin der gesamten Bevölkerung darzustellen. Gleichzeit aber konnte sie mit Hinweisen auf Versäumnisse, auf Wucher und Schwarzmarkt die Notwendigkeit einer kollektivistischen Wirtschaft, verstärkter Kontrolle der Preise oder der Enteignung zugunsten einer staatlichen Fürsorgepolitik plausibler formulieren. Ab 1916 waren Sozialdemokraten in den zuständigen städtischen Kommissionen vertreten. Auch der führende Kopf der Kölner SPD, Wilhelm Sollmann, wurde in die Deputation für Wohnungsfürsorge und die Lebensmittelkommission aufgenommen. Sollmann hatte schon vorher als Redakteur der *Rheinischen Zeitung* Kontakt mit Oberbürgermeister Max Wallraf und zu dem noch als Beigeordneten tätigen Konrad Adenauer aufgenommen. Mit beiden besprach er in der zweiten Jahreshälfte 1917 auch eine Beteiligung der SPD in der Stadtverordnetenversammlung. Bei Ergänzungswahlen wurden Wilhelm Sollmann, der Kaufmann Heinrich Erkes und der Schlosser August Haas gewählt, ihre Einführung in den Rat fand am 10. Januar 1918 statt. Die drei sozialdemokratischen Ratsmitglieder gehörten den Mehrheitssozialisten an, die die Linie der SPD bestimmten und die interne Opposition – die sich im Mai 1917 als eigenständige Unabhängige Sozialdemokratische Partei formierte – in der Partei machtlos gehalten hatten.

Adenauer und Sollmann verband nicht eine gemeinsame Weltanschauung, sie waren jedoch beide Pragmatiker. Angesichts des Krieges mussten in ihren Augen die Sorgen der Bevölkerung im Vordergrund stehen und nicht ideologische Auseinandersetzungen. Zur Wahl Adenauers zum Oberbürgermeister am 18. September 1917 gratulierte Sollmann ihm in der Rheinischen Zeitung mit für die SPD-Presse ungewöhnlicher Zuneigung: „Herr Adenauer geht einen schweren Gang, schwerer wohl als mancher ahnt, der rasch mit seinem Urteil bereit ist, weil ihn keine Sachkunde beschwert. [...] Eines glauben wir von Herrn Adenauer zu wissen: Er hat soziales Gefühl und soziales Verständnis. Möge er beides behalten und entwickeln." Sollmann sah es als die Hauptaufgaben des neuen Stadtoberhauptes an, sich der Verbesserung der wirtschaftlichen Lage und der sozialen Frage anzunehmen. An selber Stelle machte Sollmann das Angebot zur Zusammenarbeit: „Wenn er in vielem unser Gegner ist, so wollen wir das nur von Fall zu Fall, dann aber unbeirrt und zäh wie immer, mit ihm ausfechten." Konrad Adenauer hatte ähnliche Vorstellungen. In seiner Rede anlässlich der Einführung in sein neues Amt am 18. Oktober bekannte er, der Krieg habe „uns auch die Augen für unsere sozialen Pflichten geöffnet". Er nannte die

Der Führer der SPD in Köln: Wilhelm Sollmann; Fotografie von Werner Mantz, 1925 (Museum Ludwig)

Wirtschaft und den Bereich der Sozialfürsorge als vorrangige Aufgaben, verwies zudem aber auf die Notwendigkeit einer soliden Finanzausstattung der Stadt. Später fügte er noch hinzu: „Streit der Meinungen und Streit der Parteien muß sein, denn er ist die Wurzel des Fortschritts. Aber die Achtung vor der Meinung des Gegners, die Überzeugung, daß er auch das beste will, darf uns niemals verlassen."

Für die zwei Männer, die beide für das Wohl der Stadt arbeiten wollten und sich dabei als politische Gegner mit hoher persönlicher Achtung begegneten, kam die erste Bewährungsprobe am 7. November 1918 und den folgenden Tagen. Als die ersten Nachrichten über den Matrosenaufstand die Stadt erreichten, war es das Ziel von Sollmann, die revolutionären Ereignisse sofort unter Kontrolle zu bringen, um die „Wiederherstellung und Aufrechterhaltung der Ordnung" zu erreichen. Dafür setze er sich an die Spitze der Bewegung. Adenauer hingegen wollte zunächst noch die anreisenden Soldaten verhaften lassen und erwartete den Gebrauch aller „Machtmittel des Staates gegen die Aufständischen".[3] Doch nachdem von der militärischen Führung in Köln signalisiert worden war, dass

„Wählt Vereinigte Kommunistische Partei"; Plakatandruck, Siebdruck von Willy Fick, 1921 (Sammlung Fick-Eggert, Whitby/Ontario)

keine Waffengewalt eingesetzt würde, schwenkte er schnell um: Er stellte dem Arbeiter- und Soldatenrat Räume im Rathaus zur Verfügung. Sollmann konstatierte einen ausgeprägten Sinn für die Einsicht in die Wirklichkeit und angemessenes Reagieren bei dem Oberbürgermeister: „Er war der erste Vertreter einer Kölner Behörde, der sich ohne Zögern auf den Boden der gegebenen Tatsachen stellte." Tatsächlich aber hatte Sollmann mit seiner Strategie, den chaotischen, mit deutlich radikalen Tendenzen versehenen Zusammenbruch – so interpretierte er die Unruhen – in geordnete Bahnen zu lenken, blutige Auseinandersetzungen und einen möglichen Sturm auf das Rathaus verhindert und so Adenauer in seinem Amt gesichert. Für Sollmann war die Schaffung eines demokratischen Volksstaates das Ziel und er wollte sich nicht anmaßen, „die geistigen Kräfte ersetzen zu können, die auch in andern Klassen der Bevölkerung und bei anderen Weltanschauungen vertreten sind."

In diesen unruhigen Zeiten kam es zu einer überraschenden Wendung in der Frage einer Kölner Universität. Adenauer hatte gesehen, dass die Chancen zu einer Neugründung in der Zeit des politischen Umbruchs 1918 günstig standen. Am 4. Januar 1919 teilte das Preußische Kultusministerium mit, dass die Gründung einer Kölner Universität im Kabinett genehmigt worden sei, womit der Weg für einen Vertrag über die Einrichtung der Universität freigemacht war. Für diesen Beschluss hatte sich der Sozialdemokrat Jean Meerfeld bei seinem Parteigenossen, dem Kultusminister eingesetzt. Er wurde 1920 nach einer Absprache zwischen Adenauer, dem Zentrum und der SPD zum Beigeordneten für Kunst und Volksbildung gewählt, zuvor waren schon die Sozialdemokraten August Haas[4] und Heinrich Schäfer zu Beigeordneten gewählt worden. Meerfeld, der „Adenauers besonderes Vertrauen" besaß, konnte auch weiterhin als Mitglied des Reichstags für Köln wichtige Entscheidungen beeinflussen.[5] So nutzt er seine Kontakte in Berlin, um bei Reichspräsident Ebert gegen den Kabinettsbeschluss vom 15. November 1923, der in den Augen von Adenauer die Loslösung der Rheinlande vom Reich bedeutet hätte, – wenn auch erfolglos – zu intervenieren.
Die Zusammenarbeit Adenauers mit den Sozialdemokraten war seit seinem Amtsantritt als Oberbürgermeister insgesamt konstruktiv und von gegenseitiger Achtung geprägt. Nach dem Tod des sozialdemokratischen Beigeordneten Schäfer im November 1924 setzte Adenauer allerdings durch, dessen Stelle nicht neu auszuschreiben, was von der SPD heftig kritisiert wurde. Seit 1924 war Sollmann nicht mehr Mitglied der Stadtverordnetenversammlung. Robert Görlinger, der bisher die Geschäfte führte, übernahm den Vorsitz der SPD-Fraktion. Die Gegensätze zwischen den Parteien und insbesondere zwischen dem Oberbürgermeister und dem SPD-Fraktionschef Görlinger führten dazu, dass die SPD in vielen Fällen den Vorlagen der Verwaltung nicht mehr zustimmte. Die Messe- und Ausstellungspolitik, das Problem des Verkehrs oder die Finanzsituation wie auch die Beteiligung der Sozialdemokraten in der Stadtverwaltung gaben Anlass zu Meinungsverschiedenheiten.[6] Bei der SPD saß die Enttäuschung über die Niederlage beim Beschluss zum Bau der Mülheimer Brücke, aber auch der Wahl von drei Beigeordneten 1926 tief, gerade im letzten Fall waren ihre Vorschläge nicht ernsthaft in die Diskussion gekommen. Aussprachen halfen nicht mehr, das Verhältnis zu klären. So stellte der SPD-Vertreter Hans Böckler fest, dass auf „meinem Freund Görlinger mit einer Gereiztheit" begegnet werde.[7] Die Sozialdemokraten

waren dann auch nicht mehr bereit, Konrad Adenauer im Dezember 1929 bei seiner Wahl zum Oberbürgermeister zu unterstützen. SPD-Sprecher Schröder stellte in der Stellungnahme der Fraktion die Verdienste der SPD an der Entwicklung der Stadt heraus: „Die Schaffung und Durchführung der Rayongesetzgebung und die sich darauf aufbauende neue Stadtplanung und Grüngürtelpolitik, der Ausbau des neuen Hafengeländes und des Industriegeländes, die Gründung der Universität, wurden mit unserer Hilfe erreicht."[8] Er verwies darüber hinaus auf die Unterstützung beim Aufbau des Gesundheitsfürsorgeamtes und die Wohnungsbaupolitik. Wegen der „autokratischen Führung" und wegen des fehlenden Vertrauens, Adenauer könne „die Stadt Köln aus ihren Finanzschwierigkeiten" herausführen, lehnte die SPD-Faktion die Wahl Adenauers ab.
Das Verhältnis zwischen der sozialdemokratischen Fraktion in der Stadtverordnetenversammlung und dem Oberbürgermeister besserte sich erst 1931, als Adenauer bereit war, auf Vorschlag der SPD Ernst Fresdorf zum Beigeordneten zu machen. Doch für eine weitere Zusammenarbeit war es schon zu spät.
Die Unterstützung der SPD für die Politik des Oberbürgermeisters war in den letzten Kriegsjahren und in den ersten Jahren der Weimarer Republik getragen von dem Wunsch, die Entwicklung der Stadt zu einer modernen Metropole mitzubestimmen. In Adenauer erkannte sie einen Mann, der keine Ressentiments gegenüber der gemäßigten SPD pflegte, was durch die Persönlichkeiten der Meinungsführer der Kölner SPD bestärkt wurde. Die Sozialisation von Wilhelm Sollmann kann fast eine bürgerliche genannt werden und seine religiöse Bindung hatte er durch seine Mitgliedschaft in dem CVJM bewiesen. Jean Meerfeld hatte sich in seiner Jugend einem katholischen Gesellenverein angeschlossen, August Haas stammte aus einem katholischen Elternhaus und hatte sich erst spät von der Kirche getrennt. Hieraus können Gemeinsamkeiten abgeleitet werden, die eine Einigung über politische Grenzen erleichterte. Robert Görlinger hingegen, der diesen Hintergrund nicht besaß, war ein gewerkschaftlich orientierter Sozialdemokrat, der nicht die Sprache des Oberbürgermeisters sprach; ihre „Chemie stimmte nicht", was sich an vielen Kontakten belegen lässt. Wie belastet das Verhältnis Görlingers und Adenauers war, sollte sich noch 1945 zeigen, als Adenauer und die ihn unterstützenden politischen Kräfte glaubten, dass Görlinger mit seinem Schreiben an die britischen Behörden die Entlassung des Oberbürgermeisters bewirkt habe. Auch in den folgenden Jahren blieben die Kontakte formell, ohne persönliches Engagement.[9]

Jean Meerfeld, Fotografie 1921 (AdsD/Friedrich-Ebert-Stiftung)

Quellen und Literatur

1 Vgl. Manfred Faust: Henriette Ackermann.
2 Vgl. Historisches Archiv der Stadt Köln (HAStK), Bestand 902, A 105/4.
3 Vgl. Reinhold Billstein: Krieg und Revolution, S. 187 ff. Beide berufen sich auf Paul Weymar: Konrad Adenauer. Die autorisierte Biographie, 1955.
4 Adenauer wurde von den christlichen Gewerkschaften wegen der Berufung von Haas heftig angegangen. Er antwortete auf einen Brief von Kaiser mit den Worten: „Ich habe zu Herrn Beigeordneten Haas das Vertrauen, daß er in seiner amtlichen Eigenschaft keine der beiden Gewerkschaften auf Kosten der anderen bevorzugt." Vgl. HAStK Best. 902, A 115/1, Bl. 66.
5 Vgl. Papst: Adenauers Personalpolitik, S. 262, Stehkämper 1976.
6 Vgl. Brief Sozialdemokratische Stadtverordneten-Fraktion an Oberbürgermeister Adenauer, 14.12.1927, in: HAStK, Best. 902, A 101/5.
7 StVV 1928, S. 209.
8 Vgl. StVV 1929, S. 563. Schröder folgt in seiner Argumentation weitgehend einer Wahlkampfrede Wilhelm Sollmanns, die dieser am 15.11.1929 gehalten hatte. Sollmann nannte noch die Messe als gemeinsames Projekt der Sozialdemokraten und des Oberbürgermeisters. Dennoch wird die Rede von einem hohen Respekt gegenüber Adenauer durchzogen. Vgl. HAStK, Best. 902, A 258/3.
9 Vgl. als Beispiel die Neujahrsgrüße des Oberbürgermeisters Görlinger an Bundeskanzler Adenauer und dessen Dankschreiben, Acc. 2, A 380.

Die Porzellanvase stiftete die preußische Staatsregierung anlässlich der Befreiung der ersten Rheinlandzone zum 31. Januar 1926. Sie wurde Adenauer am Rande der Feierlichkeiten in der Kölner Messe von Reichspräsident von Hindenburg überreicht; Königliche Porzellan-Manufaktur Berlin (KSM)

RHEINLAND, PREUSSEN UND EUROPA

Adenauer als außenpolitisch agierender Oberbürgermeister

Stefan Lewejohann

1917 äußerte Adenauer gegenüber dem amerikanischen Unternehmer Dannie N. Heinemann seine Vorstellung „Cöln zum Mittelpunkt der Bestrebungen zu machen, die nach Friedensschluß auf eine Wiederanknüpfung der kulturellen und wirtschaftlichen Lage mit unseren Nachbarländern hinzielen"[1]. Damit formulierte er bereits kurz nach seinem Amtsantritt und noch während des Ersten Weltkriegs ein über die Stadtgrenzen hinausreichendes politisches Programm, das seine gesamte Amtszeit prägen sollte. Wirtschaft und Kultur sollten eine besondere Rolle hinsichtlich der Annäherung an die europäischen Nachbarländer einnehmen. Als Mitglied des Rheinischen Provinziallandtages und Vorsitzender des Provinzialausschusses der preußischen Rheinprovinz sowie als Präsident des Preußischen Staatsrates agierte er in den folgenden Jahren auch auf Provinzial- und Reichsebene und begleitete Entscheidungsprozesse von europäischer Bedeutung. Seine Stellung nutzte er dabei oftmals im Interesse Kölns und trat in Berlin als Staatsratspräsident im Besonderen als „Wahrer der Kölner und rheinischen Interessen"[2] auf. Die Domstadt sollte im internationalen Städtevergleich konkurrenzfähig und zu einer „wirtschaftlichen und kulturellen Vermittlungsstation Deutschlands nach Westen"[3] werden. Schon in seiner Antrittsrede als Oberbürgermeister vor den Stadtverordneten betonte er, „daß Cöln seine stolze Stellung im deutschen und internationalen Wirtschaftsleben"[4] wiedererhalten und ausbauen sollte. Städtebauliche Großprojekte wie der Autobahnbau zwischen Köln und Bonn, der Ausbau des Flughafens am Butzweilerhof für den zivilen Luftverkehr, die Ansiedlung der Ford-Werke oder der Hafenbau in Niehl förderten Wirtschafts- und Stadtentwicklung und schufen eine Verbindung zum westlichen Ausland.

Annäherung durch wirtschaftlichen und kulturellen Austausch

Eine Chance der Annäherung sah er auch durch die neugegründete Universität, wo während der nächsten Jahrzehnte die deutsche Kultur mit denen der westlichen Demokratien zusammenstoßen werde. Wenn deren Versöhnung nicht gelänge, betonte er beim Festakt

Empfang in Amsterdam anlässlich Adenauers Besuch in den Niederlanden am 6. November 1929; Fotografie von N. V. Vereenigde Fotobureaux (StBKAH)

im Gürzenich, dann wäre Europas Vormacht in der Welt dauernd verloren. Die besondere Aufgabe sei es, das hohe Werk dauernder Völkerversöhnung und Völkergemeinschaft zum Heile Europas zu fördern. Dazu sollte sie vor allem das Wesensverwandte aller europäischen Kulturen und das Gemeinsame gegenüber dem Trennenden betonen, doch gleichzeitig das deutsche Wesen den deutschen Stämmen am Rhein erhalten.[5] Zu diesem Zwecke entstanden hier Deutsch-Französische, Deutsch-Italienische, Deutsch-Spanische, Deutsch-Portugiesische und Deutsch-Niederländische Forschungsinstitute. Die Universität hatte den Balanceakt zu schaffen, kulturelle Annäherung und europäisches Zusammenwachsen voranzutreiben und gleichzeitig „eine Bastion der kulturpolitischen Abwehr"[6] gegenüber Frankreich zu bilden und Wahrer des Deutschtums am Rhein zu sein.
Auch die 1924 eröffnete Messe sollte dazu beitragen, in Europa wieder eine „Atmosphäre des Friedens"[7] zu schaffen. Die Wirtschaft müsse zum Wegbereiter der Politik werden, um eine Annäherung der ehemaligen europäischen Kriegsparteien zu erreichen. Denn „die letzten 20 Jahre haben soviel Schutt und Geröll zwischen den Völkern angehäuft."[8] Die Kölner Messe könne zu einer „Verständigung zwischen Deutschland und den übrigen westeuropäischen Ländern" und zur „Herbeiführung eines dauernden wahrhaften Friedens in Europa"[9] beitragen.
Eine Gelegenheit dazu bot 1928 die Internationale Presse-Ausstellung. Vertreter aus 43 Staaten und des Völkerbundes konnten internationale Beziehungen knüpfen und den Blick „für die gemeinsame Grundlage aller menschlichen Kultur [...], ja die Notwendigkeiten übernationaler Zusammenarbeit"[10] weiten. Während der PRESSA traf Adenauer häufig Delegationen verschiedener Nationen, so beispielsweise eine sowjetische Abordnung. Zu einem bedeutenden Treffen kam es im August 1928 mit dem französischen Erziehungsminister Édouard Herriot, gegenüber dem er betonte, dass „der Gedanke des Friedens und der Verständigung siegen muss, wenn nicht Europa untergehen soll"[11]. Dem damals anwesenden Journalisten und Generalsekretär der Deutsch-Französischen Gesellschaft, Edgar Stern-Rubrath, legte Herriot während einer Fahrt auf dem Rhein vor der beleuchteten Stadtfront ganz sentimental den Arm um und sagte: „Sehen sie sich das an, dieser Strom, der der Herzstrom unserer beiden Völker sein sollte, ist die Wasserscheide, um die Blut vergossen wird, seit tausend Jahren, anstatt zu erkennen, daß das, was uns verbindet, daß das, was

Festliche Beleuchtung des Rheinufers anlässlich der PRESSA; Fotografie von Wilhelm Matthäus, 1928 (KSM)

Konrad Adenauer mit dem französischen Erziehungsminister Édouard Herriot auf dem Messeturm anlässlich der PRESSA; Fotografie, 1928 (RBA)

uns scheidet, gerade das ist, was jeder vom anderen braucht."[12]
Stern-Rubrath hatte auf Veranlassung Gustav Stresemanns am Rande dieses Treffens Adenauers Bereitschaft für eine Kandidatur zum Reichskanzler zu prüfen. Adenauer lehnte ab, da er hier in Köln seine Lebensaufgabe habe und wisse, was er tun und lassen könne. In Berlin in eine Regierung einzutreten, die mit einer schwankenden oder überhaupt nicht vorhandenen Mehrheit zu arbeiten hätte, sei er keinesfalls bereit.[13] Adenauer verzichtete auf ein möglicherweise auf unsicheren Machtverhältnissen fußendes Amt zugunsten sicherer und universeller politischer Handhabe. Das deckt sich mit der Bemerkung Wilhelm Sollmanns, Adenauer könne wegen seines bestimmenden Führungsstils als „Duce von Köln"[14] gelten. Schon Johann Hamspohn, den ein freundschaftliches Verhältnis zu Adenauer verband, war sich am 21. Oktober 1920 gegenüber dem französischen Botschafter Laurent sicher, dass Adenauers durch sein hervorragendes administratives Talent „schon längst eine hohe Staatstellung einnehmen [würde], wenn er es nicht vorzöge, in unabhängiger Weise für das Wohl der Stadt Köln zu wirken."[15]
Die PRESSA war auch impulsgebend für die Gründung zweier Kulturinstitute. Schon im November 1930 weihte man das Deutsch-Französische Institut der Stadt Köln ein. Im März 1931 wurde dann ein Deutsch-Italienisches Kulturinstitut gegründet, das im Oktober in einer Villa in der Overstolzenstraße als Petrarca-Haus eröffnet wurde. Adenauer bemühte sich bereits im Vorfeld intensiv um eine Beteiligung des faschistischen Italiens, das seine Teilnahme an der PRESSA zunächst zu-, dann auf Veranlassung Mussolinis absagte. Zwei Tage vor Eröffnung sagte Italien seine Teilnahme dann doch kurzfristig noch zu. Grund dürfte die Befürchtung gewesen sein, die antifaschistische Exilpresse könnte auf der Ausstellung ihre Regimekritik vor den Augen der Welt platzieren. Nach der erfolgreichen Ausstellung signalisierte die italienische Regierung ihr danach schnell wieder erkaltendes Interesse an der Gründung eines Deutsch-Italienischen Kulturinstituts. Adenauer trieb die Gründung voran und so konnte nach Diskussionen um die Finanzierung das Institut unter Protesten doch eröffnet werden.
Adenauers Kontakt zum faschistischen Italien und das Vorantreiben der Institutsgründung beobachtete das Auswärtige Amt mit Argwohn und stießen in der Stadtpolitik auf offene Kritik. Ein an Mussolini verschicktes Glückwunschtelegramm anlässlich des Abschlusses der Lateran-Verträge zwischen Italien und dem Vatikan vom 11. Februar 1929 kritisierte der Stadtverordnete Heider in der Stadtverordnetenversammlung als „Huldigungstelegramm"[16]. In einem Interview mit dem faschistischen Jugendfunktionär Carlo Scorza äußerte sich Adenauer im April 1932 gegenüber den politischen Leistungen des italienischen Faschismus und Mussolinis anerkennend bis bewundernd. Solche Bekundungen wurden vom konservativen Lager in der Weimarer Republik jener Zeit nicht selten geäußert. Für Adenauer war das politische System des Faschismus außerhalb Italiens jedoch nicht denkbar.

Adenauers Rolle in der Rheinlandfrage und während der Rheinlandbewegung

Eine besondere außenpolitische Herausforderung stellten für Adenauer die Jahre zwischen 1918 und 1924 dar. Der Rahmen und die komplexen Ereigniszusammenhänge der Rheinlandbewegung erlauben lediglich eine sehr verkürzte Darstellung.

Diese Porzellantasse mit Untertasse erhielt Oberbürgermeister Adenauer als persönliches Geschenk von Reichspräsident Paul von Hindenburg bei der Befreiungsfeier; Königliche Porzellan-Manufaktur Berlin, 1926 (KSM)

Ab 1918 entspannen sich viele Fragen rund um die prekäre Lage im Rheinland: Wie fielen französische Reparations- oder Annexionsforderungen aus? In welcher Gestalt konnte Preußen fortbestehen? Konnte es überhaupt fortbestehen? Was passierte mit dem Rheinland? In dieser Gemengelage erschienen am 9. November 1918 mehrere Zentrumpolitiker sowie der Kölner Oberpfarrer Bertram Kastert und Dr. Karl Hoeber, Chefredakteur der Kölnischen Volkszeitung, bei Adenauer im Rathaus, um ihm ihre Pläne zur Gründung einer „Rheinischen Republik" vorzustellen. Man könne „das Deutschtum hier am Rhein nur dann retten, wenn man sich von Preußen lostrenne und einen besonderen Staat bilde"[17]. Adenauer tat dies als „absurd"[18] ab, doch besprach er sich in den kommenden Tagen mit den Sozialdemokraten Wilhelm Sollmann und Johann Meerfeld sowie dem Liberalen Bernhard Falk. Er gelangte zu der Überzeugung, eine Loslösung käme nur in Frage, sollte das Rheinland anders vor französischen Ansprüchen nicht zu schützen sein. Eine „Rheinische Republik" sollte Teil des Deutschen Bundes werden und neben der Rheinprovinz noch die Gebiete Rheinhessens, der Rheinpfalz und große Teile von Hessen-Nassau, Westfalen und Teile von Oldenburg umfassen.[19] Vor einer Versammlung rheinischer Politiker formulierte er am 1. Februar 1919, dass man den drohenden Forderungen Frankreichs nur entgegenstehen könnte, wenn man sich zu einem „westdeutschen Bundesstaat [...] im Verbande des Deutschen Reiches zusammenschließ[e]"[20]. Nur so würde „die Beherrschung Deutschlands durch ein vom Geiste des Ostens, vom Militarismus beherrschtes Preußen unmöglich gemacht"[21]. Schon Adenauers Antrittsrede hatte zwar ein klares Bekenntnis zum Reichsgedanken enthalten, doch Preußen dabei keine Erwähnung gefunden. Noch am 30. Mai 1919 hob er bei einer Sitzung des Westdeutschen Politischen Ausschusses hervor, dass es vielleicht möglich sei, durch eine Rheinische Republik als Bundesstaat des Deutschen Reiches „eine wesentliche Milderung des Friedensvertrages für Deutschland und den Wegfall der Besatzung herbeizuführen"[22].

Durch den Friedensvertrag und die Einführung der Reichsverfassung beruhigte sich die Rheinstaatsdiskussion, wurde aber ab 1923 durch die französische und belgische Besetzung des Ruhrgebiets von neuem angeheizt. Adenauer fürchtete die Formulierung neuer französischer Ansprüche auf das Rheinland und dadurch das Zerreißen Deutschlands.

Bei einer Zusammenkunft rheinischer Politiker am 24. und 25. Oktober 1923 in Barmen und Hagen plädierte er daher erneut für die Gründung eines Rheinstaates durch „Abtrennung von Preußen" und zur Friedenswahrung „im äußersten Falle auch eine Loslösung vom Reiche"[23]. Reichskanzler Gustav Stresemann lehnte dies jedoch ab. In der französischen Zeitung *Le Figaro* betonte Adenauer am 1. Dezember 1923, eine Trennung von Preußen bedeute zwar ein wahres Opfer, dass man jedoch bereit sei, für den allgemeinen Frieden auf sich zu nehmen.[24]

Einer Denkschrift Paul Tirards, des Präsidenten der Hohen Interalliierten Rheinlandkommission, die die Schaffung kleinerer Staaten mit eigenem Parlament und Währung vorsah, entgegnete Adenauer am 12. Dezember 1923 mit einer eigenen Denkschrift. Er sah einen eng mit der französischen Wirtschaft verflochtenen westdeutschen Bundesstaat vor, der die „größte Sicherheit für einen langen Frieden zwischen Frankreich und Deutschland"[25] biete. Stresemann, inzwischen Außenminister, und die Franzosen lehnten diesen Plan jedoch wiederum ab. Darauf teilte Adenauer Reichskanzler Wilhelm Marx am 23. Januar 1924 mit, sich künftig jedweder Pläne zu enthalten und nicht mehr an den Verhandlungen zu beteiligen. In den nächsten Monaten löste sich die Rheinlandfrage durch einen Richtungswechsel der französischen Politik, die Neuregelung der Reparationszahlungen, die die Räumung des Ruhrgebiets nach sich zog.

Reichspräsident von Hindenburg und Oberbürgermeister Adenauer erreichen bei ihrer Stadtrundfahrt am 21. März 1926 die Messehallen in Deutz; Fotografie (KSM)

Die Fraktion des Zentrums im Preußischen Staatsrat am 16. Januar 1930; Fotografie (StBKAH)

Vorstandssitzung des Deutschen Städtetages in Schloss Cappenberg am 5. Juni 1931; Fotografie vom Atelier Weber (StBKAH)

Fazit

Adenauers politisches Handeln und seine Äußerungen sind beseelt vom Gedanken des europäischen Zusammenwachsens, Ausgleichs und der Annäherung – besonders an Frankreich. Darin allerdings bereits einen Vorgriff auf seine Politik nach 1945 zu sehen, greift zu kurz. Erst die zwischen 1933 und 1945 gemachten Erfahrungen ließen ihn zu einem „überzeugten Europäer" und „Politiker an der Seite der Westmächte" werden.[26]

Zwischen 1917 und 1933 stand für ihn besonders die Entwicklung Kölns und des Rheinlands im Vordergrund, wofür er beispielsweise auch den Kontakt zum faschistischen Italien nicht scheute. Seinen Einfluss in der Zentrumspartei und – durch seine unterschiedlichen Ämter – auf Reichsebene nutzte er, um Entscheidungen dahingehend zu beeinflussen, die Metropolstellung Kölns wiederherzustellen. Stadtplanerische und kulturpolitische Großprojekte sollten dazu beitragen. Auch sein Lösungskonzept der Krise zwischen 1918 und 1923/24 war weniger basierend auf außenpolitischen Überlegungen oder einer inneren Überzeugung, sondern vielmehr ein Reflex auf seine Befürchtungen, die er als Kölner Oberbürgermeister für Köln sah. Daher ergab sich aus den zahlreichen Gesprächen mit Tirard die Schaffung eines Rheinstaates als beste Lösung für Köln.

Quellen und Literatur

Konrad Adenauer: Konrad Adenauer als Präsident des Preußischen Staatsrats, in: Stehkämper 1976, S. 355–404; Kurt Düwell: Universität, Schulen und Museen. Adenauers wissenschafts- und bildungspolitische Bestrebungen für Köln und das Rheinland (1917–1932), in: Stehkämper 1976, S. 167–206; Erdmann; Frielingsdorf; Hacke; Hoffend; Morsey 1965; Morsey 1976: Morsey 2000; Müller; Marie-Luise Recker: Adenauer und die englische Besatzungsmacht (1918–1926), in: Stehkämper 1976, S. 99–121; Reimer; Schlemmer 2004; Schlemmer 2007; Schulz; Weidenfeld.

1 Brief Adenauers an Direktor Johann Hamspohn, 11. Dezember 1917, HAStK 902/103/1, Bl. 61, zit. nach: Schulz, S. 69.
2 Schulz, S. 276.
3 Müller, S. 49.
4 Verhandlungen der Stadtverordnetenversammlung Köln, 23. (Außerordentliche) Sitzung vom 18. Oktober 1917, S. 236 f.
5 Ansprache Adenauers aus Anlass der Eröffnungsfeierlichkeiten der Universität Köln bei dem Festakt im Gürzenich: www.konrad-adenauer.de/dokumente/reden/1919-06-12-eroeffnung-uni-koeln [12.04.2017].
6 Müller, S. 57.
7 Rede Adenauers zur Eröffnung der ersten Kölner Messe, StBKAH, Nl. Adenauer 01.04, ms. Handkorrigiertes Redemanuskript, zit. nach Schulz, S. 77.
8 Ebd., S. 77.
9 Ebd., S. 77.
10 Ansprache Adenauers zur Eröffnung der PRESSA, StBKAH, Nl. Adenauer 01.04, ms., handkorrigiertes Redemanuskript, zit. nach: Schulz, S. 84.
11 Evangelisches Wochenblatt, 40. Jahrgang, 14. August 1928, S. 535, zit. nach: Schulz, S. 295.
12 Aus den Erinnerungen Stern-Rubraths, zitiert nach Mensing, S. 363.
13 Ebd., S. 363.
14 Rheinische Zeitung, 30.10.1929, zit. nach Hoffend, S. 481.
15 Zit. nach Mensing, S. 335.
16 Verhandlungen der Stadtverordnetenversammlung Köln vom Jahr 1929, 1. Sitzung vom 14.02.1929, S. 5f.
17 Denkschrift Adenauers über sein Verhältnis zu den Rheinstaatbestrebungen (9. November 1918 bis 17. März 1919), www.konrad-adenauer.de/dokumente/aufzeichnungen/1919-03-denkschrift-rheinstaatbestrebungen, [14.04.2017].
18 Ebd.
19 Ebd.
20 Ansprache Adenauers vor einer Versammlung der linksrheinischen Abgeordneten in der Nationalversammlung, der linksrheinischen Abgeordneten in der preußischen Landesversammlung und der Oberbürgermeister der besetzten rheinischen Städte, 01.02.1919, HAStK 2/253/1, ms., zit. nach Schulz, S. 211.
21 Ebd. S. 211.
22 Zit. nach Mensing, S. 333.
23 Zit. nach Mensing, S. 344.
24 Ebd., S. 347.
25 Gegenvorschlag Adenauers zu einer Denkschrift Tirards, 12. Dezember 1923, HAStK 2/253/7, zit. nach: Schulz, S. 225.
26 Müller, S. 70.

Die moderne Frau hat keine Probleme, moderne Fortbewegung und Schönheitspflege zu kombinieren, so in einer Werbeanzeige von Farina, Ende 1920er Jahre (Historisches Archiv Farina)

DIE KURZE FREIHEIT

Frauen in der Weimarer Republik

Irene Franken

Am 30. Oktober 1919 hielt die sozialdemokratische Stadtverordnete Elisabeth Röhl als erste Kölner Mandatsträgerin eine politische Rede im Rathaus. Das war fast genau 523 Jahre, nachdem sich 1396 nicht-adelige männliche Zunftangehörige den Zugang zu Ratsämtern und Einfluss erkämpft hatten.

Sozialdemokratische Frauen und Männer sowie bürgerliche Kölner Frauen hatten seit der Jahrhundertwende mehr getrennt als gemeinsam für die Erweiterung des Wahlrechts auf ärmere Männer und alle Frauen gekämpft: die bürgerlichen Frauen in eher konservativen Vereinigungen [1], die SPD-nahen für eine Partei, deren Ämter Frauen nicht offen standen. Zum lokalen Arbeiter- und Soldatenrat, der im Herbst 1918 den gewählten Gremien vorausging, hatten nur wenige Kölnerinnen Zugang.[2]

Am 12. November 1918 war das Frauenwahlrecht vom Berliner Rat der Volksbeauftragten in sein Regierungsprogramm aufgenommen und von der MSPD zeitgleich mit Abschaffung des preußischen Dreiklassenwahlrechts gewährt worden.

Im Sinne der neuen Weimarer Verfassung galt nun: Auf zur Wahlurne! Die Wahlbeteiligung der Frauen bei den ersten Wahlen lag bei der Reichstags-Wahl 1919 reichsweit bei ca. 80 Prozent, in Köln nur bei 73,2 Prozent – aber damit immer noch höher als die der Männer.[3] Die hohe Beteiligung war nicht zuletzt auf die vorherige Kampagnenarbeit der emanzipatorischen Frauenorganisationen zurückzuführen, denn deren Dachverband Stadtverband Kölner Frauenvereine hatte vor diesen historisch ersten Wahlen der Frauen eine Politische Aufklärungswoche veranstaltetet, auf der z. B. erklärt wurde: „Du sollst aus dem unerwarteten schweren Recht, als Bürgerin zu wählen, eine gewissenhaft erfüllte Pflicht machen."[4]

Plakat mit Einladung zu einer Versammlung „Frauen und die Revolution" am 1. Dezember 1918, auf der die SPD-Vertreterin Elisabeth Röhl sprechen wird; Druck von Gilsbach & Co. (KSM)

Die Frauenrechtlerinnen wollten Frauen nicht nur zu politisch bewussten Staatsbürgerinnen machen, sondern auch ihre individuelle Selbstbestimmung stärken – allerdings nur, solange diese nicht mit den propagierten gesellschaftlichen Ordnungsmodellen kollidierte wie z. B. bei der Frage des § 218.

Eine Mehrheit von 60,8 Prozent der Kölner Wählerinnen stützte 1919 die Hegemonie des Katholizismus und wählte die Deutsche Zentrumspartei. Die SPD erlangte nur 24,7 Prozent der Frauenstimmen, 14,5 Prozent teilten sich USPD, linksliberale und rechte Parteien[5]. Auf Seiten der Linken (SPD, USPD, ab 1920 auch KPD) gelang es nicht, Wählerinnen auch langfristig zu binden, was aufgrund der Kampagnenarbeit nicht erstaunt. Die meisten SPD-Mitglieder z. B. reduzierten den ‚Frauenberuf' auf Kindererziehung und Haushaltsführung.[6] Damit war das Frauenbild der SPD-Funktionäre demjenigen der katholischen PolitikerInnen nicht unähnlich. Gleichzeitig gaben Anweisungen aus Berlin vor, die SPD-Frauenagitation antiklerikal auszurichten.[7] Aber erfahrene Parteifrauen wie Röhl wussten, dass sie so die eher konservativen kölnischen Arbeiterfrauen nicht erreichten und veranstalteten lieber Mütter- und Hausfrauennachmittage.[8]

Wahlplakat der Deutschen Demokratischen Partei, das die Frauen indirekt ermahnt, dankbar zu sein – das Wahlrecht wurde ihnen „verliehen"; gedruckt bei Franz Greven, 1919 (KSM)

Frauen in der Stadtverordnetenversammlung

Zwölf ‚weibliche' Abgeordnete[9] saßen am 30. Oktober 1919 in der neu zusammengesetzten Stadtverordneten-Versammlung zwischen den 102 männlichen ‚Stadtvätern': Die MSPD konnte mit Elisabeth Röhl als Schriftleiterin der Frauenbeilage der Rheinischen Zeitung einen ‚Politprofi' aufweisen, ansonsten kamen drei ‚Hausfrauen' durch: Louise Kaiser, Margareta Niedeggen und Anna Schulte.[10] In der katholisch dominierten Deutschen Zentrumspartei gab es mehr ausgebildete Frauen: Lehrerin Elisabeth Darius und Seminarlehrerin Wilhelmine Köhl, Sozialarbeiterin Sibylla Hartmann, Filialleiterin Maria Hoffmann, sowie als ‚Gattinnen' die Mitgründerin des katholischen Frauenbundes Minna Bachem-Sieger[11] und Josephine von Thiel. Bei der USPD kam die Kontoristin Henriette Ackermann durch, bei den Linksliberalen (DDP) die Oberlehrerin Hedwig Hahn, bei den Rechtsliberalen (DVP) die evangelische ‚Verbandsvorsitzende' Louise Nemnich. Die Rechtskonservativen der DNVP hatten keinen günstigen Platz für Frauen reserviert. Oberbürgermeister Adenauer sah allerdings keine Veranlassung, auf den historischen Moment einzugehen und die Pionierinnen willkommen zu heißen.

Einige der Pionierinnen hatten selbst für das Frauenwahlrecht gekämpft, die Katholikinnen waren aus theologischen Gründen gegen einen offensiven Kampf um Frauenrechte gewesen. Es entsprach nicht dem paulinischen Frauenbild und der „besonderen Schöpferidee Gottes", wenn die Frau ein eigenes Urteil hatte. Wenige wie Röhl, Ackermann oder Bachem-Sieger hatten zuvor schon Parteiämter inne gehabt. Nun sollten sie an der Willensbildung mitwirken, die Stadtregierung überprüfen, durch Expertinnenbeiträge in thematischen Ausschüssen zur Meinungsbildung beitragen – das überkommene Frauenbild der Kaiser- und Kriegszeit hielt die Mehrheit der weiblichen Stadtverordneten jedoch davon ab, in den wichtigen Ausschüssen, bei denen es um Finanzen oder Stellenbesetzungen ging, mitzusprechen.[12]

Geschlechtersolidarität, gemeinsame Taktiken zur Verbesserung der Situation der Kölner Stadtbürgerinnen konnte es unter ihnen kaum geben, dazu klafften die politischen Auffassungen zu weit auseinander: Von den Kommunistinnen über die liberalen ‚feministischen' bürgerlichen Frauen bis hin zu den rechten und zunehmend rassistischen Frauen, die die Weimarer Republik ablehnten, konnte es kaum Gemeinsamkeiten geben. Nur zweimal kam es zu Erklärungen ‚im Namen der Frauen aller Fraktionen': 1920 forderten sie bei einer Besoldungsreform gleiche Bezahlung von Männern und Frauen, 1925 lehnten sie aufgrund vorheriger Kürzungen im Sozialbereich erfolgreich einen Teilhaushalt des Wohlfahrtsamtes ab.[13] Auch fanden sich in der Rheinischen Frauenliga im Kampf gegen die Rheinlandbesetzung, die gegen die „Schwarze Schmach" der farbigen Besatzungstruppen opponierte, Frauen aus der SPD, dem Katholischem Frauenbund, dem Bund deutscher Frauenvereine, dem Deutsch-Evangelischem Frauenbund und dem Gesamtverband der Christlichen Gewerkschaften zusammen. Lediglich die USPD und die KPD verweigerten sich der rassistischen Propaganda.[14]

Frauen im Beruf

Der Erste Weltkrieg hatte ein immenses Ansteigen der Frauenerwerbsarbeit bewirkt. 1917 überstieg die Zahl der weiblichen Erwerbstätigen – bedingt durch die abwesenden Männer und Professionalisierungsschübe im Kaiserreich – die der männlichen. 15 Millionen Frauen gingen im Deutschen Reich neben der Familienarbeit einer Außerhausarbeit nach und dies auch in den kriegswichtigen ‚männlich' markierten Branchen wie dem Metall- und Maschinenbau oder der der Elektro- und Chemieindustrie. Schon seit dem zweiten Kriegsjahr veröffentlichte der (noch rein männlich zusammengesetzte) Reichstag Überlegungen, wie es mit den arbeitenden Frauen weitergehen könne, „die [...] sich auf die Dauer nicht für diese Berufe eignen [...] hier werden Eingriffe vorgenommen werden müssen, und das wird auch nicht ohne Reibung und Härten abgehen."[15] Bei der geplanten Demobilisierungsaktion sollten Arbeiterinnen und weibliche Angestellte ihre Arbeitsplätze zugunsten der zurückkehrenden Soldaten oder gar Kriegsverletzten räumen, obwohl sie mindestens ein Drittel ‚billiger' (schlechter bezahlt) waren als ihre männlichen Kollegen. Ab 1918, vermehrt ab 1920, wurden Frauen aus vielen Positionen in Fabriken, bei der Straßenbahn, den Reichsbahnen, aber auch im sozialen Sektor und bisweilen in der Kultur zunächst wieder hinausgedrängt. Die Kunsthistorikerin Dr. Luise Straus-Ernst, im März 1918 als „wissenschaftliche Hilfarbeiterin" geführt, musste ihren Posten als Interimsleiterin des Kölner Wallraf-Richartz-Museums räumen.[16] Die Frauen, die in der Nahrungsmittelverteilung in städtischen Räumen aktiv gewesen waren, wurden überflüssig.

Dennoch: Die Kölnerinnen der Weimarer Republik hatten einen weiteren beruflichen Aktionsradius als je zuvor, u. a. aufgrund der verbesserten Schulbildung.[17] Es ist eine Zeit der ‚Ersten': der ersten Kölner Rechtsanwältinnen (etwa Ruth Bodenheimer, Dr. Elsbeth von Ameln), Direktorinnen von Gymnasien wie Dr. Carola Barth, Assistenzärztinnen an Universitätskliniken wie Dr. Anna Hübschmann, Vertrauensärztinnen beim Gesundheitsamt wie Dr. Emilie Düntzer, Kriminalkommissarinnen wie Josephine Erkens und der ersten Schöffinnen am Gericht – nur Richterinnen gab es in Köln noch nicht. Adenauer holte eine jüdisch sozialisierte ledige (und frauenliebende) Amtsleiterin in die Stadtverwaltung – Dr. Hertha Kraus. Und ab 1923 konnten Frauen endlich Professorin werden, so die erfolgreiche Grafikerin Alexe Altenkirch, die nun an den späteren Kölner Werkschulen auch Männer unterrichten durfte.

Als die Männer fehlten, übten Frauen auch den Beruf der Straßenbahnerin aus; Fotografie 1917/18 (Archiv des Straßenbahn-Museums Thielenbruch, Köln)

Kölner Frauen waren aktiv bei der Gründung der Arbeiterwohlfahrt wie des 5. Wohlfahrtsverbandes, heute Deutscher Paritätischer Wohlfahrtsverband. Im neuen Medium Radio brachte Marie-Theres van den Wyenbergh eine vielgehörte Frauenstunde, für die sie auch andere gebildete Kölnerinnen als Mitwirkende gewann, Els Vordemberge etwa schuf einen anspruchsvollen Kinderfunk.

Die gewerbliche Lehrlingsausbildung, also die Bildung der kleinbürgerlichen bis proletarischen Mädchen, machte Fortschritte, u. a. durch die Sozialdemokratin Mina Härdle. Und auch als Angestellte konnten junge Frauen durch anwachsende Bürokratisierung etwas werden. Die Erkämpfung des Zugangs zu kaufmännischen Berufsschulen und Handelsschulen mündete in einem neuen Frauentyp, der „neuen freien Frau", wie er in Filmen, Schlagern und Illustrierten kolportiert wurde. Röcke und Haare wurden kürzer, der Aufenthalt in der geschlechtergemischten Öffentlichkeit selbstverständlicher, und auch wenn ein Kölner Gassenhauer von Gerhard Ebeler hieß: „Mein Mädel trägt keinen Bubikopf", so ließ das besungene Mädel im Endeffekt die Haare raspelkurz schneiden und der Verlobte guckte dumm.

Irmgard Keun widmete 1931 ihren ersten Roman einer solchen selbstständigen Frau.[18] Gisela Kron, genannt „Gilgi", arbeitet in Köln als Stenotypistin und bildet sich abends weiter. Sie verdient wenig und sie ist – nicht untypisch – sexuellen Avancen ihres Chefs ausgesetzt. Die junge Bürokraft wird, wie viele Frauen, Anfang

Frauen bei der Abfüllung in der Parfumfabrik Farina; Fotografie von Carl Scholz, 1928 (Historisches Archiv Farina)

der 1930er Jahre in die Arbeitslosigkeit entlassen. Sie ist nun nicht mehr „eine von uns". Sie gibt sich der Liebe zu ihrem großbürgerlichen Freund Martin ohne Trauschein hin – und wird schwanger. Der Erfolg von 30.000 verkauften Büchern im Erscheinungsjahr belegt: Dieses Bubi-Kopf-Girl stand symbolisch für die aufkommende Frauengeneration, eine Generation, die es nicht leicht hatte.

Die weibliche Sexualität

Im Bereich der Sexualität gab es vermutlich die größten Veränderungen im Laufe der Zwischenkriegszeit und sie bot auch die größte Reibungsfläche. Hier arbeiteten die organisierten Frauen eindeutig gegeneinander. Die linksliberale Jüdin Else Falk sah es als eine der Hauptaufgaben des Stadtverbandes Kölner Frauenvereine an, „gegen Unsittlichkeit, Alkoholismus, Schund und Schmutz sowie die Auswüchse des Karnevals" vorzugehen.[19] Prof. Amalie Lauer aus der Frauen-Leitung der Zentrumspartei und damit in einer Machtposition, eine Frau, die selbst in einer lebenslangen Frauenbeziehung mit Dr. Grete Esch lebte, sorgte mit dafür, dass das Gesetz gegen Schmutz und Schund 1926 Reichsgesetz wurde und so z. B. emanzipatorische Zeitschriften der jungen Homosexuellenbewegung nur noch unter dem Ladentisch verkauft werden durften. Dagegen gab es in linken und Künstlerkreisen durchaus wilde Ehen.

Weitere strittige Themen waren die Bestrafung der Abtreibung und der Umgang mit dem Phänomen der angesichts der Wirtschaftskrise immer stärker ansteigenden Prostitution. Der Stadtverband Kölner Frauenvereine war wie sein Dachverband Bund deutscher Frauenvereine gegen die Entkriminalisierung der Abtreibung, schlug nur eine Herabsetzung des Strafmaßes vor.[20] Dagegen plädierten die Kommunistinnen für völlige Straffreiheit. Sie machten den § 218 in den späten 1920ern zu einem ihrer Kernthemen, da der Paragraf vor allem die Frauen der Arbeiter treffe, die gezwungen seien, zu ‚Engelmacherinnen' zu gehen, während reiche Frauen einen guten Arzt bezahlen könnten.[21] Die Sozialistinnen wiederum wollten im katholischen Köln keine radikale Stellungnahme gegen den Paragrafen abgeben. Nur die Katholikinnen stellten sich komplett gegen eine Liberalisierung des § 218.
Ein praktischer Erfolg KPD-naher Kreise war Ende 1931 die Einrichtung einer Sexualberatungsstelle in der Maybachstraße. Die KPD vertrat zumindest in der Theorie ein positives, d. h. lustvolles Verhältnis zur Sexualität. In dieser Beratungsstelle wurde auch über Verhütungsmittel informiert und es wurden vermutlich gelegentlich welche ausgegeben – was verboten war. In der NS-Zeit konnte es solche Einrichtungen, die ‚arischen' Nachwuchs verhinderten, nicht mehr geben, schon 1933 kam sie zum Ende.
Für ‚anständige' Kölner Frauen war es auch in den Weimarer Jahren noch ungewohnt, den Markt der Prostitution, diese kulturelle Praxis, offiziell zur Kenntnis zu nehmen. Seit der Jahrhundertwende arbeiteten sich vermehrt bürgerliche Damen in die Thematik ein – manche sahen überall nur noch Mädchenhandel und Zwangsbordellierung. In den 1920ern setzten sie sich oft für schärfere Kontrolle der geschlechtskranken Frauen ein. In Köln forderten Frauen aus dem Stadtverband, Katholischem Deutschen Frauenbund, dem Verband Evangelischer Frauenvereine, der Arbeiterwohlfahrt (Ausschuss) und dem Israelitischem Frauenverein 1927 gemeinsam, die sogenannten Bordellstraßen komplett niederzureißen, Prostitutionsorte zum Verschwinden zu bringen.[22] Sie waren aber so aufmerksam, jede Markierung oder Sonderstellung „irgendwelcher Gruppen von Frauen durch Zuweisung zu einer eigenen Untersuchungsstelle, insbesondere der bis jetzt der Kontrolle unterstehenden, mit dem 1. Oktober endgültig" aufzugeben.[23] Anders als die Abtreibung war damit die Prostitution eines der wenigen Themen, bei dem sich Frauen aller ideologischen Richtungen verständigen konnten. Mit den betroffenen Frauen redeten sie vermutlich nicht.

Gegen das Anwachsen der Zahl der NationalsozialistInnenen gegen Ende der Weimarer Republik nahm der Stadtverband der Kölner Frauenvereine frühzeitig und eindeutig Stellung – bis Frühjahr 1933 hatten Else Falk und Alice Neven DuMont die Leitung inne. Bis zu seiner Auflösung 1933 arbeitete der Stadtverband unermüdlich weiter auf den Gebieten Erhaltung der Frauenrechte, karitatives Wirken zur Linderung der Not und Aufklärung der Frauen, damit diese demokratische Parteien wählten. Kölner Frauen beteiligten sich 1932 an einem Aufruf des Bundes Deutscher Frauenvereine, der mit den Worten schloss: „Frauen, Euer Staatsbürgerrecht verpflichtet Euch. Ihr seid die Mehrheit der Wähler. In Eurer Hand liegt das Schicksal des deutschen Volkes."
Auch die Katholikin Gussie Adenauer, zweite Frau des Oberbürgermeisters, war aktiv, wenn auch nicht an prominenter Stelle. Obwohl 1933 ‚nur' 32,7 Prozent der Kölner Frauen bei der Reichstagswahl nationalsozialistisch gewählt hatten, hatten sie keine Durchsetzungsmacht. 1933 – und das blieb weitgehend unbeachtet – sollte es gemäß der Geschlechterideologie der Nazis nur noch Ratsherren geben, sang- und klanglos verließen die Stadtmütter das Rathaus, so unbeachtet, wie sie hereingekommen waren.

Quellen und Literatur

1 Vgl. Elisabeth Amling: „Für unsere Kinder und Kindeskinder". Die Kölner Frauenstimmrechtsbewegung, in: „10 Uhr pünktlich Gürzenich", S. 76–84.
2 Faust nennt als einzige Runowski, vgl. S. 93; in Wikipedia wird als einziges weibliches Mitglied Schulte angeführt: //de.wikipedia.org/wiki/Anna_Maria_Schulte, [17.04.2017].
3 Schon bei der Stadtratswahl vom 05.10.1919 sank diese rapide auf 44,8 %: Statistisches Jahrbuch der Stadt Köln, Berichtsjahr 1919/20, hrsg. vom Statistischen Amt der Stadt, 10. Jg., Köln 1921.
4 Weitere Informationen zum Stadtverband beziehen sich auf: Ellscheid und auf verschiedene Artikel des Ausstellungskataloges „10 Uhr pünktlich Gürzenich".
5 Vgl. Frohn, S. 101.
6 Vgl. Frohn, S. 94.
7 Vgl. Frohn, S. 92. Erst durch das Erstarken rechter, nicht protestantisch geprägter Parteien wie der NSDAP verlor die Zentrumspartei an Einfluss. Vgl. Frohn, S. 101, Wahlergebnisse nach Geschlechteranteil.
8 Vgl. Frohn, S. 92.
9 Nach Bericht über den Stand und die Verwaltung der Gemeinde-Angelegenheiten der Stadt Köln für das Rechnungsjahr 1919, Köln 1921, S. 7/8.
10 Bei manchen angeblichen Hausfrauen handelte es sich um zuvor berufstätige Frauen, die gerade ‚Elternzeit' nahmen, also nicht unbedingt um ungelernte ‚Gattinnen'.
11 Vgl. Birgit Sack: Zwischen religiöser Bindung und moderner Gesellschaft. Katholische Frauenbewegung und politische Kultur in der Weimarer Republik (1918/19–1933), in: Waxmann, S. 438.
12 Vgl. Birgit Kummer: ‚Stadtmütter' und ‚Megären'. Weibliche Stadtverordnete in Köln während der Weimarer Republik, in: „10 Uhr pünktlich Gürzenich", S. 148–154, hier S. 150.
13 Vgl. ebd., S. 152.
14 Vgl. Sandra Mass: Von der ‚schwarzen Schmach' zur ‚deutschen Heimat'. Die Rheinische Frauenliga im Kampf gegen die Rheinlandbesetzung 1920–1929, in: werkstatt geschichte, H. 32, 2002, S. 44–57.
15 GStA Berlin, Rep. 84a/1837, Bd. 1/2, 1915–18, Bl. 66, zit. nach Susanne Zeller: Demobilmachung und geschlechtsspezifische Arbeitsteilung im Fürsorgewesen nach dem Ersten Weltkrieg, in: Jutta Dalhoff, et al. (Hgg.): Frauenmacht in der Geschichte. Beiträge des Historikerinnentreffens 1985 zur Frauengeschichtsforschung, Düsseldorf 1986, S. 282–294.
16 Vgl. z. B. Weissweiler.
17 Vgl. Franken, S. 26/27.
18 Irmgard Keun: Gilgi, eine von uns, Berlin 1931.
19 Vgl. Ellscheid, S. 20.
20 Ellscheid, S. 23.
21 Vgl. Frohn, S. 96.
22 Die Kölner Frauen und die Durchführung der Gesetzes, Nachrichtenblatt des Stadtverbandes Kölner Frauenvereine, 22.09 1927.
23 Ebd.

Kleiderentwurf für die Kölner Industriellengattin Lotte Scheibler aus Paris; gouachierte Federzeichnung und Bleistift, 1924 (KSM)

HÄNGERKLEID, TOPFHUT UND STRESEMANN

Moderevolution in der Weimarer Republik

Johanna Cremer

Nach dem Ersten Weltkrieg fand auch in Köln ein radikaler Wandel im Bekleidungsverhalten von Frauen, Männern und Kindern statt. Dies war nicht eine Laune der Mode, sondern vielmehr Spiegelbild der gesellschaftlichen Veränderung und Modernisierung aller Lebensbereiche, die bereits vor dem Krieg begonnen hatten. Ein neuer Grad an Mobilität hielt Einzug: Mit der Straßenbahn, dem Automobil oder dem Fahrrad erreichte man den Arbeitsplatz oder fuhr zum Einkaufen in die Stadt. Auch die Arbeitswelt veränderte sich. Berufstätige Frauen waren nun nicht mehr nur als Fabrikarbeiterinnen tätig, sondern auch in Warenhäusern, Büros und Telefonzentralen. Weder am Arbeitsplatz noch beim Ein- oder Ausstieg in die Straßenbahn, im Fahrstuhl oder auf der Rolltreppe im Kaufhaus waren insbesondere Frauen für die neuen Lebensumstände passend gekleidet: lange schwere Schleppkleider, enggeschnürte Korsetts, eine Vielzahl von Unterröcken und große Hüte behinderten die Frau in ihrer Bewegungsfreiheit. Die unpraktische sowie unbequeme Kleidung musste geändert und dem modernisierten Umfeld angepasst werden. Die kürzere und leichtere Kleidung wurde zweckmäßiger und sachlicher, ließ mehr Spielraum für Bewegung. Der extreme Mangel an Textilien während und nach dem Ersten Weltkrieg führte zu einem neuen, vereinfachten Kleidungsstil, der die europäische Mode in den 1920er Jahren revolutionierte. „Aus diesen in Korsette geschnürten, bis zum Hals mit gefälteltem Tuch verschlossenen, mit Röcken und Unterröcken behafteten, aus diesen beinlosen, künstlich bienenhaft taillierten und auch in jeder Regung und Bewegung künstlichen Wesen, aus dieser historischen Frau von vorgestern

Paillettenkleid für den Abend; Tüll bestickt mit Metallpailletten und Flitter, um 1927 (KSM)

Kölner Mädchenklasse in den typischen Hemdkleidern und der praktischen Kombination aus Hemdbluse und Rock; Fotografie vom Atelier Central, um 1925 (KSM)

ist innerhalb einer einzigen Generation die Frau von heute geworden, mit ihrem hellen offenen Leib, dessen Linie das leichte Kleid nur wie eine Welle klar überfließt [...]"[1]. Der Unterschied zur Kleidung der Frauen eine Generation zuvor war enorm.

Die „Neue Frau"

Die „Neue Frau" wurde zum Synonym einer in weiten Bereichen veränderten weiblichen Lebenswirklichkeit. Nach dem Ersten Weltkrieg waren viele Frauen auf sich alleine gestellt und mussten als Erwerbstätige die Rolle der Ernährerin der Familie übernehmen; ihre Männer waren gefallen oder kehrten verletzt zurück. Arbeitswelt und Emanzipation stellten neue Anforderungen an Zuschnitte, Materialien und Tragweisen der Kleidung. Ein neues Körperbild spiegelte die moderne, berufstätige Frau wider: schlank, sportlich und androgyn. Die moderne Frau trug nun einen kurzen Haarschnitt, den „Bubikopf", kürzer werdende Röcke, einfache Jumper- und Sweaterkombinationen, Kasackblusen, sachliche Schneiderkostüme und lose fallende Hemdkleider. Alle zuvor stets als weiblich angesehenen Körperformen wurden durch eine gerade Schnittform der Kleidung negiert: Brust- und Taillenbereich blieben unbetont, die Hüfte wurde nur leicht angedeutet. Der weibliche Oberkörper erschien hierdurch extrem flach und gerade. Optisch hervorgehoben wurde hingegen der Beinbereich. 1927 kletterte der Rocksaum bis zu fünf Zentimeter oberhalb des Knies – Höhepunkt der kurzen Mode. Das neue „Beindekolleté" wurde mit Strümpfen aus Seide, Kunstseide oder Mischgewebe möglichst attraktiv in Szene gesetzt. Hautfarbene Töne sollten das Bein fast nackt aussehen lassen.

Zu den kurzen, meist dünnen Kleidern trug die Frau auf der Straße einen zweckbetonten Mantel oder eine gerade, locker geschnittene Jacke mit Hut. Auch die Hutform entsprach ganz der Versachlichung der Mode bzw. des Körpers, indem sie ein weiteres, offensichtlich weibliches Charakteristikum komplett verhüllte: das Haar. Der Bubikopf verschwand unter kleinen „Glocken-" und „Topfhüten", die eng am Kopf saßen.

Im Gegensatz zum schlichten Tageskleid glänzten und glitzerten die Damen des mittleren und gehobenen Bürgertums am Abend in perlen- und paillettenbestickten, oft tief dekolletierten Tanzkleidern. Pelzbesetzte

Shampoo-Werbeanzeige mit dem Bild der „Neuen Frau"; Lithografie, 1928 (KSM)

Ehepaar Beckers: die zweckmäßige Kleidung ermöglichte der Frau einen neuen Grad an Mobilität; Fotografie, um 1925 (KSM)

Luxusmäntel aus Gold- und Silberlamé mit entsprechenden Accessoires vervollständigten diesen Look. Aus Kunstseide, selbst genäht und eigenhändig bestickt, konnten sich auch Angestellte und Verkäuferinnen solche Kleider leisten. Im Stil glich das Tanz- und Abendkleid den busen- und hüftlosen Tageskleidmodellen, jetzt jedoch bei jungen Frauen gehalten mit dünnen Spaghettiträgern.

Mode wurde zu einem wichtigen Thema für die Frauen. Auf dem Weg zur Arbeit oder bei einem Ausflug in der Stadt ließ man sich durch die Schaufensterauslagen der großen Kaufhäuser wie z. B. Tietz von den neuesten Modetrends inspirieren. Auch zahlreiche Frauen- und Modezeitschriften dienten der modischen Inspiration. Da viele Frauen ihre Kleider selbst schneiderten, wurden diese zugleich zu wichtigen Orientierungshilfen in Kleiderfragen. Nach Schnittmustern und mithilfe preisgünstiger Materialien, wie beispielsweise Kunstseide, wurde die neueste Mode nachgeschneidert. Zentrum der Mode blieb Paris mit Designern wie Chanel, Patou und Vionnet. Wer es sich leisten konnte, ließ seine Kleider entweder von dort importieren, kaufte sie in luxuriösen Kaufhäusern oder ließ sie sich auf den Körper zuschneidern, wie z. B. die Kölner Industriellengattin Lotte Scheibler. Frauen verschiedenster gesellschaftlicher Schichten waren in gleicher Weise gekleidet. Damit erfolgte zum ersten Mal eine durchgreifende Demokratisierung der Mode. Soziale Unterschiede waren nur noch in der Qualität der Stoffe und deren Verarbeitung erkennbar.

Zur neuen Freizeitgestaltung gehörte für viele Frauen in der Weimarer Republik der Sport – auch in Köln. Die moderne Frau wollte aktiv sein – nicht zuletzt, um ihre „gerade Linie" zu halten. Hierfür brauchte sie sportliche, bequeme Kleidung mit hoher Bewegungsfreiheit. Für die verschiedenen Sportarten entwickelte sich eine individuelle Bekleidung. Bestand das Turnkleid der Vorkriegszeit noch aus einer weiten Rockhose und Matrosenbluse, so trug die moderne Frau nun ein kurzärmeliges Hemd und eine kurze Hose, spielte Tennis im kurzen Rock oder ging mit einer langen Hose Ski fahren. Aufgrund ihrer Elastizität wurden Strickwaren zum idealen Material der neuen Sportbekleidung: sie ließen fast jede Bewegung zu. Jersey, der bis dahin nur für Unterwäsche genutzt worden war, wurde nun auch als Oberstoff für Röcke, Jacken und den beliebten Jumper verwendet. Bewegung und Mobilität wurden zum Leitmotiv dieser Zeit.

Mehr Bewegungsfreiheit auch für den Mann

Mit dem radikalen Modewandel nach dem Ersten Weltkrieg hatte man auf die gesellschaftlichen und wirtschaftlichen Veränderungen reagiert. Auch wenn Frauen im Zentrum dieser Entwicklung standen, so finden sich ähnliche Vorgänge ebenfalls bei Männern und Kindern. Das für die Kaiserzeit charakteristische Idealbild des Mannes mit aufrechter, starrer Körperhaltung und zurückgenommenen Armen kam abhanden. Geformt wurde diese unnatürliche Männersilhouette durch schmale Schnitte der bürgerlichen Kleidung und Uniformen, mit ihren kleinen, nach hinten verlegten Armlöchern und steifen Krägen. In der Weimarer Republik verschwand die Uniform vollständig aus dem Gesellschaftsbild. Dem neuen lässigen, sportlichen Männertyp entsprach ebenfalls ein neuer Kleidungsstil: Hosen mit kleinen Falten in der Taille, Kniebundhosen und einfache Sakkos.

Der Kölner Architekt Otto Scheib im zweireihigen Sakko und mit Fliege; Ölgemälde von Rudolf Gosekuhl, 1928 (KSM)

Auch die traditionelle männliche Gesellschaftskleidung passte sich im Schnitt den neuen Verhältnissen an. Der Gehrock wurde durch einen modernen Sakko-Anzug ersetzt. Cutaway und Frack waren ausschließlich bei traditionsgebundenen Anlässen zu sehen, stattdessen trug der Mann nun zunehmend den nach dem deutschen Reichskanzler und späteren Außenminister Gustav Stresemann benannten Sakko-Anzug: ein schwarzes Jackett, eine grau-schwarz gestreifte Hose ohne Umschlag, ein blütenweißes Hemd mit umgeklappten Ecken, eine dunkle Weste und helle Krawatte. Der Stresemann passte zu jeder Tageszeit, auch Konrad Adenauer trug ihn gerne. Schwarze Zylinder wurden ausschließlich bei feierlichen Anlässen zum Frack getragen, zum Cut durften sie auch grau sein. Trug man einen Stresemann, so entschied man sich für einen Homburg aus grauem oder schwarzem Filz mit eingeknicktem Kopfteil.

Kindgerechte Kleidung zum Spielen und Toben

Der vereinfachte, alltagstaugliche Kleidungstil der Erwachsenen ging auch an den Jüngsten nicht spurlos vorbei. Optisch zu kleinen Erwachsenen ausstaffiert, trugen sie im Kaiserreich die gleiche Kleidung wie ihre Eltern. Bewegungsfreiheit zum Spielen ließ diese einengende Garderobe nicht zu. Dies sollte sich nach dem Ersten Weltkrieg radikal ändern. Ähnlich wie bei der Erwachsenenkleidung wurde auch die Kindergarderobe schlichter und praktischer und passte sich endlich den altersspezifischen Interessen und Bedürfnissen der Kinder an. Statt Repräsentation stand jetzt die Funktionalität der Kindermode im Vordergrund: Bequeme Spielanzüge für Babys mit großzügig geschnittenen Hals-, Arm- und Beinausschnitten ließen eine körperlich freie Entwicklung zu. Bei den Mädchen bedeutete dies die Aufgabe von Korsetts, taillierten Kleidern und zahlreichen Unterröcken zugunsten leichter Hängekleidchen. Diese knielangen Kleider mit tiefer Taille waren nicht nur modisch, sondern zugleich bequem. Zum Rock oder Kleid wurden im Sommer kurze, lediglich bis zu den Knöcheln reichende Strümpfe getragen, im Winter lange Woll- oder Baumwollstrümpfe. Auf Accessoires wie Handschuhe, Sonnenschirme oder riesige Hüte wurde verzichtet, stattdessen saß nun eine Propeller-Schleife im Mädchenhaar. Lackschühchen ersetzten die Schnürstiefel.
Auch die Jungenmode wurde funktionaler: Anstatt der üblichen kurzen Hosen trug man in den Wintermo-

Die Kölner Familie Beckers an Weihnachten 1928; Fotografie (KSM)

naten oft eine warmhaltende lange Hose. Die zuvor unflexible und einengende Oberbekleidung wich der elastischen Strick- und Häkelmode, die nun neue Bequemlichkeit für Schultern und Arme bot.
Für den Schutz der Kleidung im Alltag, in der Schule oder beim Spielen sorgten Kittel und Schürzen. Als geschlechterspezifische Varianten bildeten sich Schürzenkleider und Knabenschürzen mit großen Taschen in der vorderen Mitte heraus. Das Kleidungsstück der Kaiserzeit, der Matrosenanzug bzw. das Matrosenkleid, blieb auch in der Weimarer Republik beliebt und wurde nicht nur an Feiertagen, sondern auch zu besonderen Anlässen, wie zur Einschulung, getragen. Erst mit der Machtübernahme durch die Nationalsozialisten wurde dieser bürgerliche Matrosenstil durch die Jugenduniformen des Regimes ersetzt.

Fazit

Die neue Mode der Weimarer Republik war eine Reaktion auf die politischen, wirtschaftlichen und sozialen Umbrüche der vorangegangenen Zeit, denen sie sich anzupassen versuchte. Unterstützt vom Funktionalismus der 1920er Jahre und dem allgemeinen Sachlichkeitsbestreben, fand sie ihren Ausdruck in einem vereinfachten, zweckmäßigen Kleidungsstil, der den Anforderungen des neuen, modernen Lebens entsprach. Wärme, Material, Größe und Funktionalität wurden zu wichtigen Kriterien, wenn es darum ging seine Kinder einzukleiden. Besonders die Frauen profitierten durch die kurzen, gerade geschnittenen Hemdkleider mit tiefsitzender Taille sowie deren leichte Stofflichkeit von dieser Entwicklung. Nicht nur im Alltag und Beruf, sondern auch im Sport und auf Reisen konnten sie sich erstmals frei bewegen. Mit dem Beginn der 1930er Jahre wurde die Frauenmode wieder weiblicher und die Säume länger, doch blieb der Schnitt einfach und zweckmäßig. All dies konnte man auch in Köln beobachten.

Quellen und Literatur
Charlestonkleid; Macht der Mode; Kessemeier; Koch-Mertens; Reineking von Bock,; Zander-Seidel

1 Stefan Zweig: Zutrauen zur Zukunft, in: Friedrich M. Huebner (Hg.): Die Frau von morgen wie wir sie wünschen, Leipzig 1929, S. 7–17, hier S. 8/9.

Die Kirche Sankt Dreikönigen in Köln-Bickendorf; Fotografie von August Sander, um 1930 (KSM)

„Die Kirche erwacht in den Seelen"?

Religion und kirchliches Leben

Joachim Oepen

Konrad Adenauer – ein typisch rheinischer Katholik? „Durch Herkunft und Erziehung fest im katholischen Glauben verwurzelt, [war] die religiöse Prägung […] auch die Grundlage seines Alltags".[1] Zudem hatte Adenauer jene weltoffene, dem katholischen Bürgertum des Rheinlands eigene Liberalität angenommen, die vor allzu großem nationalem Pathos schützte. Gleichwohl trug der Kölner Oberbürgermeister und spätere Bundeskanzler sein Credo nicht ständig auf den Lippen, öffentliche Äußerungen etwa zu Glaubensfragen sind ausgesprochen selten. So hielt er 1922 als Präsident des Deutschen Katholikentages in München eine vorwiegend gesellschaftspolitisch konnotierte Eröffnungsrede, jedoch nicht ohne nachdrücklich zu fordern, man solle „mit doppelter Kraft den christlichen Grundsätzen wieder zur Anerkennung zu verhelfen suchen".[2] Religion war für Adenauer eben Grundlage, aber nicht Programm seiner politischen Haltungen.

Klerus und Kirchenleitung gegenüber pflegte Adenauer eine durchaus selbstbewusste Einstellung. So scheute er auf dem Katholikentag 1922 nicht die Konfrontation mit dem Münchener Kardinal Faulhaber (1869–1952), als dieser gegen die neue demokratische Ordnung polemisierte. Solche Zuspitzungen waren allerdings die Ausnahme: Adenauer stand in enger Verbindung zu seinem Bruder Hans, der seit 1922 dem Kölner Domkapitel angehörte. Auch die Beziehungen zum Kölner Erzbischof Karl Joseph Kardinal Schulte waren durchweg gut. Schulte versuchte daher auch nach der Absetzung des Oberbürgermeisters 1933, hinter den Kulissen seinen Einfluss für Adenauer geltend zu machen.

Katholische Kirche

Mit dem Vorgänger Schultes, dem am 11. November 1919 verstorbenen Erzbischof und Kardinal Felix von Hartmann (1851–1919), hatte Adenauer lediglich die ersten beiden Amtsjahre als Oberbürgermeister zu tun. Hartmann war ausgesprochen konservativ und kaisertreu, sah im Ersten Weltkrieg ein gerechtes Eintreten für die deutsche Sache und konnte sich in den neu entstehenden demokratischen Staat nicht einfinden. Kein Wunder, dass im Sommer 1919 in Köln die

Erzbischof Karl Joseph Kardinal Schulte mit Regierungspräsident Graf Adelmann, Reichspräsident von Hindenburg und Oberbürgermeister Adenauer vor der Kölner Messe am 21. März 1926; Fotografie (KSM)

Kardinal Felix von Hartmann; Lichtdruck (KSM)

Erzbischof Karl Joseph Kardinal Schulte; Fotografie von Eugéne Coubillier, vor 1941 (Erzbischöfliches Diözesanmuseum Köln)

Nachricht kursierte, die Entente verlange vom Papst die Abberufung des Erzbischofs.

Ganz anders hingegen der 1920 zum Erzbischof von Köln gewählte und ernannte, 1921 zum Kardinal erhobene Karl Joseph Schulte (1871–1941): Durchaus national gesinnt, war er politisch eher zurückhaltend, gleichwohl aber ein „kluger Anwalt kirchlicher Belange“[3]. Vor allem kam es bald nach seinem Amtsantritt zu einer regelrechten Welle von Neuerungen und Reformen. Daran hatte freilich nicht nur der Erzbischof Anteil, denn der Modernisierungsschub, welcher weite Teile der Gesellschaft in der Zeit der Weimarer Republik erfasste, ging an den Kirchen nicht vorüber. Ihnen räumte die Verfassung von 1919 alleine schon durch die Gewährung voller Glaubens- und Gewissensfreiheit sowie freier Religionsausübung Möglichkeiten ein, wie sie insbesondere die Katholiken schon lange herbeigesehnt hatten. Insofern ist es nicht verwunderlich, dass Laien wie Geistliche bei der Ausarbeitung der freiheitlichen Weimarer Verfassung und in der Politik der Weimarer Zeit konstruktiv und erfolgreich mitwirkten. Der Kölner Bistumspriester Heinrich Brauns (1868–1939) wurde 1920 sogar Reichsarbeitsminister und behielt dieses Amt in 14 Kabinetten bis 1928.

Andererseits entwickelte sich im neuen demokratischen und liberalen Gemeinwesen eine immer heterogenere Gesellschaft, für welche die ursprüngliche Kirchenbindung keineswegs mehr eine Selbstverständlichkeit war. Erkennbar war dies an häufigeren Konfessionswechseln, vor allem aber an steigenden Zahlen von Kirchenaustritten – im Vergleich zu heute noch auf quantitativ niedrigem Niveau –, aber auch am zunehmenden Anteil der Bevölkerung, der einer nichtchristlichen oder vor allem keiner Religionsgemeinschaft angehörte. In Köln verdreifachte sich dieser Anteil von 0,5 Prozent vor dem Krieg (1910) auf 1,5 Prozent (1925) und stieg schließlich auf 3,1 Prozent (1933). Den Kirchen fiel es zunehmend schwerer, prägend zu wirken – auch deshalb waren Neuerungen und veränderte Konzepte notwendig.

So kam 1922 erstmals nach mehr als 250 Jahren der Klerus wieder in einer Diözesansynode zusammen, in der man über Fragen des kirchlichen Lebens beriet. 1923 wurde das Kölner Stadtdekanat gegründet, das die zunehmend komplexe kirchliche Arbeit auf Stadtebene koordinieren und die Belange der Kirche in Köln nach außen vertreten sollte. Im wissenschaftlichen Bereich erfolgten die Gründungen des Historischen Archivs des Erzbistums (1921) sowie der Diözesanbibliothek in ihrer heutigen Gestalt (1929/30). 1929 kam es zur Verlegung des Priesterseminars aus der engen und lauten Kölner Altstadt ins ländliche Bensberg, wo ein moderner, zeitgemäßer Neubau bezogen wurde (heute Kardinal Schulte Haus). Hier war man auch in der Lage, die wachsende Zahl von Interessenten am Priesterberuf auszubilden. Tatsächlich sind während der Weimarer Republik im Erzbistum Köln mehr Priester geweiht worden als zu jeder anderen Zeit.

Solche Zahlen belegen eindrucksvoll ein vollkommen neues Kirchenbewusstsein der Gläubigen, das der zeitweise in Bonn lehrende Theologe Romano Guardini (1885–1968) schon 1922 mit dem Wort „Ein religiöser Vorgang von unabsehbarer Tragweite hat eingesetzt: Die Kirche erwacht in den Seelen" beschrieben hat. Dabei ging es nicht mehr um bloße Sakramentenversorgung, sondern um die Mitgestaltung kirchlichen Lebens durch das gesamte Volk Gottes. Von hier aus führen unmittelbare Linien in den kirchlichen Widerstand der NS-Zeit, aber auch ins Zweite Vatikanische Konzil. In der Weimarer Zeit erstarkten indessen die „Liturgische Bewegung" und vor allem die katholische Jugendbewegung. Als „kirchlichen Frühling" hat man diese Aufbrüche bezeichnet, die nicht zuletzt auch am Kirchenbau ablesbar sind. Noch 1912 hatte der Erzbischof einen dirigistischen Erlass verkündet, wonach künftige Kirchenbauten nur in neuromanischem oder neugotischem Stil genehmigt würden. Doch genau ein Jahrzehnt später vollzog die bereits genannte Diözesansynode eine radikale Kehrtwendung und bejahte nun dezidiert die „Freiheit des Künstlers". Auch in Köln entstanden bald Kirchenbauten, die sich vollkommen neuen Formsprachen zuwendeten wie St. Dreikönigen in Bickendorf (1928–1929, Hanns Peter Fischer), St. Petrus Canisius in Buchforst (1928–1931, Wilhelm Riphahn) oder St. Engelbert in Riehl (1931–1932, Dominikus Böhm) – letztere ein Schlüsselwerk für den modernen Sakralbau.

Insbesondere in den ersten Jahren nach dem Ende des Ersten Weltkriegs gab es angesichts von vielfältiger Not ein weites Betätigungsfeld für die kirchliche Caritasarbeit: Armut, Lebensmittelknappheit, Wohnungsnot,

Bau des Priesterseminars in Bensberg; Fotografie, 1926–1929 (Kardinal-Schulte Haus/Erzbistum Köln)

gesellschaftliche Reintegration ehemaliger Soldaten, Kriegswaisen – angesichts solcher Herausforderungen erwies es sich von Vorteil, dass man von kirchlicher Seite erst wenige Jahr zuvor auf Diözesan- (1916) wie auf Stadtebene (1915) Caritasverbände gegründet hatte, die konkrete Hilfeleistungen gezielt koordinieren. Zum Ende der Weimarer Zeit verwirklichte der Deutsche Cariatasverband in Köln dann ein seinerzeit richtungsweisendes Großprojekt: In Hohenlind öffnete 1932 das St. Elisabeth-Krankenhaus seine Pforten, bei dem es sich um ein Fortbildungsinstitut für Gesundheitsfürsorge mit angeschlossenem Krankenhaus handelte.

Eine weitere Neuerung betraf die katholische wie die evangelische Kirche gleichermaßen. Als 1918/19 im staatlichen Bereich Frauen das aktive und passive Wahlrecht erhielten, galt dies bald auch für die kirchlichen Wahlen zu Presbyterien und Kirchenvorständen. Daraufhin waren im Presbyterium der Altkölner Gemeinde bereits 1921 erstmals vier Frauen vertreten, während 1925 in die katholischen Kirchenvorstände u. a. von St. Severin, St. Kolumba und St. Aposteln Frauen gewählt wurden.

Evangelische Kirche

Im Bereich der evangelischen Kirche strebten Frauen jedoch nicht nur in die Presbyterien, sondern wollten auch Zugang zum Pfarramt. Das „Vikarinnengesetz" von 1927 ließ immerhin Theologinnen in der Ge-

St. Engelbert in Köln-Riehl; Fotografie von Michael Durst, um 1965 (KSM)

Pfarrer Georg Fritze; Fotografie (Evangelische Gemeinde Köln)

meindearbeit zu, doch waren Amtshandlungen und die Leitung von Sonntagsgottesdiensten verboten. Als eine der ersten Vikarinnen wurde gleich 1927 Ina Gschlössel (1898–1989) ernannt. Sie wirkte an der Kartäuserkirche und im Schuldienst. Die ausgesprochen mutige Frau trat bald schon in die SPD ein – seinerzeit ein Skandal – und gründete 1930 mit Gesinnungsgenossinnen die „Vereinigung evangelischer Theologinnen", mit der man u. a. der Forderung nach Gleichstellung mit den männlichen Kollegen im Pfarrerberuf Nachdruck verleihen wollte. In der NS-Zeit hatten solche Forderungen auch nicht ansatzweise die Chance, Gehör zu finden. Gleich 1933 wurden sogar alle vier Kölner Vikarinnen wieder entlassen, Gschlössel selbst wegen staatskritischer Äußerungen zudem auch aus dem Schuldienst. Im Rheinland sollte es noch bis 1963 dauern, bis Frauen als Pastorinnen wirken durften, die erst 1975 mit ihren männlichen Kollegen gleichgestellt wurden.
Die Ausgangssituation war für die evangelische Kirche zu Beginn der Weimarer Republik indessen eine vollkommen andere als für die Katholiken. Mit der Abdankung von Wilhelm II. hatte die evangelische Kirche

Blick auf den Chor der Kartäuserkirche und das Kapitelhaus; Federzeichnung von Walter Wegener, 1939 (KSM)

schlichtweg ihr Oberhaupt verloren, hatte der Kaiser in der Tradition des landesherrlichen Kirchenregiments doch grundsätzlich eine Stellung als „summus episcopus" (höchster Bischof) innegehabt. Das Bündnis von Thron und Altar hatte sich aufgelöst. Schlimmer noch, mit Friedrich Ebert war „ein Vertreter der ‚gottlosen Sozialdemokratie'" Reichskanzler geworden. „Die Weimarer Republik blieb für die meisten Protestanten ein Fremdkörper".[4] Insbesondere zum Ende der Weimarer Zeit kam es zu Polarisierungen auch in den Kölner Presbyterien und bei den kirchlichen Wahlen, in denen sich die allgemeinen politischen Verhältnisse niederschlugen. Liberalen standen einerseits die mit der NS-Ideologie eng verbundenen „Deutschen Christen" gegenüber, die seit 1932 immer mehr Einfluss erlangten. Auf der anderen Seite bildeten die Vertreter des „Bundes religiöser Sozialisten" den Gegenpol, deren Kölner Gruppierung sich schon 1920 um Georg Fritze (1874–1939), Pfarrer zunächst an der Trinitatis-, dann an der Kartäuserkirche, gegründet hatte. Fritze war es auch, der seit 1920 „Religiöse Maifeiern" abhielt, denen Kritiker allzu große Nähe zu parteipolitischen Maifeiern der Sozialdemokratie und kampfbereiter Arbeiterschaft vorwarfen. Der weit über Köln hinaus als „roter Pfarrer" bekannte Fritze distanzierte sich auch in der NS-Zeit nicht vom Sozialismus und verweigerte 1938 einen Treueeid auf den Führer, was zu seiner Amtsenthebung durch das Kölner Presbyterium führte.

Vergleichbare Entwicklungen wie im katholischen Bereich vollzogen sich auf den Gebiet des Kirchenbaus. Gleichwohl entstand mit der Melanchthon-Kirche in Zollstock (1929–1930) in der Weimarer Zeit lediglich ein evangelisches Gotteshaus, das konsequent den Prinzipien des „Neuen Bauens" folgt. Allerdings gewannen die Protestanten mit der Kartäuserkirche in der Innenstadt eine weitere Kirche hinzu, die für die Gemeindeseelsorge genutzt werden konnte. In einer komplizierten Tauschaktion erhielt 1922 die katholische Pfarrgemeinde St. Pantaleon die seit 1819 als evangelische Garnisonskirche genutzte Pantaleonskirche zurück, während die Kartäuserkirche mitsamt angrenzenden ehemaligen Klostergebäuden – bisher Besitz des Landes Preußen – im Gegenzug an die Evangelische Gemeinde Köln überging. An den Verhandlungen zu diesem Kirchentausch, die sich über zwei Jahre hinzogen, hatte ein anderer Adenauer maßgeblichen Anteil – nicht der Kölner Oberbürgermeister, sondern sein Bruder, der Rechtsanwalt Dr. August Adenauer (1872–1952).

Quellen und Literatur

Schmidt 2007; Schmidt 2016; Schmidt – Weyer, Schulz; von Hehl.

1 Schulz, S. 234.
2 Schulz, S. 246.
3 Von Hehl, S. 681.
4 Schmidt 2007, S. 167.

Köln – Caritas-Krankenhaus Hohenlind; Fotografie von August Sander, 1932–1939 (KSM)

Reichsbund
Jüdischer
Frontsoldaten
RJF
Ortsgruppe
Köln

LIBERAL – ORTHODOX – MIT DER STADT VERBUNDEN

Jüdisches Leben in Köln 1917–1933

Birte Klarzyk

Als Konrad Adenauer im Oktober 1917 zum neuen Kölner Oberbürgermeister gewählt wurde, war die jüdische Gemeinde in der Stadt noch verhältnismäßig jung. Nach über 400-jährigem Niederlassungsverbot für Juden in Köln hatte erst 1798 mit der französischen Besetzung des Rheinlands ein neues Kapitel der jüdischen Geschichte in Köln begonnen.

Im 19. Jahrhundert wuchs die jüdische Gemeinde kontinuierlich. 1925 zählte sie 16.000 Mitglieder und machte damit 2,3 Prozent der Bevölkerung Kölns aus. Sie bot zu Beginn des 20. Jahrhunderts ein vielfältiges Bild, so dass man in den Jahren nach dem Ersten Weltkrieg kaum von *der* jüdischen Gemeinde als einer homogenen Gruppe sprechen kann. Vielmehr unterschieden sich ihre Mitglieder sowohl hinsichtlich ihres sozialen Status in der Stadtgesellschaft als auch in ihrer religiösen Ausrichtung. Hier waren von Arbeitern bis zu Akademikern und Künstlern, von Orthodoxen bis zu Liberalen, von patriotischen Staatsbürgern bis zu Anhängern des Zionismus Menschen jeglicher Couleur vertreten.

Bei dieser Unterschiedlichkeit blieben auch Meinungsverschiedenheiten, wie z. B. über das Erscheinungsbild der orthodoxen Juden in der Öffentlichkeit oder weltanschauliche Fragen nicht aus. Doch die Identifikation mit der Stadt blieb das Bindeglied zwischen den unterschiedlichen Lagern.

Als religiöse Zentren dienten seit dem 19. Jahrhundert vor allem die drei großen innerstädtischen Synagogen. In der Glockengasse nahe der heutigen Oper stand die erste Synagoge der jüdischen Gemeinde. Der Bau in einem orientalisch anmutenden Stil wurde 1861 eröffnet und galt damals als eine der schönsten Synagogen. Sie hatte sich seit dem frühen 20. Jahrhundert unter Leitung der Rabbiner Dr. Lazar Dünner und Dr. Ludwig Rosenthal zum Zentrum des konservativen Judentums in Köln entwickelt.

Eine weitere, 1899 erbaute Synagoge befand sich in der Roonstraße. Sie sollte als Entlastung der bis dahin einzigen Synagoge dienen und beheimate fortan auch die Gemeindeverwaltung sowie weitere Einrich-

Wimpel des Reichsbundes Jüdischer Frontsoldaten, Ortsgruppe Köln, um 1920; Textil (NS-DOK)

Synagoge in der Roonstraße 1899; farbige Postkarte, bei Kunstanstalt J. Miesler, Berlin (NS-DOK)

Synagoge Körnerstraße, Köln Ehrenfeld; Fotografie von Jakob Lief (Archiv der Synagogen-Gemeinde Köln)

Dr. Adolf Kober; Fotografie

tungen der Synagogen-Gemeinde. Bis 1917 war hier der Gemeinderabbiner Dr. Abraham Frank tätig, dem Dr. Adolf Kober ins Amt folgte. Beide vertraten eine vermittelnde Haltung zwischen dem liberalen und dem orthodoxen Judentum.
Die dritte Synagoge in der St. Apern-Straße war 1884 für die noch recht neue, orthodoxe Religionsgemeinschaft *Adass Jeschurun* gebaut worden. Hier befand sich seitdem das Zentrum des orthodox-jüdischen Lebens in Köln.
Neben diesen drei innerstädtischen Synagogen fanden sich auch in den Kölner Stadtteilen wie Deutz oder Ehrenfeld kleinere Gotteshäuser. In Ehrenfeld erhielt die wachsende jüdische Gemeinde in den 1920er Jahren in der Körnerstraße erstmals eine eigene Synagoge. Das von dem (jüdischen) Architekten Robert Stern entworfene und 1927 eingeweihte Gebäude bot Platz für 400 Personen. Die Gottesdienste des Rabbiners Dr. Lazar Dünner entsprachen wie in den meisten Kölner Synagogen dieser Zeit dem liberalen Ritus, ein kleiner Betraum wurde jedoch der orthodoxen ostjüdischen Gemeinschaft in Ehrenfeld zur Verfügung gestellt.
Neben den Synagogen unterhielten die Gemeinden auch kulturelle und soziale Einrichtungen. Seit der Jahrhundertwende hatte sich der Ausbau des jüdischen Wohlfahrtswesens mit einem besonderen Schwerpunkt in der Kinder- und Jugendarbeit intensiviert. Einen beachtlichen Anteil hieran hatten die Frauen des Kölner jüdischen (Groß-)Bürgertums, die sich in einem Frauenverein organisiert hatten und u. a. einen jüdischen Kindergarten und ein Kinderasyl betrieben.
Nach dem Umzug der Synagogen-Gemeinde in die Neustadt waren auch dort im Umfeld mehrere soziale und karitative Einrichtungen wie ein Kinderheim, ein Lehrlingsheim und eine städtische jüdische Volksschule entstanden.
In dem Kinderheim in der Lützowstraße wurden während der 1920er Jahre 120 bis 140 jüdische, aber auch nichtjüdische Kinder betreut. In dem Lehrlingsheim in der Utrechter Straße 6 wurden Jugendliche auf handwerklich-kaufmännische Berufe vorbereitet. 1922 wurde die städtische israelitische Volksschule errichtet, die sich zur größten öffentlichen jüdischen Volksschule in Deutschland entwickelte.
Im Gegensatz zu dieser liberal ausgerichteten Schule, in der nach den allgemeinen Lehrplänen unterrichtet wurde, waren die von der *Adass Jeschurun* in der St. Apern-Straße geführte jüdische Volksschule Moriah sowie die 1919 gegründete Jawne, ein Realgymnasium mit angegliederter Realschule, orthodox geprägt.
Eine weitere jüdische Einrichtung mit überregionalem Renommee war das Israelitische Asyl, welches in der Ehrenfelder Ottostraße auf dem Gelände des heutigen jüdischen Gemeindezentrums stand. Obgleich das jüdische Krankenhaus mit angeschlossenem Altersheim ausschließlich jüdisches Personal beschäftigte und sich dezidiert als jüdische Institution verstand, war es we-

Das Israelitische Krankenhaus in Ehrenfeld 1908; Fotografie (NS-DOK)

gen seiner umfangreichen Forschung und den hohen medizinischen Standards auch bei nichtjüdischen Patienten sehr beliebt.
Zu dem lebendigen jüdischen Gemeinwesen zählten am Ende der Weimarer Republik rund 60 jüdische Organisationen, welche die Vielfalt der religiösen und weltanschaulichen Einstellungen wiederspiegelten. Die Mehrheit der jüdischen Kölner war bürgerlich-liberal eingestellt. Ohne ihre Religion und die damit verbundenen Traditionen aufzugeben, fühlten sich die meisten als Deutsche und identifizierten sich entsprechend mit dem Land und häufig in besonderem Maße auch mit ihrer Stadt. Dieses Selbstverständnis als deutsche Staatsbürger war in weiten Teilen der jüdischen Bevölkerung verbreitet und kam in Vereinigungen wie dem *Centralverein deutscher Staatsbürger jüdischen Glaubens* und dem *Reichsbund jüdischer Frontsoldaten* zum Ausdruck. Letzterer verwies insbesondere auf die große Zahl jüdischer Soldaten, die im Ersten Weltkrieg für Deutschland gekämpft hatten und zum Teil gefallen waren.
Auch in zahlreichen Turn- und Jugendvereinen wurde diese liberal-assimilierte Einstellung vertreten. Der *Jüdische Turnverein* mit seiner klar deutsch-jüdischen Ausrichtung war hier nur eines von zahlreichen Beispielen. Und auch mit der Stadt und ihrem Brauchtum fühlte sich der Großteil der jüdischen Bürger eng verbunden, so dass 1922 mit dem *Kleinen Kölner Karnevalsklub* der erste jüdische Karnevalsverein der Stadt gegründet wurde.
Doch obgleich die Mehrheit der jüdischen Bürger hier verwurzelt war, konnte auch die zionistische Bewegung während der 1920er Jahre in Köln einen wachsenden Zulauf verzeichnen. Mit Dr. Max I. Bodenheimer und David Wolffsohn lebten hier zwei der bedeutendsten Wegbereiter des Zionismus. So gab es auch in Köln mehrere, wenn auch zunächst sehr kleine zionistische Gruppierungen, zu denen der sozialistisch-zionistische *Jung-Jüdische Wanderbund* und der zionistische *Sportbund Bar Kochba* zählten.
Trotz der großen Anzahl jüdischer Vereine war ein Großteil der jüdischen Einwohner Kölns darüber hinaus, oder sogar ausschließlich, in überkonfessionellen Vereinen aktiv. Auch die jüdischen Schulen besuchte nur etwa die Hälfte aller Kinder aus jüdischen Familien, die übrigen waren an über- oder anderskonfessionellen Schulen angemeldet. So hatte auch das katholische Apostelgymnasium eine Reihe jüdischer Schüler. Es ist demnach anzunehmen, dass auch Konrad Adenauer während seiner Schulzeit dort bereits Kontakt zu jüdischen Mitschülern hatte.

Mädchengruppe um 1920 vor der Synagoge im Hof des israelitischen Kinderheims Lützowstraße; Fotografie (NS-DOK/Sammlung Corbach)

Die Mehrheit der Juden in Köln war während der 1920er Jahre dementsprechend gut in die städtische Gesellschaft integriert. Die Religion spielte für einen Großteil im Alltag eine eher untergeordnete Rolle. Zu regelmäßigen Kontakten zwischen jüdischen und nichtjüdischen Stadtbewohnern kam es durch die Wohnsituation. Hauptsächlich jüdisch geprägte (Wohn-)Viertel, wie sie aus den mittelalterlichen Städten bekannt sind, gab es in der Neuzeit nicht mehr. Vielmehr war der Wohnort primär durch die Einkommensverhältnisse und die Zugehörigkeit zu einer sozialen Schicht bestimmt, so dass jüdische Bewohner in nahezu allen Stadtteilen mit ihren nichtjüdischen Nachbarn in meist unproblematischen Beziehungen Tür an Tür wohnten. Beispiele für Häuser, in denen ausschließlich jüdische Bewohner lebten, finden sich in diesen Jahren dagegen selten.

Der alltägliche Umgang zwischen Juden und Nichtjuden wird von Zeitzeugen als weitgehend konfliktfrei beschrieben. Ob die Beziehungen dabei geschäftlicher, nachbarschaftlicher oder freundschaftlicher Natur waren, war individuell sehr unterschiedlich. So erinnert sich die seit 1922 in Köln lebende Jüdin Erna Preminger, dass ihre gesamte Familie vornehmlich Kontakt zu ihren christlichen Mitbürgern pflegte und kaum jüdische Freunde im Bekanntenkreis hatte.[1] Dagegen hatte die Familie des 1912 in Köln geborenen Herbert Bluhm, die dem liberalen Reformjudentum angehörte, hauptsächlich jüdische Freunde und Bekannte. Lediglich sein Vater pflegte als Inhaber eines Kölner Kaufhauses auf geschäftlicher Basis auch Kontakt zu nichtjüdischen Bekannten.[2]

Die tiefe Verwurzelung in der städtischen Gesellschaft zeigte sich auch daran, dass zahlreiche jüdische Männer und einige jüdische Frauen einflussreiche Positionen in Wirtschaft, Wissenschaft und Kultur erreicht hatten. Und auch innerhalb des politischen Spektrums fanden sich in nahezu allen Parteien jüdische Vertreter, die in der Kommunal- und Landespolitik aktiv waren, wie z. B. der Abgeordnete der linksliberalen DDP, Bernhard Falk, oder der Parteikollege Adenauers in der Zentrumspartei, Louis Hagen.

Die enge Verbundenheit zwischen der Stadt und ihren jüdischen Einwohnern kam während der 1920er Jahre

Siegerurkunde des Jüdischen Turnvereins JTV vom 26. Juli 1931 (NS-DOK)

auch in zwei großen Ausstellungen auf dem Kölner Messegelände zum Ausdruck. Sowohl in der 1925 gezeigten Jahrtausendausstellung als auch auf der PRESSA 1928 war die jüdische Gemeinde mit einem eigenen Ausstellungsbereich vertreten, der ihre Geschichte und Kultur als Teil des Rheinlands und damit auch Deutschlands präsentierte.

Trotz allem sah die jüdische Gemeinde sich während der 1920er Jahre zunehmend antisemitischer Hetze und Kampagnen ausgesetzt. Bereits seit dem Ende des Ersten Weltkriegs war die jüdische Bevölkerung ins Visier nationalistischer Gruppierungen wie dem *Deutsch-Völkischen Schutz- und Trutzbund* geraten, die der jüdischen Bevölkerung die Schuld an der Kriegsniederlage gaben und ihnen ihren Status als deutsche Staatsbürger absprachen. Eines der frühesten Opfer dieser Kampagnen in Köln war der spätere Medizinprofessor Bruno Kisch, der 1919 trotz seines Militärdienstes seine Anstellung zugunsten „aus dem Felde Heimgekehrter" aufgeben sollte. Nach seiner Ansicht konnte der drohende Verlust seiner Anstellung nur durch die Intervention des Oberbürgermeisters Konrad Adenauer abgewendet werden, bei dem er Unterstützung gesucht hatte.

Die erstarkenden Gruppen der NSDAP heizten während der 1920er Jahre die antisemitische Stimmung weiter an. Immer häufiger wurde die jüdische Bevölkerung verbal attackiert und rassistisch diffamiert. Ab Mitte der 1920er Jahre gerieten dann Organisationen und Einzelpersonen verstärkt in den Fokus physischer Übergriffe und Verleumdungskampagnen. Die jüdische Bevölkerung in Köln musste nun erleben, dass die nationalsozialistische Propaganda auf einen fruchtbaren Nährboden aus zumindest latent vorhandenen antisemitischen Ressentiments fiel, was u. a. dazu führte, dass einige Karnevalsvereine bereits in den 1920er Jahren ihre jüdischen Mitglieder ausschlossen.

In der Stadtpolitik hatte die nationalsozialistische Agitation hingegen unter Konrad Adenauer kaum Erfolg. Mit Hilfe einer parteiübergreifenden Mehrheit konnte er dafür sorgen, dass sich antisemitische Positionen bis zur Machtübernahme 1933 nicht im Stadtrat durchsetzen konnten. Gemeinsam mit den Vertretern der anderen Parteien blockte er Eingaben der nationalsozialistischen Abgeordneten regelmäßig ab und gab sie dabei so manches Mal der Lächerlichkeit preis.

Auch außerhalb der Ratssitzungen war Konrad Adenauer an den Geschicken der jüdischen Gemeinde seiner Stadt interessiert und hielt Kontakt zu den Vertretern der Gemeinde. Zudem war er als Privatperson Mitglied in der zionistischen Vereinigung *Pro Palästina*. Die öffentliche wie private Fürsprache für die jüdische Bevölkerung brachte ihm früh den Hass der Nationalsozialisten ein, aus deren Reihen er als „Judenfreund" beschimpft, oder in Karikaturen mit typisch antijüdischen Stereotypen dargestellt wurde. Augenscheinlich ließ er sich jedoch durch solche Aktionen nicht beeinflussen.

Nach den Jahren der nationalsozialistischen Herrschaft war er schließlich einer der wichtigsten Fürsprecher für den Wiederaufbau der zerstörten Synagoge in der Roonstraße als neues Zentrum jüdischen Lebens in Köln, die er schließlich 1959 in seiner Funktion als Bundeskanzler einweihen konnte.

Quellen und Literatur

1 Vgl. Zeitzeugenaussage von Erma Preminger, in: Becker-Jákli 2002, S. 15–26.
2 Vgl. Zeitzeugenaussage von Herbert Bluhm, in: Becker-Jákli 2002, S. 27–45.

Aufruf zu einer öffentlichen Protestversammlung gegen die Pogrome in Galizien. Damit ist hauptsächlich das Lemberg-Pogrom vom 23. November 1918 gemeint, bei dem während des polnisch-ukrainischen Krieges vornehmlich durch polnische Soldaten bis zu 120 Juden umgebracht wurden (KSM)

Aufruf!

Am Samstag, den 30. November 1918, abends 7 Uhr, großer Saal der Lesegesellschaft (Langgasse):

☛ Oeffentliche ☚

Protest-Versammlung

gegen die

blutigen Judenprogrome

in Galizien und Polen.

Redner: Herr Rabb. Dr. Emil Cohn, Bonn,
Herr Max Goldreich, Beuel.

☛ Freie Aussprache. ☚

Greven & Bechtold, Köln, Weyerstrasse 18.

Das Komitee mehrerer jüdischer Vereine.

Oberbürgermeister Adenauer bei seiner Rede zur Grundsteinlegung für das neue Universitätsgebäude in Lindenthal; Fotografie von Lantin (Ausschnitt), 1929 (KSM)

EIN NEUES WISSENSCHAFTS-ZENTRUM FÜR KÖLN

Konrad Adenauer und die Universität

Wibke Becker

Zu den vielen Projekten, für die sich Konrad Adenauer während seiner Amtszeit mit Nachdruck einsetzte, zählte die Einrichtung einer Universität in Köln. Die 1388 gegründete reichsstädtische Universität – eine der ältesten Deutschlands – war Ende des 18. Jahrhunderts von den Franzosen geschlossen worden. Alle Bemühungen, Köln erneut zur Universitätsstadt zu machen, scheiterten – nicht zuletzt durch die Ansiedlung der von Preußen 1818 eingerichteten Rheinischen Universität im benachbarten Bonn. Trotz der wachsenden Bedeutung Kölns konnte erst 1901 mit Hilfe einer großzügigen Stiftung des Großindustriellen Gustav von Mevissen die zunächst am Hansaring angesiedelte Handelshochschule gegründet werden. Über Jahrzehnte hatte Mevissen um die Einrichtung einer solchen Akademie gekämpft, um die kaufmännische Ausbildung zu verbessern. Die Handelshochschule, die 1907 in einen repräsentativen Neubau am Agrippina-Ufer zog, verstand sich ausdrücklich nicht als Nachfolgerin der alten, theoriefokussierten Universität, sondern als eine praxisorientierte Bildungsinstitution. Ab 1904 erweiterte zudem eine *Akademie für praktische Medizin* den Kölner ‚Wissenschaftsstandort', ergänzt seit 1912 durch die *Hochschule für kommunale und soziale Verwaltung*.

Anders als die Handelshochschule in Frankfurt, nachdem sie 1914 Teil der neugegründeten Universität geworden war, besaß jedoch keine dieser Akademien das Promotionsrecht. Außerdem wurden die absolvierten Semester von anderen Institutionen nicht anerkannt. Der Studiendirektor der Handelshochschule Professor Christian Eckert war daher sehr an einer Aufwertung „seiner" Einrichtung interessiert. Die Aufrufe und Denkschriften, mit denen er seit 1915 um eine Zusammenfassung der bestehenden Bildungsinstitutionen zu einer vollwertigen Universität warb, fanden jedoch weder bei den preußischen Behörden – die auf die Nähe zu Bonn verwiesen – noch in der Stadtgemeinschaft Gehör. Selbst die Dozenten der Handelhochschule kritisierten die von Eckert vorgeschlagenen Veränderungen als eine Gefahr für den Praxisbezug der Kölner Lehrpläne und waren nur schwer von dem Projekt zu überzeugen. Konrad Adenauer hingegen stellte sich sofort nach seiner Wahl zum Stadtoberhaupt, so Eckert später, „mit Mut und Tatkraft an die Spitze der Kölner Universitätsbewegung."[1]

Studentinnen verlassen den Gürzenich nach dem Festakt zur Eröffnung der Kölner Universität am 12. Juni 1919; Fotografie von A. Frankl (KSM)

Die neue Universität übernahm das Gebäude der Handelshochschule an der Claudiusstraße; vermutlich Photochrome, 1907 (KSM)

Zu Adenauers ersten Schritten zählte die Erweiterung des praxisbezogenen Kölner Hochschulportfolios um eine explizit der Forschung gewidmeten Einrichtung: Das 1918 gegründete Forschungsinstitut für Sozialwissenschaft, für das der bekannte Philosoph Max Scheler gewonnen werden konnte, sollte – wie Adenauer später erklärte – den „Kranz der wissenschaftlichen Anstalten" derart vervollständigen, dass Berlin „schließlich nichts anderes mehr tun könne, als durch die Verleihung des Universitätscharakters den letzten Strich unter die schon abgeschlossene Entwicklung zu setzen."[2] Bei Verhandlungen mit den preußischen Behörden im Dezember 1918 wusste Adenauer geschickt die deutsche Kriegsniederlage und die Umbruchsituation durch die Novemberrevolution auszunutzen. Mit Erfolg verwiesen er und Eckert gegenüber dem neuen preußischen Kultusminister Konrad Haenisch (SPD) auf den Verlust der Universität Straßburg, die dem Kölner Universitätsprojekt eine nationalpolitische Bedeutung gäbe – die eines ‚Bollwerks' für das „Deutschtum am Rhein".[3] Auch angesichts der separatistischen Strömungen in Köln schien es der neuen preußischen Regierung ratsam, Adenauer entgegenzukommen. Hatte das Kultusministerium noch im Oktober lediglich eine Angliederung der Handelshochschule und der Verwaltungshochschule als eigene Fakultät an die Universität Bonn in Aussicht gestellt, wurden jetzt innerhalb weniger Wochen die entscheidenden Weichen gestellt: Nach einem weiteren Kölner Vorstoß in Berlin Mitte Dezember 1918 genehmigte das preußische Staatsministerium am 4. Januar 1919 den Ausbau der bestehenden Hochschuleinrichtungen in Köln zu einer staatlichen Universität. Die daraus entstehenden Kosten sollten allerdings von der Stadt Köln getragen werden. „Die Inanspruchnahme staatlicher Mittel für die Zwecke der Universität ist grundsätzlich ausgeschlossen", so die unmissverständlichen Worte aus Berlin.[4]

Die Kölner Stadtverordneten reagierten wenig begeistert, als sie am 16. Januar 1919 von Adenauer erstmals über das Vorhaben unterrichtet wurden. Adenauers Alleingang rief scharfe Kritik hervor, ebenso die unklare Finanzierung des Projektes angesichts der ohnehin extrem angespannten wirtschaftlichen Lage. Mehr als neun Zehntel der Bevölkerung seien gegen das Vorhaben, fasste Handelskammerpräsident Louis

Adenauer vor Verbindungsstudenten bei der Eröffnung der Universität am 12. Juni 1919; Fotografie von Albert Capell (StBKAH)

Hagen die ausgesprochen skeptische Haltung auch innerhalb der Wirtschaftskreise zusammen. Die Aufregung über sein unabgesprochenes Vorgehen wischte Adenauer mit Hinweisen auf die „sachliche Berechtigung" seines „formell unrichtigen Verfahrens" beiseite. Gleichzeitig bemühte er sich, die auf die Stadt zukommenden finanziellen Belastungen herunterzuspielen. Vor allem die Umwandlung der Handelshochschule und der Verwaltungshochschule sei im Grunde – so Adenauer gegenüber den Stadtverordneten – mit überhaupt keinen außergewöhnlichen Kosten verbunden, da sie am bisherigen Standort verbleiben könnten. Die erforderlichen Finanzmittel lägen daher lediglich bei einer einmaligen Investition von 750.000 Mark und regelmäßigen jährlichen Ausgaben von rund 250.000 Mark. Außerdem sei das Vorhaben „für Köln von solcher Bedeutung", dass die Nachwelt „noch nach Jahrhunderten davon sprechen" werde, „daß wir in der jetzigen schweren Zeit den Mut gehabt haben, einen derartigen Beschluss zu fassen." Man dürfe die Idee daher nicht „unter dem Eindruck der gegenwärtigen Wohnungsnot" und ähnlicher „kleinlich[er]" Gesichtspunkte beurteilen. Vor allem der Mittelstand werde nachhaltig von der neuen Universität und ihren Studenten profitieren.[5]

Nach wochenlangen Auseinandersetzungen stimmte die Stadtverordnetenversammlung am 20. März 1919 der Universitätsvorlage zu. Wenig später, am 12. Juni 1919, fand im Gürzenich die feierliche Eröffnung der „Universität zu Köln" statt. Diese bestand zunächst aus der Medizinischen und der aus Handelshochschule und Verwaltungshochschule hervorgegangenen Wirtschafts- und Sozialwissenschaftlichen Fakultät. 1920 folgten die Rechtswissenschaftliche und die Philosophische Fakultät, in der auch die mathematisch-naturwissenschaftlichen Fächer angesiedelt waren.

In den ersten Jahren schlug die Universität in vieler Hinsicht neue Wege ein. Das Selbstverständnis der alten Handelshochschule als praxisorientierte Wissenschaftsinstitution spielte in der Gründungszeit weiterhin eine wichtige Rolle. Mit neuartigen Fächern wurden die einzelnen Fakultäten immer weiter ausgebaut. Zahlreiche führende, auch jüngere Wissenschaftler erweiterten den Lehrkörper. War die Universität 1919 mit 91 Lehrkräften, davon 32 ordentliche Professoren, gestartet, gab es 1929 bereits 65 Lehrstühle mit

Luftaufnahme des Universitätsgebäudes im Bau im März 1933; Fotografie von Junkers Luftbild-Zentrale (KSM)

216 Lehrenden. Bei den Berufungen setzte sich Adenauer für ein konstruktives Nebeneinander der verschiedenen politisch-weltanschaulichen Richtungen ein. Als Vorsitzender des Kuratoriums, dem obersten Verwaltungsorgan der Universität, nahm er auch weiterhin großen Einfluss auf die Hochschulentwicklung, ebenso Christian Eckert, der nach einem Jahr als Gründungsrektor die Funktion des geschäftsführenden Kuratoriumsvorsitzenden übernahm.

Nicht zuletzt aufgrund des guten Rufs der WiSo-Fakultät stieg die Zahl der Studierenden innerhalb kurzer Zeit von ursprünglich 1.299 Immatrikulierten im Jahr 1919 auf über 4.800 im Wintersemester 1922/23. Damit war die Kölner Hochschule nach Berlin die zweitgrößte Universität Deutschlands. Ein im Vergleich zu anderen Universitäten relativ hoher Anteil der Studierenden – fast 80 Prozent – kam aus der Mittelschicht der kleineren Kaufleute, Handwerker, Landwirte, mittleren Beamten und Angestellten. Frauen besaßen zwar seit 1908 das Immatrikulationsrecht an allen deutschen Universitäten, gleichwohl blieb ihr Anteil an der Kölner Universität in den 1920er Jahren deutlich unter der 20 Prozent-Marke. Weibliche Dozenten waren in den Hörsälen ebenfalls eine Seltenheit.[6] Da bereits die Handelshochschule und die Verwaltungshochschule Studienmöglichkeiten für Frauen geboten hatten, war in Köln – im Gegensatz zu anderen Städten – auch unter Frauen die WiSo-Fakultät besonders beliebt. Die gängigen Rollenklischees und Anfeindungen durch männliche Kommilitonen, denen sich die Frauen bisher ausgesetzt sahen – so mussten sie an der Handelshochschule z. B. anders als ihre männlichen Kollegen einen speziellen Kurs in Logik besuchen –, beeinträchtigten auch weiterhin den weiblichen Studienalltag. Hinzu kam, dass Studentinnen bei der Tagesgestaltung mit zahlreichen zusätzlichen Problemen konfrontiert waren: Ihnen wurde beispielsweise der Zugang zur Hauptmensa verwehrt, so dass sie längere Wege und überhöhte Essenspreise in Kauf nehmen mussten. Für Frauen gab es zudem deutlich weniger Stipendien oder Nebenverdienstmöglichkeiten. Die Zimmer in dem einzigen Wohnheim für Studentinnen, im Kloster Maria Hilf, waren oft schnell vergeben.

Der starke Anstieg der Immatrikulationen barg für die Universität auch Probleme: Die Räumlichkeiten der alten Handelshochschule mit ihren 13 Hörsälen reichten schon Mitte der 1920er Jahre bei weitem nicht mehr aus, um die Masse der Studierenden und wachsende Zahl an Instituten und Seminaren aufzunehmen. Spätestens nach einem Ortsbesuch des Stadtbaudirektors Professor Adolf Abel und einiger Dezernenten im November 1926 wurden innerhalb der Stadtverwaltung mögliche Baumaßnahmen intensiv diskutiert. Während die meisten Verantwortlichen aus finanziellen Gründen lediglich für eine Erweiterung des bisherigen Gebäudes plädierten, verfolgte Adenauer mit Nachdruck die Idee eines Neubaus im Grüngürtel an der Zülpicher Straße – der auch in Zukunft weitere Ausbauten ermöglichen würde. Seinen Kritikern, die auf die vielen anderen anstehende Probleme vor allem im Bereich der Schulbauten verwiesen, hielt er entgegen, dass jetzt die einzige Gelegenheit bestehe, der Hochschule „in absehbarer Zeit" ein „neues Haus zu schaffen" – und andernfalls der „Untergang der Universität" drohe.[7] Parallel dazu versuchte Adenauer – wie schon 1919 – die anfallenden Kosten herunterzuspielen. Mit 9.033.000 gegenüber 8.289.000 Reichsmark sei der Neubau, so seine im März 1927 vorgelegte Kalkulation, im Grunde nicht wesentlich teurer als die Erweiterungsmaßnahmen – zumal das dann frei werdende Handelshochschulgebäude wieder von der Stadt genutzt werden könnte. Zur Finanzierung des Projektes stellte Adenauer zudem Stiftungen in Höhe von rund 4 Millionen Reichsmark in Aussicht, die von den Bankiers Robert Pferdmenges und Dr. Anton Brüning innerhalb der Bürgerschaft gesammelt werden würden. Nach scharfen Debatten stimmte im Juli 1929 schließlich die Mehrheit der Stadtverordneten (gegen den Widerstand der linken Parteien) für den von Stadtbaudirektor Abel entworfenen Neubauplan,

dessen Kosten durch eine Verkleinerung des Gebäudekomplexes zuvor auf rund 6.785.000 Reichsmark gesenkt worden waren. Am 26. Oktober 1929 – einem Tag nach dem verhängnisvollen Börsencrash in New York – konnte in einer feierlichen Zeremonie der Grundstein für die neue Universität gelegt werden. Die Bauarbeiten standen jedoch unter keinem guten Stern. Die Weltwirtschaftskrise traf die Stadt hart und zwang zur eisernen Sparpolitik. Auch die durch Stiftungen zustande kommenden Finanzmittel realisierten sich nicht in dem von Adenauer erhofften Umfang, da sich die von Bankdirektor Brüning in Aussicht gestellte Anzahl an Stiftern als Bluff erwies. Nachdem der Rohbau bereits im Frühjahr 1931 fertig gestellt worden war, blieb Adenauer im August dieses Jahres nichts anderes übrig, als einen Baustopp über das Projekt zu verhängen.
Die Wiederaufnahme der Bauarbeiten 1933 konnte Adenauer, von den Nationalsozialisten seines Amtes enthoben, nicht mehr verfolgen. Der neue Universitätskomplex wurde erst 1934 fertig gestellt.

Quellen und Literatur:

1 VStVK, 20. März 1919, S. 106 + HAStK Best. 902, Nr. 139, Bd. 1, Bl. 13, zit. nach Heimbüchel, Die neue Universität, S. 273.
2 VStVK, 20. März 1919, S. 106.
3 Zit. nach Düwell, Universität, Schulen und Museen, S. 172.
4 Universitätsvertrag, 27. Mai 1919, HAStK 902/137/1, zit. nach Köhler, Adenauer, S. 133.
5 VStVK, 20. März 1919, S. 107, 118.
6 Vgl. //pionierinnen.data-quest.de/doku/DokuPionierin.pdf, S. 79; 25.04.2017.
7 Adenauer gegenüber der „Rheinischen Zeitung", 22. Juli 1929, HAStK 902/140/2, zit. nach Düwell, Universität, Schulen und Museen, S. 189.

Hutschachtel für zwei Baretts von Professor Bruno Kuske; Samt, Leder, Pappschachtel, um 1925 (KSM)

Amtskette des Rektors der Kölner Universität, angefertigt von Ernst Riegel; Silber, gegossen, vergoldet, 1927 (Universität zu Köln)

Konrad Adenauer bei der Grundsteinlegung der Ford-Werke am 2. Oktober 1930; Fotografie (Bauwens Bauunternehmung GmbH)

MESSE, LUFTVERKEHR UND FORD

Konrad Adenauer und die Kölner Wirtschaft

Ulrich S. Soénius

In die Amtszeit des Kölner Oberbürgermeisters Konrad Adenauer fielen nicht nur weitreichende wirtschaftspolitische Entscheidungen, die bis in die heutige Zeit ihre Spuren hinterlassen, sondern ökonomische Umbrüche, die wohl kaum ein Verwaltungschef der neuesten Zeit hat erleben müssen. Auf Kriegswirtschaft und Lebensmittelnot zu Beginn folgten die Umstellung von der Rüstungs- auf die Friedenswirtschaft, Besatzung, Inflation, eine kurze Zeit des Aufschwungs und zum Schluss die katastrophale Weltwirtschaftskrise. Hinzu kam eine wachsende Stadt – an Einwohnern und an Fläche. 1919 lebten in der Stadt ca. 634.000 Menschen, durch Zuzug und Eingemeindungen waren es 1932 fast 757.000. Da lag es auf der Hand, neben der Wohnungsbaupolitik eine gezielte Wirtschaftsförderungspolitik zu verfolgen. Doch die Verhältnisse waren nicht einfach, an den Arbeitslosenzahlen kann dies verdeutlicht werden: Waren im Juni 1922 4.000 Menschen erwerbslos, zählte die Statistik zehn Jahre später im Vergleichsmonat zwanzig Mal so viel. Bereits im Dezember 1923 waren über 50.000 Menschen erwerbslos. Die Zahl fiel in den Folgejahren, stieg dann mit der Wirtschaftskrise stetig an. Dabei wuchs die Zahl der Unternehmen um ca. 13,5 Prozent von 1925 bis 1933. In diesem Jahr waren 44.271 Unternehmen gemeldet. Davon waren die Mehrzahl (über 90 Prozent) Unternehmen mit weniger als fünf Beschäftigten – nur 0,3 Prozent oder 111 Unternehmen hatten mehr als 200 Beschäftigte. Adenauer selbst hat sich mehrfach zur wirtschaftlichen Entwicklung geäußert. An der Kölner Universität, die er auch aus wirtschaftlichen Gründen ein Jahr zuvor wiedergegründet hatte, hielt er am 10. Juli 1920

Plakette der Firma Ford zur Europafahrt im Juni 1931; emailliert (KSM)

ADAC-Gedenkplakette zur Eröffnung der Autobahn Köln-Bonn 1932; Stempelfabrik Adam Donner, Messinglegierung, emailliert (KSM)

Erste Tankstelle an der neuen Kraftstraße Köln-Bonn von Peter Huverstuhl; Fotografie (RWWA)

eine Rede zu den „Wirtschaftlichen Zukunftsaufgaben Kölns". Darin forcierte er eine aktive Industrieansiedlungspolitik und moderne Logistikeinrichtungen. Wegweisend stellte er den Zusammenhang von wirtschaftlicher Prosperität und gesundem Leben her – neben der Industrieansiedlung war für ihn der Grüngürtel Garant moderner Stadtentwicklungspolitik.

Rahmenbedingungen – Ausbau der Infrastruktur

Für die Wirtschaft waren und sind die Rahmenbedingungen von besonderer Bedeutung – in erster Linie die Verkehrsinfrastruktur. In die Oberbürgermeisterzeit Adenauers fielen Grundsatzentscheidungen. Der Förderung der Industrie galt Adenauers Idee, im Norden der Stadt neben einem Industriegelände von 160 Hektar einen Hafen für den dortigen Umschlag zu schaffen. In der Amtszeit Adenauers konnte nur ein geringer Teil des heutigen Niehler Hafens ausgebaut werden. Adenauer setzte sich für die Mobilität ein. Daher engagierte er sich für den Bau des Nürburgringes in der Eifel, der 1927 vollendet wurde. In diesem Jahr fand die Internationale Automobilausstellung in der Messe statt. Im April 1927 fällte der Stadtrat den Beschluss zum Bau einer neuen Brücke im Norden. Diese war im Eingemeindungsvertrag mit Mülheim am Rhein von 1914 festgeschrieben worden, aber wegen des Krieges und dessen Folgen verschoben worden. Obwohl die Umstände äußerst ungünstig waren, stellten die Bauunternehmen die Brücke zweieinhalb Jahre nach Ratsbeschluss fertig. Die Mehrheit wollte eine Bogenbrücke, aber Adenauer gelang es, in der entscheidenden Abstimmung, eine Hängebrücke von Zentrum und Kommunisten verabschieden zu lassen – letztere gewinnend mit dem Argument, dafür stünde ein Prototyp in Leningrad. Ausschlaggebend waren für Adenauer ästhetische Gründe und eine kürzere Bauzeit. Die Stahlseile lieferte Felten & Guilleaume. Am 13. Oktober 1929 erfolgte die Eröffnung der damals größten Hängebrücke Europas. In diesem Monat begann der Bau der Kraftwagenstraße Köln – Bonn,

Geplante Strecke der Schnellbahn Köln–Dortmund 1928 (RWWA)

Erklärung
Personenzuglinien
Schnellzuglinien
der Reichsbahn
Hauptlinien
Nebenlinien
der Schnellbahn
ursprünglicher Plan
von der Schnellbahn übernommener Plan der Reichsbahnschnellverkehrslinie
Maßstab:
0 5 10 20 km
Norden
Dorsten
Marl
Datteln
Recklinghausen
Herten
Gladbeck
Buer
Dinslaken
Horst
Gelsenkirchen
Dortmund
Mengede
Castrop
Herne
Wanne Eickel
Bochum
Gerthe
Marten
Lütgendortmund
Werne
Barop
Langendreer
Annen
Witten
Walsum
Marxloh
Hamborn
Sterkrade
Bottrop
Osterfeld
Altenessen
Alstaden
Meiderich
Homberg
Oberhausen
Essen
Mörs
Duisburg
Mülheim
Rheinhausen
Königsteele
Steele
Weitmar
Altenbochum
Die Ruhr
Hattingen
Werden
Kupferdreh
Kettwig
Huckingen
Ürdingen
Silschede
Hagen
Haspe
Velbert
Langenberg
Neviges
Gevelsberg
Ratingen
Wülfrath
Schwelm
Der Rhein
Mettmann
Barmen
Elberfeld
Gruiten
Vohwinkel
Ronsdorf
DÜSSELDORF
Neuß
Cronenberg
Lüttringhausen
Gräfrath
Wald
Flehe
Lennep
Solingen
Remscheid
Benrath
Ohligs
Höscheid
Opladen
KÖLN

Postkarte des Butzweiler Hofs; nach einem Gemälde von Richard Seewald von 1928 (Werner Müller, Historisches Luftfahrtarchiv Köln)

der ersten „Autobahn" Deutschlands. Neben der Idee des kreuzungsfreien Autoverkehrs – Motorräder waren nicht zugelassen – stand auch der Wille, Arbeitslose mit Notstandsarbeiten zu beschäftigen. Am 6. August 1932 feierte die Bevölkerung die Straße, die Adenauer eröffnete, aber deren „Erfinder" Johannes Horion, Landeshauptmann der Rheinprovinz, war.

Weniger Erfolg war dem Ausbau des Schienennetzes gegönnt. Den Neubau einer elektrifizierten Schnellbahnstrecke von Köln nach Dortmund diskutierten Kommunen und der Stromlieferant RWE AG. Sie gründeten 1923 eine *Studiengesellschaft für die Rheinisch-Westfälische Schnellbahn*. Die Reichsbahn attackierte das Projekt, 1938 wurde es ad acta gelegt. In jüngster Zeit gewann die *Städtebahn* wieder an Aktualität. 2017 begann nach jahrelangen Diskussionen der Bau des *Rhein-Ruhr-Express (RRX)* (Fertigstellung 2035). Adenauer plante die Anlage eines zweiten Hauptbahnhofes – dieser wurde 2001/02 mit dem Ausbau des ICE-Bahnhofes *Messe/Deutz* erreicht. Die Pläne für den Bau einer Untergrundbahn erfüllten sich erst nach dem Zweiten Weltkrieg. Dabei war der Bedarf groß: Im Spitzenjahr 1927 transportierten alle Kölner Bahnlinien über 28 Millionen Fahrgäste – so viel wie 2017.

Mehr Erfolg hatte Adenauer im Luftverkehr. Erst nach Ende der Besatzung war die zivile Luftfahrt möglich. Adenauer ließ den ehemaligen Militärflughafen Butzweiler Hof in Köln-Ossendorf seit 1925 zum Luftverkehrsstandort Westdeutschlands ausbauen. Diesem Zweck diente auch sein Aufsichtsratsmandat bei der neu gegründeten Deutschen Lufthansa. Am 6. April 1926 nahm diese ihren Flugbetrieb in Köln auf. Ca. 5.800 Flugbewegungen (Starts und Landungen) waren es 1926, 1933 bereits fast 11.000. Die Zahl der Fluggäste stieg von 8.000 auf über 19.000 – Fliegen war noch Luxus.

Auch den modernen Kommunikationsmitteln galt das Augenmerk des erfahrenen Verwaltungsmannes. So war er gewillt, Telefon und Telegrafie zu fördern, die er für die wirtschaftliche Entwicklung als förderlich empfand, aber deren Entwicklung außerhalb seines Einflussbereiches lag.

Messestand der auf Seilbahnen spezialisierten Kölner Firma J. Pohlig AG auf der Kölner Messe 1924; Fotografie (RWWA)

Wirtschaftsförderung durch die Messe

Kurz nach Kriegsende standen die Kölner Unternehmen vor der Aufgabe, ihre bisherige Tätigkeit von den Anforderungen des Krieges auf die des Friedens umzustellen. Bewirtschaftung, Kriegswirtschaftsgesellschaften und Reglementierungen fielen zwar weg, aber weggebrochen waren die für die Industrieunternehmen wichtigen Auslandsmärkte. Erst 1925 war das Vorkriegsniveau in den Exportbeziehungen erreicht. Daher war die Idee einer Messe für Köln zur Förderung des nationalen und internationalen Handels richtig. Adenauer war nicht der Ideengeber, Anregungen gab es bereits im frühen 19. Jahrhundert, aber er setzte den Plan konsequent um. Es gelang ihm, alle Parteien bis auf die Kommunisten von dem Projekt zu überzeugen. 1922 gründete die Stadt die Messegesellschaft unter Beteiligung der Wirtschaft und begann mit dem Bau der Messehallen. Fertiggestellt waren sie bereits im Oktober 1923 mit einer Fläche von 45.000 Quadratmetern. Am 11. Mai 1924 konnte Adenauer die Frühjahrsmesse mit 600.000 Besuchern in Anwesenheit von Reichspräsident Friedrich Ebert eröffnen. Ein Jahr nach der Eröffnung besuchten 1,4 Millionen Besucher die Jahrtausend-Ausstellung der Rheinlande. Der Höhepunkt in dieser Ära war die Durchführung der Internationalen Presseausstellung PRESSA 1928. Über fünf Millionen Besucher zog die Leistungsschau der 1.500 Aussteller aus der Medienwirtschaft aus 43 Nationen an. Zu diesem Zweck wurden die Messehallen mit einer Randbebauung umfasst und mit rotbraunem Klinker verkleidet. Hinzu kamen der Messeturm, von der Maschinenbauanstalt Humboldt aus Köln-Kalk als Stahl-Skelettturm erbaut, und das *Staatenhaus*. Die PRESSA sorgte für einen Rekord an auswärtigen Besuchern. 580.000 Touristen, davon ca. 100.000 Ausländer, zählte das Verkehrsamt in diesem Jahr, die die Rekordzahl von über 1,5 Millionen Übernachtungen erreichten. Und das, obwohl die Zahl der Hotels und Gasthöfe 1928 auf einen Tiefstand von 116 mit 4.063 Betten fiel (1917: 180/5.030, 1932: 132/4.872).

Blick über die Messehallen; Fotografie von Carl Scholz, um 1925 (KSM)

Erfolgreiche Ansiedlungen

Neben der Pflege der bestehenden Unternehmen bestand die Wirtschaftspolitik der Kölner Stadtverwaltung in einer aktiven Förderung der Ansiedlung von Industrieunternehmen. Wirtschaftskrise und Besatzung behinderten die Entwicklung. Das nördliche Industriegebiet war wenig gefragt. 1926 siedelte sich dort das Kunstseide-Unternehmen Glanzstoff-Courtaulds an – ein niederländisch-britisches Joint Venture. Zeitweise arbeiteten hier 3.000 Menschen. Der größte Coup gelang Adenauer mit der Ansiedlung des US-amerikanischen Automobilkonzerns Ford. Gegen mehrere Konkurrenten setzte sich Köln durch. Die verkehrsgünstige Lage am Rhein und die frei verfügbare Fläche waren ausschlaggebend. Auch hier ging es schnell: Vertragsschluss am 18. Oktober 1929, Grundsteinlegung mit Henry Ford am 2. Oktober 1930, Bau durch das Kölner Bauunternehmen Bauwens und am 4. Mai 1931 die erste Auslieferung eines Kraftfahrzeugs.
In der Weimarer Republik war Köln durch eine rege Bautätigkeit der gewerblichen Wirtschaft geprägt. 1923 nahm die Rheinische Aktiengesellschaft für Braunkohlenbergbau und Brikettfabrikation – kurz *Rheinbraun* – unter ihrem Generaldirektor Paul Silverberg ihre neue Zentrale am heutigen Konrad-Adenauer-Ufer 55 in Betrieb. Im selben Jahr wurde das *Haus Neuerburg* am Gülichplatz Sitz der gleichnamigen Zigarettenfirma. 1924 eröffnete die *Bastei* am Rheinufer und ein Jahr später war das Hansa-Hochhaus, damals Europas höchstes profanes Gebäude, nach einer Bauzeit von einem Jahr mit 17 Etagen vollendet. Weitere Bauten waren 1927 das Görreshaus am Neumarkt, Sitz der *Kölnischen Volkszeitung*, 1930 das Dischhaus, 1931 das Ufa Haus und 1932 die Industrie- und Handelskammer mit Börse.
Köln war vor 1933 neben Berlin und Frankfurt am Main der wichtigste deutsche Handels- und Bankenplatz. Unabhängig von der Wirtschaftspolitik waren die Kölner Unternehmen innovativ. Im Juli 1925 lief im Kaufhaus Leonhard Tietz die erste Rolltreppe Deutschlands. Wenige Monate später, im Januar 1926, öffnete das erste Ehape-Geschäft, eine Beteiligung von Tietz, an der Breite Straße und bot 2.000 Artikel zum Einheitspreis von 50 Pfennig an. Cornelius Stüssgen, Eigentümer einer Einzelhandelsladenkette, reiste in die USA und kam mit Rationalisierungsideen zurück.

Louis Hagen; Gemälde von Walter Bertuch, 1955 (RWWA)

Auszeichnung für die Gebr. Stollwerck AG Köln für hervorragende Leistungen anlässlich der PRESSA 1928 (RWWA)

An der Stolberger Straße ließ er ein modernes Lagerhaus erbauen, in dem die Mitarbeiter Rollschuhe zur Beschleunigung benutzten. Ende 1926 gründeten 17 Einkaufsgenossenschaften den *Revisionsverband der Westkauf-Genossenschaften*, besser bekannt als *REWE*, zum gemeinsamen Einkauf und zur Warenvermittlung.
Auch in der breitgefächerten Industrie tat sich einiges: Felten & Guilleaume, Weltmarktführer in der Kabelherstellung, übernahm 1920 die Dialektra, 1925 die Rheinische Gummiwarenfabrik Franz Clouth AG in Nippes und 1929 bis 1933 sukzessive den Anlagen- und Seilbahnproduzenten J. Pohlig AG in Zollstock. Die Motorenfabrik Deutz AG fusionierte 1930 mit der Maschinenbauanstalt Humboldt, die u. a. Lokomotiven herstellte, zur Humboldt-Deutz AG. Zwei Zuckerhüte, erinnernd an die beiden Domtürme, ließ der Zuckerhersteller Pfeifer & Langen 1927 als Wort-Bild-Marke eintragen. Vier Jahre später erfolgte auf Antrag von Karl Flach, Eigentümer des Limonadenherstellers F. Blumhoffer Nachfolger GmbH, die Eintragung von afri-cola. 1925 entwickelte Johann Maria Farina gegenüber dem Gülichplatz mit der roten Tulpe ein weiteres Markenzeichen und brachte den Herrenduft Russisch Leder auf den Markt. Der Konkurrent Mülhens, 4711, rief mit dem Plakat „Ihr Reich ist die Welt" einen Skandal hervor – lasziv gekleidete Damen führten zum Protest der katholischen Kirche. Das Unternehmen lenkte ein und zog die Werbung zurück. 1926 beschlossen die Gesellschafter die Umsiedlung der Westdeutsche Rundfunk AG von Münster nach Köln – wesentlich durch Adenauer befördert.

Wirtschaftspolitik und Handeln in wechselvollen Zeiten

Konrad Adenauer erkannte als Oberbürgermeister den Wert einer gezielten Wirtschaftspolitik. Er sorgte mit der Bereitstellung von Flächen und Infrastruktur für die notwendigen Rahmenbedingungen. Sein größter Erfolg war die Ansiedlung der Ford-Werke. Die Wirtschaftsförderung war nicht das Alleinwerk Adenauers. Neben hervorragenden Mitarbeitern, vor allem Beigeordnete, konnte er sich auf einige Stadtratspolitiker und Vertreter der Wirtschaft, besonders auf Louis Hagen, IHK-Präsident 1915–1932, verlassen. In gewisser Weise kann die erfolgreiche Wirtschaftsförderung Adenauers auf die heutige Zeit übertragen werden: Fläche, Infrastruktur, Schnelligkeit, ein gutes Team und der Sinn für Trends.

Quellen und Literatur:

Frielingsdorf; Henning; Kölner Statistisches Handbuch, Köln 1958; Kramp – Soénius; Schulz; Soénius.

PRESSA
INTERNATIONALE
PRESSE AUSSTELLUNG
P
F·H·EHMCKE
EISFELLER
KUNSTDRUCK·KÖLN
WELTSCHAU AM RHEIN
MAI BIS OKTOBER
KÖLN 1928

DIE PRESSA

„Städtebaulich außerordnetlich wichtig" – oder „die Frau mit dem Bart"?

Beatrix Alexander

Das ambitionierteste Ausstellungsvorhaben der Zwanziger Jahre des vorigen Jahrhunderts in Köln war – wie bereits mehrfach gewürdigt[1] – die Internationale Presse-Ausstellung, PRESSA. Für die kulturhistorische Schau von Buch- und Pressewesen im In- und Ausland, die Präsentation von Buch- und Zeitungsdruck, Papier, Typografie und das Verhältnis von Presse zu Kunst, Religion, Fotografie, Werbung und Politik wurde das Deutzer Messegelände von Adolf Abel (1882–1968) grundlegend umgestaltet und ungefähr bis zur heutigen Zoobrücke erweitert. Dieser städtebauliche Eingriff wies weit über eine temporäre Ausstellungsinstallation hinaus, wie Abel in seinem Beitrag „Rechtes Rheinufer" im offiziellen Band der Ausstellungsdirektion ausführt: „Mit dem Namen Pressa verbindet sich ein für Köln städtebaulich außerordentlich wichtiges Ereignis, nämlich das Uebergreifen der hauptsächlich linksrheinisch liegenden Stadt auf das rechte Rheinufer. [...] Das neue rechte Ufer gliedert sich in zwei Teile, deren erster zwischen den beiden Brücken, deren zweiter nördlich der Hohenzollernbrücke sich befindet. Der erste Teil als Gegenüber der ganz alten Stadt, hergeleitet aus einem schönen alten Baukörper der ehemaligen Kürassierkaserne. [...] Das ganze Projekt nördlich der Hohenzollernbrücke entsteht mit dem Kerngedanken eines Volksrheinparkes, bei dem die Neubauten als Hintergrund dieses Parkes zu gelten haben."[2]
Dazu wurden die vorhandenen Messebauten ummantelt und durch einen Messeturm ergänzt, die Kürassier-Kaserne zu einem Museumsbau umgewandelt und ein Rondellbau (das spätere Staatenhaus) entstand. Zum Projekt gehörte auch die landschaftliche Umgestaltung des Geländes mit Alleen, Rondellen und Fontänen zum Vorläufer des heutigen Rheinparks.

Plakat zur Internationalen Presse-Ausstellung PRESSA; entworfen von Fritz Helmuth Ehmcke, gedruckt bei Wilhelm Eisfeller in Köln, 1928 (KSM)

Der von Richard Riemerschmid entworfene Pavillon des Berliner Verlags Reckendorf auf der PRESSA; Autotypie, 1928

Liliputbahn auf dem PRESSA-Gelände; Fotografie, 1928 (KSM)

Andere Architekten wurden von den teilnehmenden Verlagen, Zeitungshäusern und anderen beauftragt, weitere temporäre Bauten zu gestalten, was in zum Teil spektakulärer Festarchitektur geschah, belegt durch den (Kaffee-)Hag-Turm oder die Stahlkirche von Otto Bartning, die stilbildend für moderne evangelische Kirchenarchitektur werden sollte.[3]

Im Staatenhaus waren die 45 teilnehmenden Nationen in Einzelpavillons vertreten. Die meiste Aufmerksamkeit erregte der von El Lissitzky (und 39 ausführenden Künstlern) gestaltete Pavillon der UdSSR, dessen Fotodokumentation in Leporellofaltung als Teil des Katalogs publiziert wurde und vermittelt, wie dynamisch, konstruktivistisch, mit Materialmixen, Montagen, rotierenden Spiralen, Fahnen, Modellen, anspruchsvoller Typografie und grafischem Design versucht wurde, den Besuchern zu verdeutlichen, wie die Bildung und Umerziehung der sowjetischen Völker auf dem Weg vom Kapitalismus zum Kommunismus mittels verschiedenster Mitteln der Presse (und Propaganda) funktionierte. Der Pavillon entsprach nicht dem Geschmack aller Besucher. Der französische Journalist Henry de Korab schildert seine Eindrücke: „Glücklich, den akrobatischen Allegorien der deutschen Presse zu entfliehen, wird man sofort und unfehlbar vom Sowjetpavillon weggeschnappt, über dem ein enormes rotes UdSSR steht, geeigneter, in Not geratene Flugzeuge zu dirigieren, als einfache Fußgänger anzuziehen. Und man muss es anerkennen, die Sowjets verstehen noch mehr zu blenden. Der Fortschritt des Kommunismus z. B. ist dargestellt durch eine Skala in großen Spiralen aus glänzendem Blech, die sich endlos dreht und die die eigensinnige Illusion gibt, unaufhörlich zu steigen; bis zum Himmel, immer höher und höher."[4]

Die kulturhistorische Schau im Museumsneubau war der Entwicklung menschlicher Kommunikation gewidmet. Ihre Zielsetzung beschreibt der Generaldirektor der Messe Ernst Esch in seiner Eröffnungsrede: „Sie führt in lebendiger, Zeit und Stoff meisternder Darstellung von den Uranfängen des Nachrichtenwesens, den Trommelwirbeln der Neger, den Schnürbriefen der Indianer, den Flammensignalen der Germanen, den griechischen Läufern und den römischen Rednern über das Nachrichten- und Zeitungswesen des Mittelalters, den briefschreibenden Mönchen, den Avisenschreibern in der Fuggerstube zu Augsburg, den höfischen Sängern, die durch ihre Lieder politische Leitartikel ersetzten, über die Geschichte der Hexenprozesse, der Streitschriften um die religiösen und politischen Ziele des dreißigjährigen Krieges, über die Anfänge der Buchdruckerkunst bis in die neue Zeit."[5]

Im Gegensatz zur Jahrtausend-Ausstellung der Rheinlande 1925 in Köln gab es auch eine Kunstausstellung von (vornehmlich) Düsseldorfer und Kölner Künstlern. Ausgestellt wurden 151 Arbeiten aus Malerei, Grafik und Skulptur. Die beteiligten Künstler, unter ihnen Franz Brantzky und Wolfgang Wallner, die „sich eher konservativen, traditionellen, realistisch-spätimpressionistischen Kunstnormen verpflichtet" fühlten, wie Dirk Teuber anmerkt[6] – ein Eindruck, dem man sich

Adenauer mit A. B. Chalatow im sowjetischen Pavillon auf der PRESSA; Fotografie von Wilhelm Matthäus, 1928 (KSM)

angesichts des zur (Verkaufs-)Ausstellung erschienenen, reich bebilderten Katalogs durchaus anschließen kann.[7]

Hinter dem Staatenhaus begann die sogenannte Zeitungsstraße mit den einzeln stehenden PRESSA-Pavillons, darunter der von den Architekten Wilhelm Riphahn und Caspar Maria Grod gestaltete der *Kölnischen Zeitung*, wo die komplette Herstellung der Zeitung durch Rotationsdruck vorgeführt wurde.

Einen merkwürdig rückgewandten Architekturbeitrag stellte der Pavillon der *Münchner Neuesten Nachrichten* dar, eine Kopie des Rokoko-Lust- und Jagdschlösschens Amalienburg, zwischen den eher dem Bauhaus und der Neuen Sachlichkeit verbundenen anderen Bauwerken.

Neben dem informativen Anspruch der Messeausstellung gab es – zusätzlich zu den Springbrunnen, der landschaftlichen Parkgestaltung und der nächtlichen Illumination des gesamten Geländes – auch einen Vergnügungspark mit angeschlossenem Weindorf. Um dorthin zu gelangen bedurfte es ca. 20 Minuten Fußmarschs.[8] Alternativ gab es eine Liliputbahn, die um das Areal fuhr und verschiedene Haltepunkte ansteuerte; u. a. in der Nähe des *Mosel Weinhauses* und des *Wiener Kaffeehauses*.

Als die PRESSA am 14. Oktober 1928 endete, hatten 5 Millionen Besucher sie gesehen. Korabs Fazit, „es ist möglich, dass die ganze Ausstellung, die hundert Millionen gekostet hat, nicht mehr Bedeutung für die Menschheit hat, als die Frau mit dem Bart auf dem Jahrmarkt von Neuilly"[9], entspricht einem Teil zeitgenössischer Kritiker, die aufgrund hoher Arbeitslosigkeit und Wohnungsnot fragten, ob das Prestigeprojekt Adenauers neben friedlicher Völkerverständigung auch wirklich wirtschaftsfördernde Wirkung haben würde. Auch wenn die Ausstellung Köln kurzfristig keinen Gewinn erwirtschaftete, galt ihre länderübergreifende Außenwirkung als Werbung für die moderne, kommunikative Metropole am Rhein, die heutige Medienstadt Köln.

Quellen und Literatur

1 Peter Fuchs: PRESSA KÖLN, Rückblick nach 30 Jahren auf die 1. Internationale Presseausstellung 1928 in Köln (eine Zusammenstellung von 24 Artikeln des Autors, die 1958 in der Neuen Rhein Zeitung erschienen sind); Herzogenrath 1981 (Sonderbund); Ekkehard Mai: Gesolei und PRESSA: zu Programm und Architektur rheinischen Ausstellungswesens in den zwanziger Jahren, in: Düwell – Köllmann, S. 271–361.
2 Adolf Abel: Rechtes Rheinufer, in: PRESSA, S. 17–20, hier S. 17.
3 Wolfram Hagspiel : Die internationale Kulturschau „Pressa" und die Neugestaltung des Deutzer Rheinparks, in: Herzogenrath 1981, S. 76–125, hier S. 103 f.
4 HAStK, Abt. 902/134/5, S. 5, Artikel von Henry de Korab für „Le Matin" vom 9.7.1928.
5 Ernst Esch – Die Internationale Presse-Ausstellung Köln 1928, in: PRESSA, S. 21–25, hier S. 23.
6 Dirk Teuber: Die Ausstellungen im Spiegel der Kölner Presse... Pressa, in: Herzogenrath 1981, S. 209.
7 Katalog der Kunstausstellung veranstaltet von Kölner und Düsseldorfer Künstlern in der PRESSA KÖLN, Mai – Okt. 1928, passim.
8 Teuber, S. 211 (Anm. 6).
9 Korab (Anm. 4), ebd.

STADT KÖLN
GRÜNFLÄCHEN-PLAN

zur Erinnerung an die Fertigstellung des südlichen Teiles des großen linksrheinischen Grüngürtels.

Gesamtfläche des äußeren Grüngürtels 3500 ha

Im linksrheinischen Stadtgebiet:

geplant	2400	ha
fertiggestellt	930	„
darunter:		
Wasserflächen	42	ha
Wald	400	„
Wiesen	300	„
Fußwege	130	km
Radwege	10	„
Reitwege	10	„

Im rechtsrheinischen Stadtgebiet:

geplant	1120	ha
im Bau	175	„
darunter:		
Wasserflächen	15	ha
Wald	60	„
Wiesen	40	„
Fußwege	25	km
Radwege	1,5	„

Grünflächenplan anlässlich der Fertigstellung des südlichen linksrheinischen Teils des Grüngürtels, 1929 erstellt von der Vermessungs- und Planabteilung des Liegenschaftsamtes der Stadt Köln; Walter Baumann (Kartograf), Farblithografie, gedruckt von Seché Druck (KSM)

„ETWAS GANZ GROSSES UND DURCHGREIFENDES"

Die Entfestigung Kölns und die Entstehung der Grüngürtel

Henriette Meynen

Am 11. Mai 1924 schrieb die *Frankfurter Zeitung* in einem Beitrag über Köln: „Am Ende des Weltkrieges hat sich Köln an einen Wendepunkt seiner Entwicklung gestellt [...]. Es mußte die Festung schleifen. Ganz jäh und überraschend kam diese Schicksalsstunde [...]. Die Stunde fand einen Mann, der dieser riesenhaften Aufgabe gewachsen war; und hier ist wohl der Augenblick, diesem kühnen Manne der Tat, dem vielverlästerten und befeindeten Stadtoberhaupt Konrad Adenauer in Bewunderung vor seinem wahrhaft schöpferischen Geist, ein Wort des Dankes in die Welt hinauszuschicken; denn was er mit dem Baumeister Fritz Schumacher seit 1919 aus diesem alten Köln gemacht hat, das wird zu den größten Epochen in der Geschichte dieser Stadt zu rechnen sein."

Am 26. Juni 1924 berichtete die *Times* über Köln als Festung und vor allem den Versailler Vertrag sowie den Streit über das Weiterbestehen der Verteidigungswerke in Köln: „Die Voraussicht und Tatkraft des Oberbürgermeisters Dr. Adenauer griff in diesen qualvollen Augenblick ein, um Köln das Recht zu sichern, zu atmen und sich auszudehnen, das ihm so lange verweigert worden war."

Folgendes war vorausgegangen: Köln umgab im 19. Jahrhundert ein zweifacher Festungsring. Durch ihn gelangte um 1900 im Zuge der Industrialisierung das Wachstum der Alt- und Neustadt an seine Grenzen. Zudem weiteten sich die Vororte zwischen den beiden Festungsringen rasch aus. Der preußische Staat gab 1907 den inneren Festungsring auf und verkaufte ihn an die Stadt. Aufgrund des am 10. Februar 1920 ratifizierten Versailler Vertrags sollte auch der äußere Festungsring beseitigt werden.

Dies war, wie Schumacher äußerte, ein einmaliger „Augenblick [...]: Wie im Märchen öffnete eine höhere Gewalt eine Sekunde lang die Spalte einer Tür, ergriff man nicht die Klinke, so schloß sie sich wohl für

Fritz Schumacher; Fotografie von Hugo Erfurth, um 1935 (Museum Ludwig)

Konrad Adenauer erläutert den Grüngürtelplan; Fotografie, 1929 (StBKAH)

immer." In dieser Schicksalsstunde hatte der Oberbürgermeister Adenauer die Vision, Köln in eine ‚gesunde' Stadt zu verwandeln. Er bereitete seine Pläne dazu im Geheimen vor, um frühe Gegenbewegungen zu unterbinden. Ihn beeinflusste vermutlich u. a. die 1911 aufgekommene Idee eines Kölner Generalbebauungsplans mit vermehrter Durchgrünung. Schon damals hatte man den äußeren Festungsgürtel miteinbezogen, da dessen Fortbestand auf Grund fortgeschrittener Kriegstechnik zweifelhaft war.
Dem Juristen Adenauer war klar, dass es für sein Vorhaben Gesetze bedürfte, mit denen man Grund und Boden in stadteigene Hand überführen könnte. Er nutzte seine Beziehungen zum preußischen Staatsrat und den Gremien auf Provinzialebene, um die notwendigen Gesetze schnell und in seinem Sinne durchzubringen. Bereits am 30. Oktober 1919 sprach er in der Stadtverordnetenversammlung von der Anlage zweier Grüngürtel und verbindender Radialen als einer „Lebensfrage" für Köln. Am 8. Juni 1920 verkündete er den Stadtverordneten: „Jetzt muß sich entscheiden, ob Köln eine riesige Steinwüste sein wird oder aber eine Stadt, deren Bewohner ein menschliches Dasein führen können."
Stadtbaurat Carl Rehorst hatte für den inneren Festungsrayon bereits unmittelbar vor dem Ersten Weltkrieg einen fortschrittlichen Plan geliefert. Dieser sah zwischen Innen- und Vorstadt eine lockere Bebauung vor, durchsetzt mit privatem Gartenland und begrünten Schmuck- und Spielplätzen sowie einem Wechsel von ein-, zwei- und dreigeschossigen und an wenigen Standorten viergeschossigen Wohnbauten in halboffener, offener und geschlossener Bauweise, wobei die in der Alt- und Neustadt üblichen Hinterbauten fehlten. Dem Oberbürgermeister genügten diese Pläne nicht. Er wollte allen Kölnern „den Zusammenhang mit

der Natur wiedergeben."[1] Um seinen Gedanken zur wirkungsvolleren Grüngestaltung Kölns zum Erfolg zu verhelfen, sprach Adenauer überspitzt von einer verzettelten monotonen Durchgrünung des Rehorstschen Planes. Der innere und äußere Rayon sollten zu durchgehenden Grünräumen werden und durch Radiale verbunden ein Grünsystem bilden. Adenauer diskutierte seinen Plan aber auch mit Rehorst selbst und dieser hieß ihn für gut. Der schon beschlossene Bebauungsplan war daher aufzuheben. Stattdessen sollte ein durchgehender Grünzug mit Bebauung am Rande Erholungsraum für Bewohner der Neubauten und der benachbarten Viertel schaffen.
Berechnungen wurden angestellt, wie die Eigentümer der einzelnen Bauflächen durch einen auferlegten Tausch ihrer Grundstücke mit randlichen Flächen und der dort vorgesehenen höheren Bebauung und damit wertgesteigerten Boden enteignet werden könnten. Schon am 28. März 1919 genehmigte die gesetzgebende Landesversammlung Preußens die hierzu nötige Vorlage zur Abänderung des Umlegungsgesetzes, Lex Adickes von 1911. Die Stadtverordnetenversammlung nahm am 4. April Adenauers Vorhaben und am 24. April 1919 das neue Umlegungsgesetz an. Die Grundbesitzer sollten durch ihren im Grundstückstausch gewonnenen Wertgewinn statt bisher 35 Prozent für öffentliches Grün jetzt 50 Prozent für die zentrale Grünfläche zahlen. Adenauer trug den Stadtverordneten am 12. Dezember 1919 vor, „für die Zukunft der Stadt Köln ein großes und nützliches für

Carl Rehorst; Fotografie, 1914 (RBA)

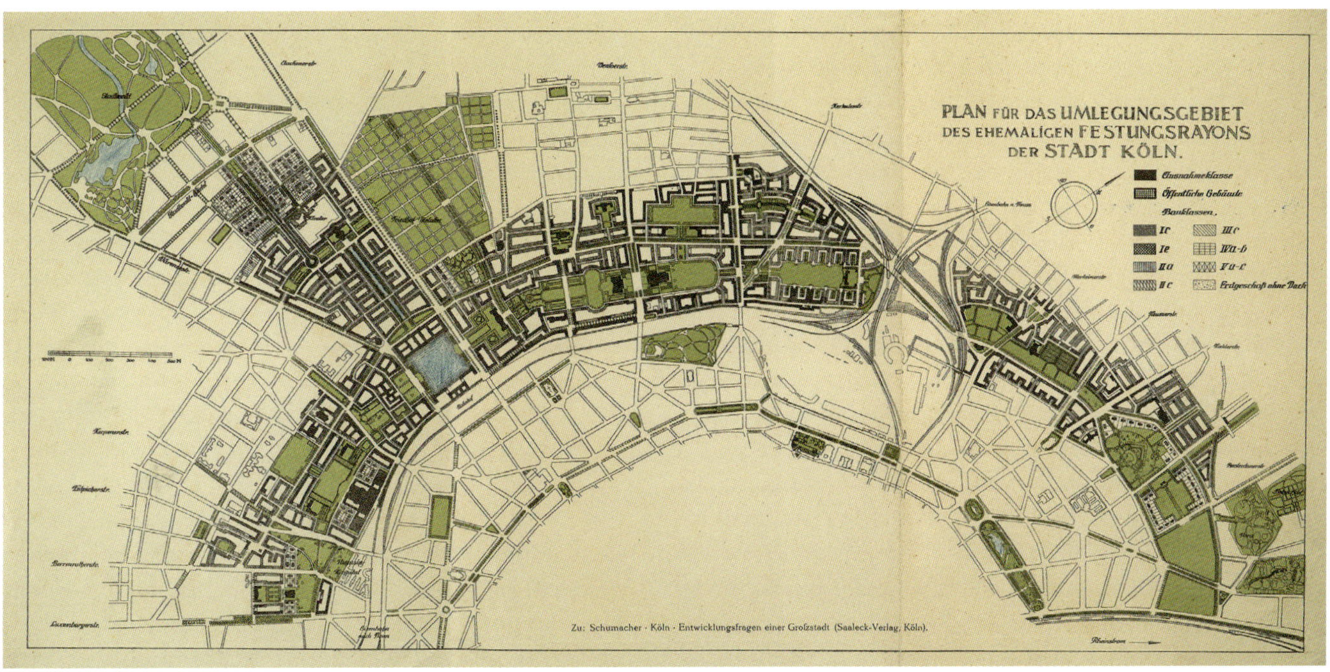

Plan für das Umlegungsgebiet des ehemaligen Festungsrayons der Stadt aus Fritz Schumachers „Köln. Entwicklungsfragen einer Großstadt", 1923; Farblithografie (KSM)

Innerer Grüngürtel zwischen Gleisdreieck und Venloerstraße; Fotografie, 1929

Jahrhunderte bedeutungsvolles Werk zu tun". Es handele sich um ein repräsentatives Werk, das sich den großen Kirchenbauten des Mittelalters als Äquivalent der Jetztzeit „würdig zur Seite stellen kann", fügte er hinzu. Der Stadtverordnete Baurat Carl Moritz dankte Adenauer in derselben Sitzung: „Es ist ihm die große Tat anzurechnen, daß er es gewagt hat, an diesen Plan mit neuen Gedanken heranzutreten."

Ein neuer Entwurf mit einer „hygienisch einwandfreien Bebauung", einer wirtschaftlichen Straßengestaltung und „schönster Formung von Grünanlagen" war nun nötig, um die etwa 1.000 Grundstückseigentümer des inneren Rayons für einen Tausch zu gewinnen. Da der tüchtige Stadtplaner Rehorst am 21. Januar 1919 plötzlich verstarb, suchte die Stadt einen neuen Städtebauer. Ende April 1919 wurde daher ein Wettbewerb ausgeschrieben, den der Hamburger Städtebauer Fritz Schumacher nicht zuletzt auf Grund der Befürwortung Adenauers gewann. Die Ausführung des Plans war erschwert, da sich im inneren Rayon zahlreiche Unternehmungen provisorisch angesiedelt hatten und hunderte von Pachtgärten entstanden waren, die alle schnell weichen sollten. 1923 konnten schon 3.000 vom Staat unterstützte Erwerbslose, sogenannte Notstandsarbeiter, mit der Anlage des Inneren Grüngürtels beginnen; 1925 war der Innere Grüngürtel mit Baum-, Strauch- und Blumenpflanzungen, Wiesen-, Spiel- und Sportflächen, Wasseranlagen und Ruheplätzen nutzbar. Das gestalterische Zentrum bildete der Aachener Weiher – im Volksmund damals auch „Adenauer sing Badebütt" benannt.

Adenauer wollte Schumacher für Kölns Stadtentwicklung gewinnen. Obwohl Schumacher gleich beim Wettbewerbsbeginn äußerte, dass für ihn als Hamburger Baudirektor keine weitere Tätigkeit für Köln in Frage käme, hatte er, wie er es ausdrückte, „nicht mit der Zähigkeit gerechnet, mit der dieser Mann ein einmal gestecktes Ziel verfolgte". Nach mehrmaligen vertieften Diskussionen mit Adenauer über Köln, so schrieb Schumacher in seinen „Stufen des Lebens", „opferte er [Adenauer] einen Nachmittag zu einem Ausflug ins Siebengebirge, um alle seine diplomatischen Künste auf mich loszulassen – aber ich überstand diese Qual, und der Pakt auf drei Jahre wurde abgemacht." Schumacher wurde am 20. Mai 1920 zum Beigeordneten, als Dezernent für Bauwesen, gewählt und übte dieses Amt vom 1. August 1920 bis zum 1. August 1923 aus. Er begleitete somit in dieser Zeit alle Stadtbaufragen Adenauers.

Die Umgestaltung des äußeren Festungsrings stellte sich als besonders kompliziert heraus. Die Stadtverordneten stimmten schon am 3. Dezember 1919 für eine Enteignung dieses Rayons. Das Rayongesetz, die Erlaubnis zur Enteignung dieses Gebietes für Grünanlagen, konnte dann am 27. April 1920 von der Nationalversammlung verabschiedet werden.

Mit der im Versailler Vertrag festgelegten Bestimmung, alle Festungswerke zu beseitigen, war Adenauer zudem nicht einverstanden. Es ging weniger um die jüngeren und kleineren 115 Zwischenfeldbauten, die zügig seit Anfang der 1920er Jahre gesprengt und dann übererdet wurden. Adenauer lag am Erhalt der Kehlkasernen von Forts und Zwischenwerken, um diese für soziale Zwecke im Grüngürtel zu nutzen. Zudem forderte er, vermutlich in Abstimmung mit dem Gartendirektor Fritz Encke, bei der Schleifung nicht alle Höhenunterschiede auszugleichen, damit eine abwechslungsreiche Umgestaltung mit unebenem Gelände möglich würde. Der Erhalt der Baumbestände war sein weiteres Anliegen. Adenauer reichte im November 1920 eine Schrift mit den genauen Vorstellungen der Stadt ein. Er schaltete seinen Bekannten, den AEG-Direktor Hamspohn ein, der Verbindung zu Arnaud, dem technischen Berater an der französischen Botschaft in Berlin hatte, und der wiederum den Kontakt zu dem die Durchführung kontrollierenden Vorsitzenden der Interalliierten Kontrollkommission General Charles Nollet herstellte. Allerdings half dies wenig. Erst als Adenauer die Briten für seine Gedanken gewinnen konnte, schaffte er es, sein Vorhaben in etwa durchzusetzen. Front- und Kehlkasernen durften erhalten bleiben unter der Bedingung, dass ein Teil der Deckenverstärkung abgetragen

würde. Zudem wurde ein begrenzter Erhalt von einigen Grabenmauern und Angaben zu Höhendifferenzen festgelegt.
Adenauer verhandelte gleichzeitig mit dem Reichsschatzministerium als dem Besitzer der Festungswerke über die Übereignung des fiskalischen Besitzes, um die Flächen der Festungswerke zu dem geringeren Kaufwert von 1914 zu erwerben und ebenfalls um deren Schleifungen unter Berücksichtigung städtischer Planungen. Der Vertrag wurde am 10. Februar 1921 geschlossen.
Im Linksrheinischen erfolgte die Teilschleifung der Zwischenwerke bis Dezember 1921 und der Forts bis November 1922. Im Jahr 1923 legten auch hier Notstandsarbeiter nach den Plänen von Encke Grünanlagen für verschiedenartigste Bedürfnisse der Kölner an: kleine Parks mit Schmuck- und Spielplätzen, „Luft- und Lichtbädern", „Freiluftschulen", Gartenarbeitsstätten, Sportplätzen, Bereiche mit einem Wasserbad oder einem Theater und natürlich auch Ruheplätze. Allen Anlagen auf den Festungswerken gemeinsam war die Nachzeichnung der ehemaligen Umrisse durch die erhaltenen Robinien auf den Glacis.
Mit der Ausgestaltung dieser einzelnen Höhepunkte im Äußeren Grüngürtel war nur ein Anfang gemacht. Schwierig gestaltete sich der Erwerb des eigentlichen Geländes bzw. die Auseinandersetzung mit den Grundstücksbesitzern, die sich zu einem Rayonverein zusammengeschlossen hatten. 1.500 Eigentümer wehrten sich und drohten u. a. mit der Einstellung der Milchlieferungen. Die Überzeugungskraft Adenauers und seiner Helfer, sich auf den Grundstückstausch mit außerhalb des Rayons gelegenen Gelände oder einem Ankauf einzulassen, wirkte dann allerdings relativ zügig.
Zwischen November 1921 und September 1923 entstand der erste Teil des Äußeren Grüngürtels nach dem Entwurf von Encke mit dem Stadion, dem Adenauerweiher und dem steil ansteigenden, im Volksmund als „großer Konrad" bezeichneten Hügel. Bis Anfang der 1930er Jahre erstellten 4.000 Notstandsarbeiter nach dem Entwurf von Theodor Nußbaum die süd- und südwestlichen Teile mit Gewässern, Erhöhungen und vor allem weiten Wiesen, Baumpflanzungen, Sportplätzen und Wegen sowie ähnliche Partien im Rechtsrheinischen.
Die Vorgaben Schumachers für den Äußeren Grüngürtel blieben im Gegensatz zu den detaillierten Angaben zum Inneren Grüngürtel allgemein gefasst. In gleicher Weise fügte er die die Grüngürtel verbindenden Radialen, bestehend aus vorhandenen und neuen Anlagen, in seinen Generalsiedlungsplan ein. Dieser

Gartenbaudirektor Fritz Encke; Fotografie (RBA)

Entwurf legte die Flächennutzungen fest. In diesem Plan, wir nennen ihn heute Flächennutzungsplan – den ersten für eine Großstadt in Mitteleuropa – spielten die Grünanlagen eine wesentliche Rolle. Sie gliederten die Stadt, ergaben ein Belüftungssystem und enthielten verbindende Wanderwege. Die besondere überregionale Bedeutung dieses Plans war seine Anpassung an die allgemeine Siedlungsentwicklung und dass er erstmals zu großen Teilen umgesetzt werden konnte, nicht zuletzt auf Grund zweckmäßiger gesetzgeberischer Vorkehrungen.
Kurzum: Adenauer schaffte es, seinen sich selbst gestellten sozialen Auftrag in einer problembelasteten Zeit zu verwirklichen, d. h. Köln frische Luft und Grün zu sichern, also sein Ziel „auf dem Gebiete der Grünflächen unbedingt etwas ganz Großes und Durchgreifendes"[2] zu erreichen.

Quellen und Literatur:

1 Adenauer, in: Jung-Köln, 9. Jg. 1920–21, S. 73.
2 Adenauer, in: Kommunalpolitische Blätter, Jg. 21, H. 1, 1930, S. 12.

Doppel-Nummer 12/13 **Fest-Zeitung** August/September 1928

14. Deutsches Turnfest Köln 1928

„Der Sieger"

Bei vielen Sportveranstaltungen wurden die Gewinner mit Eichenlaub bekrönt, das schon in der Antike als Ausdruck von Macht und Größe galt. Das Titelblatt der Festzeitung zum 14. Deutschen Turnfest zeigt ein Gemälde des Dresdener Malers Wilhelm Precht (KSM)

„DER ARZT AM KRANKEN-BETTE DER NATION"[1]

Sport in Köln – Adenauers Sportpolitik in den 1920er Jahren

Sascha Pries

Der verlorene Krieg war für viele Deutsche mehr als nur eine schmachvolle Niederlage: Parallel zu den hunderttausenden „Kriegsbeschädigten" (wie die körperlich oder seelisch verletzten Soldaten euphemistisch genannt wurden) wurde dem gesamten „Volkskörper" eine Verwundung attestiert, die geheilt werden müsse. Denn „[m]it den zitternden, deformierten Körpern der Veteranen, die in der Nachkriegszeit das Straßenbild der Großstädte prägten, schien der Krieg kein Ende zu nehmen."[2]

Waren Sport und Leibesübungen zuvor Mittel zur Stärkung der Kampfeskraft des Volkes, so sollten sie nach dem Krieg auch zur Genesung eines nationalen Traumas beitragen. Konrad Adenauer, der selbst aus gesundheitlichen Gründen nie hatte ‚dienen' müssen, reagierte schon 1919 auf die eingeschränkte Wehrpflicht und forderte: „Wir müssen Spiel und Sport in Zukunft besonders pflegen [...]. Die Stärkung durch die militärische Dienstzeit fällt in Zukunft fort; wir müssen dafür Ersatz schaffen."[3] Anders als nach 1945 mussten nicht Städte wiederaufgebaut werden, sondern ein zerstört geglaubter „Volkskörper".

Jedoch gab es neben der häufig brachialen und nationalistisch aufgeladenen Rhetorik auch viele moderne Momente, die sich in den 1920er Jahren im und durch den Sport entwickelten: So veränderten sich Körperideale und Rollenbilder von Männern und inbesondere Frauen. Ausgehend von Überlegungen des Deutschen Reichsausschuss für Leibesübungen (er forderte 3 Quadratmeter Sportplatzfläche je Einwohner, Turnunterricht in den Schulen und eine Verbesserung der Sportlehrerausbildung) begannen vor allem die Städte[4] und insbesondere Köln mit dem Ausbau der Infrastruktur.

Sportpolitik und Infrastruktur

Schon ein halbes Jahr nach Kriegsende wurde das Städtische Amt für Jugendpflege und Leibesübungen eingerichtet, das wenig später auch eine Unterabteilung für Turnen, Sport und Spiel erhielt. Die Aufgaben des Amtes lagen im Kontakt zu den zahlreichen Vereinen und vor allem dem Ausbau der kommunalen Sportplätze und -hallen. Die Stadt verstand die Sportförderung als „vaterländische Notwendigkeit", die dem „allgemeinen Sittenverfall" entgegenwirken und den „Gemeinschaftssinn" stärken sollte.[5]

Schon zwei Jahre nach der Gründung des Amtes folgte der Paukenschlag: In Köln sollte der größte Sportpark in Deutschland entstehen, mit großem Stadion (80.000 Plätze), mehreren Sportplätzen, Radrenn- und Schwimmbahnen, in dem auch große Sportfeste stattfinden konnten. Konrad Adenauer war ein großer Fürstreiter des Projektes, das jedoch auch aus den eigenen Reihen Kritik erhielt: Anstelle des zentralen Stadions sollten mehrere Spiel- und Sportstätten im gesamten Stadtgebiet errichtet werden, die dann von den Sportlerinnen und Sportlern besser zu erreichen wären. Die Kommunisten forderten, das Geld für die Errichtung von Arbeiterwohnungen zu nutzen.

Letztlich setzte sich Adenauer mit seinem Leuchtturm-Projekt durch. Nicht zuletzt auch mit dem Argument, dass mit dem Bau 15.000 Arbeiter beschäftigt werden konnten. Die wirtschaftliche Krise der frühen 1920er Jahre sorgte für eine große Zahl Erwerbsloser, die auf Unterstützung angewiesen waren. 1921 wurden noch rund 6.600 Personen von der städtischen

Der Sportpark in Müngerdorf mit dem Stadion, Ost- und Westkampfbahn, Radrennbahn und den großen Freiflächen im Jahr 1928. Die Zeltstadt am rechten Bildrand wurde eigens für das Deutsche Turnfest aufgebaut; Fotografie (Stadtkonservator Köln)

Wohlfahrt unterstützt, im Folgejahr waren es bereits 13.600 und der Höchststand betrug über 36.000 im Jahr 1924.[6] Die Inflation machte den Vereinen, aber vor allem den Jugendlichen das sportliche Leben schwer: Im August 1923 kostete ein Fußball rund zehn Millionen Mark und der Stadt-Anzeiger fragte suggestiv: „welcher Vater kann denn seinen zwei oder drei Jungen zwei Drittel bis eine Million Fahrgeld für die Elektrische geben", um zum Sportplatz zu fahren.[7]
Mit dem Bau des Stadions konnte Adenauer also zwei Fliegen mit einer Klappe schlagen. Der Beschluss dafür fiel im September 1921, nur zwei Jahre später war die riesige Anlage in Müngersdorf fertig. Das geplante Budget von 15,4 Millionen Mark wurde durch Anleihen zweimal (um 7,5 und 24,5 Millionen Mark) erhöht. Die starke Inflation und die anschließende Währungsreform im November 1923 führten jedoch dazu, dass ein großer Teil der Schulden, die für das Stadion aufgenommen worden waren, einfach gestrichen wurden.
Bei seiner Weiherede bezeichnete Adenauer das Stadion als „Hochschule der Volkserziehung" für „Kölner Jugend, Mann und Frau", in der „Gemeinschaftsgeist und auf freiem Willen beruhenden Disziplin" gelehrt werden sollten, damit die Deutschen wieder ein „großes Volk" würden.[8]
Überhaupt ging es Adenauer wie vielen anderen Politikern und Sportfunktionären der Zeit nicht in erster Linie um den Sport als Freizeitvergnügen. Ein wichtiges Argument für die Sportförderung war stets die Verbesserung der gesundheitlichen Situation des Volkes und die Einsparpotenziale im Bereich der „Hospitalkosten und Wohlfahrtsausgaben"[9]. Adenauer war 1930 „der Überzeugung , dass das Stadion, das wir gebaut haben, uns schon Hunderte von Krankenbetten gespart hat."[10]

Das „Kölner Tenniswunder" Cilly Aussem kurz nach ihrem Erfolg in Wimbledon; Ölgemälde von Leo von König, 1932 (KTHC Stadion Rot-Weiß e.V.)

Sportliche Massenspektakel in Köln

Der Sport hatte neben dieser gesundheitlichen noch weitere Funktionen: Bei internationalen Wettkämpfen sollten die Sportler ihre Nation würdig vertreten und damit die Leistungsfähigkeit der Deutschen demonstrieren, was durch den Versailler Vertrag politisch kaum noch und militärisch überhaupt nicht mehr möglich war. Man erhoffte sich durch die internationale Aufmerksamkeit auch besseren Zugang bei politischen und wirtschaftlichen Fragen[11]. Doch Deutschland war von den Olympischen Spielen 1920 und 1924 ausgeschlossen. Die ‚Deutschen Kampfspiele' fanden seit 1922 in bewusst nationalistischer Abgrenzung zur internationalen Olympiade statt: Eingeladen waren alle, die „deutsch denken"[12], in- und außerhalb der Reichsgrenzen. Zweiter Austragungsort im Juli 1926 war das Kölner Stadion und die vom „starken Willen des Oberbürgermeisters" getragenen Spiele sollten „das deutsche Volksfest zur Befreiung der nördlichen Zone des Rheinlands" werden.[13] Die Britischen Besatzer waren im Januar 1926 abgezogen.

Werbepostkarte des 14. Deutschen Turnfestes. Die vorderste Fahne zeigt das Turnerkreuz. Das Symbol der Deutschen Turnerschaft steht für den Wahlspruch „frisch, fromm, fröhlich, frei"; Farblithografie, 1928 (KSM)

Das neue Stadion machte Köln zu einer Stadt, in der sportliche Massenveranstaltungen abgehalten werden konnten. Auch diese Rechnung Konrad Adenauers ging auf: Neben den Kampfspielen gab es z. B. die *Vaterländischen Festspiele*, die schon 1899 erstmals im Kölner Stadtwald und nach dem Ersten Weltkrieg auf den Poller Wiesen stattfanden. Besonders groß wurde das Fest für Amateur- und Jugendsport im Jahr 1924 (zum 25. Jahrestag) inszeniert, natürlich im neuen Sportpark in Müngersdorf.

Auch die Turnerschaft nutzte die neuen Anlagen in Köln: Im Juli 1928 fand dort das 14. Deutsche Turnfest statt. Es war mit rund 300.000 aktiven Teilnehmern eine der größten Veranstaltungen dieser Art seit Mitte des 19. Jahrhunderts.[14] Die Turnerinnen und Turner wollten in Köln „stärker als je unser Deutschtum bekennen"[15] und Konrad Adenauer versprach: „An den Ufern des heiligen Stromes, aus dem Boden dieser alten deutschen Stadt werden die deutschen Turner neue Kraft schöpfen zu ihrer Arbeit für das deutsche Volk."[16] Das Turnen oder Sporttreiben galt in dieser Zeit vielen nicht nur als persönliches Hobby, sondern als Arbeit am Allgemeinwohl im Sinne eines als Organismus verstandenen Volkes.

Doch auch Abseits des großen Stadions wurde Sport getrieben: In einer Maschinenhalle auf dem ehemaligen Helios-Gelände in Ehrenfeld wurde 1928 die *Rheinlandhalle* eröffnet. Neben Fahrradrennen und Boxen gab es dort Anfang September 1929 einen für

Zum Abschluss des 14. Deutschen Turnfestes marschierten am 27. Juni 1928 30.000 SportlerInnen von der Innenstadt ins Stadion; Fotografie (StBKAH)

Köln neuen Sport zu sehen: Eishockey. In Berlin bereits präsentiert und hochgelobt, war das aus Kanada ‚importierte' Eishockey „einer der populärsten Sports"[17]. Die Halle wurde jedoch auch für politische Veranstaltungen genutzt: 1930 hatte Adolf Hitler hier vor tausenden Zuschauern seinen ersten Auftritt in Köln.

Kölner Vereine und ihre Stars

Die große Popularität des Sports sorgte auch dafür, dass immer mehr Sportlerinnen und Sportler zu bekannten und gefeierten Stars wurden. Auch in Köln brachten die zahlreichen Sportvereine Frauen und Männer hervor, die mit ihren sportlichen Leistungen die Massen begeisterten. So z. B. die Kölner Schwimmvereine: Ernst Vierkötter vom *SC Poseidon* durchquerte 1926 den Ärmelkanal von Calais nach Dover in einer Rekordzeit von 12 Stunden und 35 Minuten. Und Ernst Derichs vom *SSC Sparta* war der erste Deutsche, der die 100 Meter in unter einer Minute schwamm. Zwischen 1929 und 1931 gewann er die deutschen Schwimmmeisterschaften.

Köln war schon seit Ende des 19. Jahrhunderts eine Fahrrad-Hochburg. Die hier ansässigen Hersteller (z. B. Cito oder KLM) unterhielten Rennställe, deren Fahrer in ganz Europa bekannt wurden. Nach dem Krieg wurde schnell an frühere Gewohnheiten angeknüpft: Berühmt wurde in den 1920er Jahren die *Kölner Fliegerschule* zu der u. a. Hans Zims, Paul Oszmella und Jean Schorn gehörten. 1927 fand auf der Müngersdorfer Radrennbahn – der „schnellsten Piste Europas"[18] – zum zweiten Mal die Weltmeisterschaft statt, bei der der Kölner Amateurfahrer Matthias Engel den 1000-Meter-Sprint gewann.
Die vielen Sportler in Köln hatten natürlich auch ihre Treffpunkte und Stammkneipen. Das Restaurant *Zur Glocke* hat noch heute als Künstlertreff einen Namen. Weniger bekannt ist, dass die Künstler sich dort an der Theke mit Kölns Sportgrößen (z. B. auch Schwimmer Ernst Derichs) trafen. Die Künstler nahmen regen Anteil an den sportlichen Errungenschaften ihrer Kneipen-Kumpane „und wohl nirgendwo hat man sich so ehrlich und herzlich gefreut über den Europameisterschaftserfolg des Stammgastes Hein Domgörgen wie gerade hier."[19] Die *Filmschenke* auf der Hohe Straße soll sich Ende der 1920er Jahre unter Besitzer Otto

Auf den Wiesen südlich und nördlich des Stadions wurden die großen Freiübungen mit zehntausenden TeilnehmerInnen abgehalten. Im Hintergrund ist das im Juli 1928 während des Turnfestes eingeweihte Denkmal zu Ehren Turnvater Friedrich Jahns zu sehen; Fotografie (KSM)

Weichhardt in ein „Sportmuseum und Raritätenkabinett"[20] verwandelt haben.
Ein Titelblatt der in Köln verlegten Zeitschrift *Rheinische Hausfrau* von 1919 zeigt drei Tennis-Spielerinen. Dies war kein Versuch der Macher, die sportliche Betätigung von Frauen prominent hervorzuheben. Vielmehr diente das Bild der Bewerbung von Schnittmustern für Sportkleidung. Die „Sportifikation"[21] des Lebens in den 1920er Jahren zeigte sich besonders sinnfällig in der funktionalen Frauenkleidung, die einen größeren Bewegunsspielraum zuließ. Anders gesagt: Es wurde nicht mehr versucht, den Körper durch die Kleidung (Korsett, Reifröcke usw.), sondern durch dessen selbstbestimmte Benutzung zu formen. Der Sport hatte in diesem Zusammenhang durchaus eine ermächtigende Komponente und war eng mit dem modernen Bild der Frau verwoben. Bei den großen öffentlichen Sportveranstaltungen wie den Vaterländischen Festspielen und Turnfesten waren die wettkampforientierten Sportarten wie Fahrradrennen, Fechten, Schwimmen und Rudern, meist jedoch den Männern vorbehalten. Für die Frauen waren Turnen und Wettläufe vorgesehen. Dass vorausgesetzt wurde, dass sich die (Haus-)Frauen ihre Sportkleidung selbst schneiderten, mag als Hinweis auf die Widersprüchlichkeiten der sich verändernden Rollenzuschreibungen der 1920er Jahre dienen.
Doch konnten nun zunehmend auch Frauen bei Wettkämpfen Weltruhm erlangen, besonders in elitären Sportarten: Die Tennisspielerin Cilly Aussem von *Rot-Weiß Köln* nutzte ihre neuen Möglichkeiten. Den ersten Titel gewann sie schon 1923 mit 14 Jahren, vier Jahre später wurde sie deutsche Meisterin. Es folgten einige Rückschläge, jedoch schaffte Aussem 1930 den Sprung auf Platz zwei der Weltrangliste. Nur ein Jahr später gewann das „neue deutsche Tenniswunder"[22] in Wimbledon.
Und die Frauen traten auch als Funktionärinnen in Erscheinung. Im Ersten Weltkrieg waren sie es, die den Spielbetrieb aufrechterhielten, danach beteiligten sie sich selbstverständlich weiterhin in den Vereinen. Wilhelmine Wallpott (1903–1992) wurde 1922 Vorstand des Turn-Vereins Ehrenfeld (TVE) und damit eine der ersten Frauen in einer solchen Funktion.[23] 1926 übernahm sie als Frauenturnwartin die Trainingsleitung der Turnerinnen.

„Die Schwimmerin von Köln" aus der Folge „Deutsche Belange". Die unbekannte Schwimmerin steht mit Schwimmanzug und Pokal auf der Hängebrücke, im Hintergrund der Kölner Dom; Federzeichnung auf Papier von Karl Hubbuch, 1932/1933 (Freunde der Art Cologne e.V.)

Adenauer und der moderne Sport

Der Sport wirkte in den 1920er Jahren auf vielen Ebenen modernisierend: Er förderte den friedlichen internationalen Austausch und sorgte für eine stärkere (körperliche) Selbstbestimmung von Frauen, aber auch Männern. Gleichzeitig lebten im Sport traditionelle militaristische, völkische und sexistische Überzeugungen aus der Zeit vor dem Ersten Weltkrieg fort. So diente der Sport weiterhin als Projektionsfläche für die vom Militarismus des Kaiserreichs durchdrungene Gesellschaft, die quasimilitärischen Massenveranstaltungen standen häufig unter streng nationalistischen Vorzeichen und viele Sportarten blieben für Frauen kaum zugänglich.

Die Sportförderung erhielt oftmals eine politische Ausrichtung: Sie galt Politikern wie Adenauer nicht als Selbstzweck, sondern diente einem klaren sozialen, wirtschaftlichen und „biopolitischen Verwertungsinteresse"[24]: allgemeine Gesundheit, Einsparungen bei den Krankenkosten, Ersatz der Wehrpflicht, Kindeserziehung, Arbeitsbeschaffung etc. Adenauer erkannte zudem früh die große Massenwirkung des Sportes und verfolgte daher eine Politik des großen Wurfs. Das Kölner Stadion war dabei nur ein erster Schritt. Es folgte die Kölner Bewerbung um die Olympischen Spiele 1936, die Adenauer nur zugunsten eines geschlossenen Auftretens Deutschlands zurückzog. Die Planungen zum Bau einer großen Motorrennstrecke im Kölner Norden, die er gemeinsam mit dem Kölner Kino-Unternehmer und ADAC-Funktionär Paul Jockel vorantrieb,[25] blieben zwar erfolglos. Stattdessen wurde mit Adenauers Unterstützung 1927 der Nürburgring eröffnet, bei dessen Bau wie schon beim Kölner Stadion zahlreiche Arbeitslose eingesetzt wurden. Die Stadt Köln beteiligte sich an den Baukosten.[26]

Konrad Adenauer war kein Sportpolitiker, der seine Motivation aus der Begeisterung für die Sache schöpfte. Sein persönliches Engagement ging nicht über die Mitgliedschaft im Tennisverein *Pudelnaß* hinaus. Doch auch wenn es aus pragmatischen Gründen geschah: Wie in vielen anderen Bereichen hatte Adenauer beim Sport die Zeichen der Zeit erkannt und förderte dessen Entwicklung auf allen Ebenen. „Grünflächenpolititk ist Politik auf lange Sicht"[27], schrieb Adenauer 1930. Der von ihm in seit 1917 angeregte Bau von Sportplätzen und Spielflächen kommt noch heute zehntausenden Kölnerinnen und Kölnern zu gute.

Quellen und Literatur

1 Lewald, S. 37.
2 Hans-Georg Hofer: Rezension zu: Wolfgang U. Eckart: Medizin und Krieg. Deutschland 1914–1924, Paderborn 2014, in: H-Soz-Kult, 09.03.2017, www.hsozkult.de/publicationreview/id/rezbuecher-15767, [10.03.2017].
3 Konrad Adenauer in der Stadtverordnetenversammlung, zit. nach: Petra Adenauer, S 68.
4 Lewald, S. 35.
5 HAStK, Best. 671, Nr. 1, Bl 45, zit. nach: Gabi Langen 2009, S. 17.
6 Vgl. Statistisches Jahrbuch der Stadt Köln, 14. Jahrgang. Köln 1926, S. 96.
7 Der Sport im Stadt-Anzeiger. Turnen, Sport und Spiel. Beilage des Stadt-Anzeigers für Köln und Umgebung. Nr. 69, 27. 08.1923, S. 2.
8 Langen – Deres, S. 25.
9 Zit. nach Petra Adenauer, S. 68.
10 Ebd.
11 Vgl. Lewald, S. 36.
12 Ebd., S. 26.
13 Ebd.
14 Vgl. Michael Krüger: Turnfeste als politischen Massenrituale des 19. und frühen 20. Jahrhunderts, in: Michael Krüger (Hg.): Der deutsche Sport auf dem Weg in die Moderne, S. 59–74; vgl. hier Tab. 1 auf S. 81.
15 Paul Steger: Der deutsche Gedanke in den Turnfesten der Deutschen Turnerschaft, in: Festzeitung. 14. Deutsches Turnfest Köln 1928, Nr. 1, September 1927, S. 11–13, hier S. 11.
16 Festbuch für das 14. Deutsche Turnfest, Köln 1928, S. 4.
17 Kölner Localanzeiger Nr. 439, 30.08.1919.
18 Langen 2000, S. 57.
19 Von Papa Dierse bis Otto Weichhardt. Ein Bummel durch die Kölner Sportkneipen, in: Kölner Stadtanzeiger Nr 513, 11. Oktober 1931.
20 Ebd.
21 Jörn Eiben: Rezension zu: sports / no sports, 02.09.2016 – 20.08.2017 Hamburg, in: H-Soz-Kult, 18.02.2017, www.hsozkult.de/exhibitionreview/id/rezausstellungen-262, [16.03.2017].
22 Zit. nach: Langen 2000, S. 92.
23 Vgl. Langen 1997, S. 40–43.
24 Tagungsbericht: Sport – Gesundheit – Biopolitik. Historische Perspektiven, 21.10.2016 –22.10.2016 Siegen, in: H-Soz-Kult, 09.03.2017, www.hsozkult.de/conferencereport/id/tagungsberichte-7041, [09.03.2017].
25 Kieser, S. 32.
26 Vgl. Petra Adenauer, S. 60.
27 Konrad Adenauer: Die Grünflächenpolitik der Stadt Köln, in: Die Sportstadt Köln und ihr Stadion, Köln 1930, S. 23, zit. nach: Petra Adenauer, S. 68.

Köln – Hochhaus am Hansaring; Fotografie von August Sander, 1925–1930 (KSM)

IM MANGEL GEBOREN – FÜR DIE ZUKUNFT GEBAUT

Profane Architektur in der Adenauer-Ära 1917 bis 1933 – ein Überblick

Johannes Ralf Beines

Als der Beigeordnete für das Bauwesen und Ortsvertrauensmann des Deutschen Werkbundes Carl Rehorst (1866–1919) und der Erste Beigeordnete (und ebenfalls Mitglied des Werkbundes) Konrad Adenauer 1912 die Ausrichtung der ersten Ausstellung des 1907 gegründeten Deutschen Werkbundes in Köln aushandelten, gedacht als hochkarätige Nabelschau der aktuellen künstlerischen und städtebaulich-sozialpolitischen Entwicklung aller deutschsprachigen Länder, gingen beide davon aus, dass sich die altehrwürdige Stadt in einem gelungenen Spagat zwischen der Bewahrung des überkommenen historischen Erbes und dem Anschluss an die Anforderungen eines gegenwärtigen Stadtorganismus stolz neben die Errungenschaften der übrigen Aussteller stellen kann.

Neue Straßendurchbrüche, flankiert von neuen mondänen Kaufhäusern wie Jacobi, Peters, Tietz und Palatium mit ihren noblen Natursteinfassaden, ihren behutsam sich ins überkommene Stadtbild einfügenden Dachlandschaften und ihren luxuriösen Innenausbauten lenkten geradlinig den Verkehr zur neuen Hängebrücke, die in Planung war und das rechtsrheinische Gelände, das für die Ausstellung vorgesehen war, wirkungsvoll an das linksrheinische Köln anbinden würde. Aber auch für das soziale Elend in den eng bebauten Innenstadtquartieren war man in Köln sensibel geworden. Verschiedene Wohnungsbaugesellschaften waren kurz nach 1900 gegründet worden. Eine der wichtigsten war die halbstädtische Gemeinnützige AG für Wohnungsbau, GAG, die kurz nach ihrer Gründung 1913 mit einem Wettbewerb an die Öffentlichkeit getreten war, der eine Siedlung von Eigenheimen für Minderbegüterte nach dem Vorbild der Gartenstadtbewegung außerhalb der Stadt, wo die Grundstücke noch günstig erworben werden konnten, vorsah.

Der mit großem Werbeaufwand begleiteten Eröffnung der Ausstellung folgte jedoch alsbald der tiefe Fall! Der Ausbruch des Ersten Weltkrieges ließ alle hochfliegenden architektonischen Pläne einfrieren.

Rigide Anordnungen der Reichskriegsbewirtschaftungsstelle (vom 20. und 30. Oktober 1916), kriegsbedingte Verknappung und nachfolgende astronomische Kostensteigerungen für die wenigen noch zur Verfügung stehenden Baumaterialien, Knappheit an frei verfügbaren Geldern und die Einberufungen von Künstlern, Architekten und Facharbeitern, die nun in der Armee vielfach mit dem Entwurf und dem Ausbau von Soldatenfriedhöfen an der Ost- und Westfront beschäftigt waren, führten letztendlich dazu, dass die Verknappung von Wohnraum – bereits vor 1914 in der eingeschnürten Festungsstadt Köln ein Problem – bis zum Kriegsende 1918 dramatische Formen annahm. Zusätzlich wurde die Situation noch durch den Zuzug aus den Grenzgebieten, die nach dem Ende des Krieges vom Deutschen Reich an die Nachbarstaaten abgetreten werde mussten, verschlimmert sowie auch durch den Zwang, ab Dezember des Jahres für die britischen Besatzungstruppen Wohnraum schaffen zu müssen, der ohne Rücksicht auf den vorhandenen baulichen Bestand in der Stadt nach Gutdünken gefordert und schließlich in Neustadt/Nord (1920/27), Bayenthal (1920/26) und Riehl (1920/26) mit Siedlungskomplexen realisiert wurde.

Die so entstandene katastrophale Lage ließ das Organisationstalent Adenauer jedoch nicht verzweifeln,

Modell der Siedlung Köln-Bickendorf I im Dreieck zwischen Grüner Brunnenweg, Sandweg und Akazienweg; Fotografie von Werner Mantz, 1925 (Museum Ludwig)

vielmehr zeigte er sich gewillt, mit allen ihm und seiner Stadtverwaltung zur Verfügung stehenden Kräften der Situation in Köln – durch Ankurbelung der Bautätigkeit auf mehreren Ebenen – Paroli zu bieten. Dort, wo Adenauer unmittelbar Einfluss nehmen konnte, versuchte er mit Vehemenz, seine persönliche architektonische Vorliebe durchzusetzen, einen traditionalistischen „Rheinischen Heimatstil", eine gemäßigte Moderne, wie er gemeinhin von den Heimatschutzbewegungen favorisiert wurde. Beim genossenschaftlichen und gemeinnützigen Wohnungsbau in Köln spielte diese stilistische Variante weitgehend eine tonangebende Rolle, eng angelehnt an Vorbilder der Gartenstadtbewegung, beispielsweise der Kruppschen Siedlung auf der Margarethenhöhe, in den späten 1910er bis um die Mitte der 1920er Jahre, oftmals verbunden mit expressionistischen Stilementen. Mustergültige Beispiele dieser Baugesinnung liefern u. a. *Bickendorf I* von Caspar Maria Grod und Wilhelm Riphahn (Fertigstellung 1920), *Siedlung am Klausenberg* in Brück von Alfred Stooss (1921/26), *Bickendorf II* (ab 1922) und *Grüner Hof* in Mauenheim (1922/24), beide von Riphahn. Die Siedlungskomplexe *Märchensiedlung* in Holweide, *Siedlung am Südfriedhof* in Zollstock, *Bickendorf III*, *Germaniasiedlung* in Höhenberg und die *Naumannsiedlung* in Riehl (1919/29) wurden von mehreren privaten Architekten in einem Konsortium konzipiert und sind trotz ausgeprägter individueller Ausstrahlung der Einzelbauten von geschlossener Gesamtwirkung. Auch im Bereich des privaten Bauwesens finden sich Beispiele mit traditionsorientierten architektonischen Elementen, bisweilen gar mit bewussten Zitaten Altkölner Bauweise, so z. B. das Verwaltungsgebäude *Haus Neuerburg* von Emil Felix (1921/29), das den kleinen Gülichplatz mit dem Fastnachtsbrunnen durch eine scheinbar kleingliedrige „Wohnhausgruppe" mit traditionellem „Geschlechterturm" einrahmt, und das Juwelierhaus Goldschmidt (1927/28) von Paul Bonatz, eine freizügige Neuinterpretation des Altkölner Wohnhauses als Prototyp und vorbildlich für die Neubauten im späteren Sanierungsgebiet des Martinsviertels.

Die Aufbruchsstimmung der jungen Weimarer Republik signalisiert vor allem der Expressionismus, der sich in der Zeit häufiger mit Zitaten in Fassadengestaltungen findet, für dessen konsequente Verwendung das Innere der Großen Versammlungshalle in der Kölner Messe von Hans Verbeek und Hans Pieper (1922/24), die *Bastei* von Wilhelm Riphahn (1924) und das *Hansahochhaus* (1924/25) von Ja-

Wohnblock in der Siedlung Köln-Höhenberg; Fotografie von Werner Mantz, um 1929 (Museum Ludwig)

cob Koerfer stehen mögen. Das letztere war seinerzeit eine technische Superlative: Es war das höchste Hochhaus Europas und von der Genehmigung durch die Baupolizei (von Adenauer persönlich beschleunigt) bis zum Bezug in der atemberaubend kurzen Zeit von nur 135 Tagen fertiggestellt. Den Architekten Riphahn und Grod gelang es ab 1926, mit zwei Großprojekten im Kölner Siedlungsbau bis heute vielbeachtete Inkunabeln des international ausgerichteten *Neuen Bauens* zu schaffen: mit dem *Blauen Hof* und der *Weißen Stadt* in Buchforst mit horizontal gegliederten Fensterbändern, vorwiegend weißen Putzflächen und Flachdächern.
Absolute Vorrangstellung besitzt im Kreis der Privatarchitekten in den Bereichen der Geschäfts- und Wohnhäuser die deutliche Orientierung am Vorbild des „Neuen Bauens" bzw. des Bauhauses und seines Umfeldes; genannt seien in diesem Zusammenhang die Projekte des *Dischhauses* (1928/30) in der Brückenstraße mit seiner kühn geschwungenen Fassade von Bruno Paul und Franz Weber, der Umbau des Geschäftshauses Gustav Carl Lehmann (1928) am Hohenzollernring mit der geradezu minimalistisch gestalteten Teakholzfassade, interessanterweise ausgeführt von dem ansonsten eher konservativen Kölner Einrichtungshaus Pallenberg, der Wohngruppe mit eigenem Haus (1928/29) in Klettenberg von Riphahn & Grod, dem *Ringhaus* mit *Ufa-Palast* (1931) am Hohenzollernring von Riphahn & Grod und dem Haus Böhm (1931/32) von dem Kirchenarchitekten und Dozenten der Kölner Werkschule Dominikus Böhm.
Überliefert ist freilich, dass Adenauer über den Durchbruch speziell dieser Varietät der Moderne im Bereich des Bauwesens weniger glücklich war, so wie er auch „gewagten Experimenten" bei den plastischen Künsten entsprechend skeptisch gegenüberstand.
Im Rahmen des städtischen Hochbauwesens garantierte Adenauer die Umsetzung seiner Vorstellungen mit

Wilhelm Riphahn vor Häusern der Siedlung Köln-Kalkerfeld; Fotografie von Werner Mantz, um 1929 (Museum Ludwig)

Die Bastei mit Rhein-Panorama; Fotografie, um 1930 (KSM)

der Wahl der Baudezernenten, zunächst ab Dezember 1920 Fritz Schumacher aus Hamburg und ab 1. Juni 1925 Adolf Abel, zuvor Assistent bei Paul Bonatz, dem wohl bedeutendsten Vertreter der *Stuttgarter Schule*. Schumachers Aktivitäten beschränkten sich infolge des Höhepunktes der Inflation auf Planungen. Abels Bauten zeigen sich in moderater Moderne, darauf angelegt, sich behutsam ins Stadtbild „einzuschleifen", rheinische Anmutung erhielten sie durch Fassadenverkleidungen in Backstein oder Naturstein. Zu den mutigen, ja angesichts der desaströsen Haushaltslage geradezu wahnwitzigen Projekten, die Adenauer oft gegen erhebliche Widerstände bei den politischen Gegnern durchsetzte und zeitweise gar parallel umsetzen ließ, gehörten neben dem Ausbau des Inneren und Äußeren Grüngürtels der ambitionierte Ausbau der Messe in zwei Schüben (1922/24) sowie der gigantische Um- und Ausbau des Müngersdorfer Stadions mit neuem monumentalem Eingangsbereich (1926) und imposantem *Jahn-Denkmal* (1928). Außerdem das ambitionierte Projekt der Mülheimer Hängebrücke (1927/29), der Neubau zahlreicher Bauten für die 1919 von Adenauer initiierte Universität und schließ-

Siedlung Köln-Kalkerfeld; Fotomontage, Fotografie von Werner Mantz, um 1927/1928 (Museum Ludwig)

lich die damals deutschlandweit wegweisende Umnutzung einer ehemaligen Pionierkaserne, bestehend aus 54 Gebäuden, in eine dreigliedrige Alteneinrichtung mit den Bereichen Wohnstift, Pflege- und Versorgungsheim nach modernsten amerikanischen Vorgaben in großzügiger Grünanlage (1926/34), eingebracht von der durch Adenauer 1923 angeworbenen Leiterin des Wohlfahrtsamtes Hertha Kraus. Seine Initiative zur Sanierung des besonders im Verlaufe des späten 19. Jahrhunderts stark heruntergekommenen Martinsviertels führte innerhalb seiner Verwaltung immerhin zu detaillierten Vorbereitungsarbeiten (1927/32) und zur Bewilligung eines Zuschusses durch das Reich (1932), zur konkreten Umsetzung kam es in seiner Ära nicht mehr.

Nationalsozialistische Vereinnahmungsversuche, nachfolgende Kriegszerstörungen und mangelnde Weitsicht und Sensibilität leider allzu vieler Entscheidungsträger in Politik und Verwaltung (bis heute) haben zwar zu bedauerlichen Substanzverlusten im hochbedeutenden Erbe Adenauers in Köln geführt, doch ist immer noch weitaus mehr als nur Leitlinien auch seiner Baupolitik im Weichbild der Stadt nachvollziehbar und deren Erhalt und Pflege bleibt auch für die späteren Generationen Verpflichtung.

Quellen und Literatur

Hagspiel; Heinen – Pfeffer, S. 91–266; Schlungbaum-Stehr.

Entwurf der Kostümklasse der Kölner Werkschulen: Braut–Bräutigam; aquarellierte Zeichnung von Geiger, 1932 (KSM)

NEUE FORMEN FÜR NEUE ZEITEN?

Die Kölner Werkschulen in der Ära Adenauer

Jennifer Kirchhoff

Design als Wirtschaftsfaktor – so hätte das Credo von Oberbürgermeister Konrad Adenauer lauten können, als unter seiner Führung 1920 die Vergrößerung der Kölner *Kunstgewerbe- und Handwerkerschule* beschlossen und Ende 1925 Richard Riemerschmid zu ihrem Direktor berufen wurde. Zwar sprach man damals noch von Kunstgewerbe und nicht von Design. Doch eine neue, zeitgemäße Gestaltung der dinglichen Welt war nach dem Ersten Weltkrieg eine von vielen Seiten geäußerte Forderung. Die Künstler wollten hierdurch einen moralischen und ästhetischen Beitrag zum Aufbau einer neuen Gesellschaft leisten. Die Politik hatte vor allem wirtschaftliche Interessen im Blick. Der Fokus richtete sich auf den gestaltenden Nachwuchs – so auch in Köln auf die städtische *Kunstgewerbe- und Handwerkerschule*, 1926 in *Kölner Werkschulen* umbenannt.

Die rückblickende Verortung dieser Institution im Kölner Kulturleben ist geprägt von Widersprüchen: Mal allenfalls Randnotiz, mal verklärt zum Triebwerk einer vermeintlichen Avantgarde. Dabei hat der Kunsthistoriker Rüdiger Joppien 1982 eine quellenbasierte Einordnung der Schulentwicklung von 1920 bis 1933 vorgenommen. Seitdem scheint sie aus dem Blickfeld von Forschung und Öffentlichkeit geraten.[1] Nicht zuletzt wegen der nach bisherigem Kenntnisstand eher geringen Anzahl dokumentierter oder noch erhaltener Schülerarbeiten.

Die Anfänge der Schule gehen auf das Jahr 1879 zurück, als bei St. Kolumba die *Gewerblichen Fachschulen der Stadt Köln* mit einer kunstgewerblichen Abteilung gegründet wurden. Allerdings ging es hier in erster Linie um das zeichnerische Kopieren gängiger Dekorationsmotive. Nach dem Umzug als eigenständige *Kunstgewerbe- und Handwerkerschule* in das ehemalige Alexianerkloster (die heutige Wolkenburg) im Jahr 1901 blieb die Raumnot ein Hemmschuh für eine moderne Ausbildung, obwohl bekannte Künstler wie Georg Grasegger und Alexe Altenkirch als Lehrkräfte gewonnen wurden. Nach dem Ersten Weltkrieg und dem krankheitsbedingten Ausscheiden des Direktors Emil Thormählen erfolgte 1920 unter Oberbürgermeister Adenauer die Berufung von Martin Elsässer zum neuen Leiter – ein Bekenntnis zu Reformierung und Modernisierung: Als Architekt sollte Elsässer den Neubau der Schule neben der Gewerbeförderungsan-

Erweiterungsbau der Kölner Kunst- und Gewerbeschule von Martin Elsässer, 1924 eröffnet; Autotypie

Porträt von Richard Riemerschmid; Fotografie (Münchener Stadtmuseum, Sammlung Graphik/Gemälde)

Fenster aus dem Zyklus in St. Georg in Köln von Johann Thorn Prikker; Glasmalerei (Sankt Georg Köln, Diözesanzentrum)

stalt am Ubierring 40 entwerfen, mit Werkstätten und Ateliers für eine zeitgemäße Ausbildung. Anlässlich der Fertigstellung 1924 bedauerte Elsässer, dass Adenauer die Einweihung krankheitsbedingt nicht persönlich vornehmen konnte, denn „die äußeren Bedingungen zum Arbeiten sind nun dank Ihrer bisherigen tatkräftigen Unterstützung glanzvoll gegeben"[2]. Im gleichen Jahr wurde unter dem Vorsitz des Beigeordneten Konrad Löhe und unter dem Ehrenvorsitz von Adenauer die *Gesellschaft der Freunde der Kunstgewerbe- und Handwerkerschule e. V.* gegründet.
Im Neubau standen endlich die Räumlichkeiten und eine moderne technische Ausstattung für eine Reform des Schulprogramms mit einem erweiterten Unterrichtsangebot zur Verfügung: Neben den Professoren wurden Werkstattleiter und handwerklich ausgebildete Werkmeister eingestellt. Die Verwaltungsberichte formulieren den damit verbundenen Anspruch: „Am 1. Oktober 1920 übernahm Direktor Professor Elsässer aus Stuttgart die Leitung der Schule mit dem Ziel, eine Neuorganisation derselben durchzuführen. Die Schule wird auf handwerklicher Praxis aufgebaut"[3]. Hierfür schien Elsässer genau der richtige Mann zu sein. Er war Mitglied des Deutschen Werkbundes, der in Köln und auch bei Adenauer seit der legendären Ausstellung von 1914 hohes Ansehen genoss. Ziel dieser Vereinigung war die Anbindung der gewerblichen Warenproduktion an künstlerischen Anspruch, zeitgemäße Funktionalität und handwerkliche Qualität – auch durch die Ausbildung an den Kunstgewerbeschulen: Moderne und industriegerechte Formen konnten nur durch die Auseinandersetzung mit Materialien und Techniken in einem praxisnahen Unterricht entstehen, bei gleichzeitiger Förderung der künstlerischen Kreativität.
In den folgenden Jahren herrschten an der Kölner Schule Zukunftsoptimismus und ein zunehmendes Selbstbewusstsein – auch dank Adenauers Unterstüt-

Schmuckkästchen; Entwurf von Johann Thorn Prikker, ausgeführt von Albert Schulze, Intarsien-Werkstätten, Holz und Metall, Hannover um 1925 (MAKK)

Gedenkmedaille zum Tag der Freiheit 6.12.1918–1.2.1926; Entwurf von Hans Wissel, Bonze, 1926 (KSM)

Ehrenpreis der Stadt Köln (Internationale Ausstellung der Friseure); Entwurf von Ernst Riegel, Bleistift, Tusche, Aquarell und Gouache auf braunem Papier, 1932 (KSM)

zung. Sie erklärt sich weniger aus dessen persönlichem oder kulturpolitischem Interesse. In einem Zeitschriftenbeitrag äußerte er zwar die Forderung, die Technik müsse „sich als Dienerin der Kultur fühlen; denn der Geist steht über der Materie".[4] Doch in der Realität stand die Kultur bei Adenauer stets im Dienste einer modernen Wirtschafts- und Stadtentwicklung. Städtisches Gewerbe und Industrie sollten von den Absolventen der Schule profitieren und von deren Aktivitäten neue Impulse erhalten. Auf Ausstellungen präsentierte Elsässer das breite Leistungsspektrum der Schule. Seit 1925 vermittelte eine eigene Wirtschaftsstelle Aufträge von Privatpersonen, Unternehmen und der öffentlichen Hand. Die Auftraggeber sollten innovative Lösungen zu günstigen Bedingungen erhalten; die Nachwuchskünstler durften sich vom Entwurf bis zur Ausführung in der realen Arbeitswelt erproben. Hieraus gingen vor allem Einzelanfertigungen wie Kleidungsstücke oder Druckerzeugnisse für Privatpersonen hervor, aber kaum Großaufträge. Elsässer fühlte sich demgegenüber zu Höherem berufen und reichte 1925 die Kündigung ein: In Frankfurt am Main warteten auf ihn neben der Professur für Baugeschichte auch die künstlerische Leitung des städtischen Hochbauamtes. Die Ambitionen, die Adenauer für die Kölner Kunstgewerbe- und Handwerkerschule hegte, offenbarten sich in der Berufung von Elsässers Nachfolger: Kein geringerer als der ehemalige Direktor der renommierten Kunstgewerbeschule in München, Richard Riemerschmid, konnte aus dem Ruhestand nach Köln gelockt werden. Ein Beweis für den überregional guten Ruf der Werkschulen – vor allem aber für den Wunsch nach weiterer Modernisierung. Riemerschmid wiederum muss als Mitbegründer des Werkbundes die Ausgestaltung der Schule nach seinen Idealen gereizt haben. Der Kölner Stadt-Anzeiger bemerkte: Dass „die Stadt

diesen Mann nach Köln berufen hat, ist ein Beweis, daß ihr das zukünftige Schicksal der Kunstgewerbeschule sehr am Herzen liegt".[5] Sicherlich waren es eher strategische Gründe als eigene ästhetische Vorlieben, die Adenauer zu dieser Entscheidung veranlasst hatten. Riemerschmid war in Wirtschaft und Industrie gut vernetzt und hatte schon in München die Präsenz der dortigen Schule in der Öffentlichkeit gefördert.
Vielleicht hatte Adenauer aber auch weitergehende Ambitionen. Denn Riemerschmid setzte den Weg einer praxisorientierten Ausbildung zwar fort, legte allerdings den Schwerpunkt wieder stärker auf die freie künstlerische Entfaltung. Als das Ministerium für Handel und Gewerbe den deutschen Kunstgewerbeschulen einen festen Lehrplan und Abschlussprüfungen verordnete, konnte Riemerschmid für die Werkschulen größere Freiräume durchsetzen. Möglicherweise strebte er gemeinsam mit Adenauer sogar den Rang einer Akademie für die Werkschulen an. Schon 1924 soll Adenauer mit Ise Gropius über einen Umzug des Bauhauses von Weimar nach Köln gesprochen haben. Ihr Mann und Bauhaus-Gründer Walter Gropius schien zu ahnen, welchen Argumenten Adenauer zugänglich war: „Man muß das Bauhaus als moderne Akademie hinstellen, die Cöln noch fehlt"[6]. Allerdings ließ Adenauers Interesse wohl rasch wieder nach. Das Bauhaus zog schließlich nach Dessau. Auch ein vergleichbares Unterfangen wurde nicht weiter verfolgt: In einem Schreiben von Riemerschmid an Adenauer vom 26. Juni 1926 bittet dieser um Aufklärung einer Information aus städtischen Kreisen, dass „eine Übersiedlung der Wiener Werkstätten nach Köln im Bereich der Möglichkeiten zu liegen scheine"[7].
Zur Umsetzung solcher Überlegungen kam es nicht. Doch Adenauer ließ dem neuen Direktor freie Hand – im Vertrauen auf eine weitere Steigerung von Ansehen und Produktivität der Schule. So ging die Berufung namhafter Künstler-Lehrer vor allem auf Riemerschmid selbst zurück. 1926 wechselte der Niederländer Johann Thorn Prikker als Klassenleiter für Malerei, Mosaik, Glasmalerei und Wandbild von der Düsseldorfer Kunstakademie nach Köln. Riemerschmid war ihm seit seiner Lehrtätigkeit in München verbunden und schätzte ihn als angesehenen Vertreter einer modernen Formensprache. Ebenfalls 1926 wurde der Architekt Dominikus Böhm zum Leiter der Klasse für religiöse Kunst berufen. Er übernahm auch die künstlerische Leitung des Instituts für religiöse Kunst, das den Werkschulen im gleichen Jahr angegliedert wurde. Seit seiner Gründung 1920 durch den Direktor des Schnütgen-Museums, Fritz Witte, vermittelte das Institut kirchliche

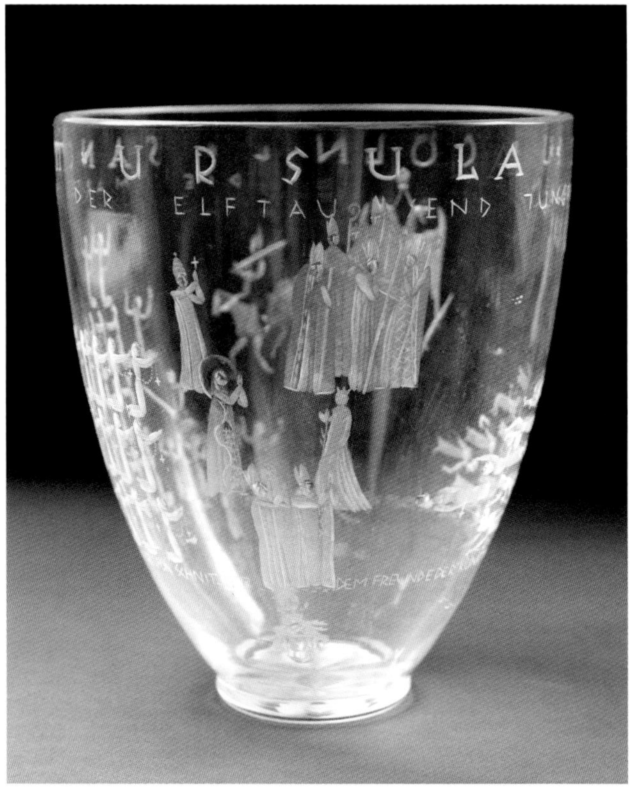

Glas mit Szenen aus der Ursulalegende. Geschenk von Konrad Adenauer an Richard von Schnitzler zu dessen 75. Geburtstag; Glas mit Schliffdekor von Heinrich Sattler, 1930 (KSM)

Aufträge an Künstler – darunter auch an Lehrer und Schüler der Werkschulen.
Dank des engen Kontaktes zur (katholischen) Kirche realisierte Thorn Prikker zwischen 1929 und 1932 einen umfangreichen Fensterzyklus für den romanischen Bau von St. Georg, sein Kollege Böhm zwischen 1930 und 1932 die aufsehenerregende Architektur von St. Engelbert. Riemerschmid selbst stand zwar nicht in kirchlichen Diensten, entwarf aber u. a. den Pavillon für den Berliner Verlag Reckendorf auf der PRESSA1928. Damit schienen sich Adenauers Hoffnungen auf einen Mehrwert der Schule für die städtische Entwicklung zu erfüllen. Es waren vor allem die Lehrer, die vom Renommee ihrer Positionen an den Werkschulen profitierten. Doch von der freiberuflichen Konkurrenz wurde ihnen bald der Missbrauch ihrer Stellung vorgeworfen: Sie mussten sich seltener in Wettbewerben durchsetzen, konnten die private mit ihrer Lehrtätigkeit verbinden und die kostenlose Mitarbeit der Werkschüler nutzen. Das städtische Handwerk sah sich aber auch durch die oft kostengünstigere Beauftragung von Schülerinnen und Schülern benachteiligt. Zudem erwies sich Riemerschmids Ideal einer fruchtbaren

Zusammenarbeit mit Kölner Firmen häufig als problematisch. Das zeigt u. a. der städtische Auftrag für die Erweiterung des Ratssilbers durch drei Tafelaufsätze und acht Leuchter von 1926/1927. In einem Wettbewerb hatte sich der Werkschüler Fritz Müller durchgesetzt. Die bis 1929 verzögerte Fertigstellung seines Entwurfs führte zu Frustration sowohl bei den ausführenden Kölner Firmen als auch bei Adenauer. Wegen der Kostensteigerung kamen nur die drei Tafelaufsätze zur Ausführung. Ein ähnliches Schicksal ist auch für andere öffentliche Aufträge belegt. Dabei zeigte sich die Stadt als Auftraggeberin gerade für Schülerarbeiten deutlich zurückhaltender als ursprünglich erhofft. Der erwünschte stilprägende Einfluss auf die regionale Industrie und deren künstlerische Aufwertung durch die Werkschulen waren ebenfalls begrenzt.

Bald belasteten auch inhaltliche Differenzen das Verhältnis zwischen Riemerschmid und Adenauer. Als nach dem Ausscheiden von Grasegger die Leitung einer Klasse für Bildhauerei zu besetzen war, konnte sich Riemerschmid mit seinem Vorschlag für Ernesto de Fiori gegen die Ablehnung von Adenauer nicht durchsetzen. In Zeiten der Wirtschaftskrise waren es aber vor allem finanzielle Gründe, die zu Einschnitten zwangen. Die vakante Lehrstelle für Bildhauerei wurde gestrichen. Sogar die für 1932 geplante Werkbund-Ausstellung „Die neue Zeit" wurde als gemeinsames Prestige-Projekt von Riemerschmid und Adenauer ad acta gelegt. Mit dem Ende seines Vertrages verließ Riemerschmid die Schule am 31. Januar 1931. Sein Nachfolger Karl With versuchte den Unterrichtsbetrieb wieder stärker auf den Boden des Handwerks zu stellen, dabei aber die Offenheit für neue Entwicklungen zu bewahren. Unter den Nationalsozialisten wurde die Schule zur *Meisterschule des Deutschen Handwerks der Hansestadt Köln* herabgewürdigt. Sie konnte nach starker Zerstörung im Zweiten Weltkrieg den Betrieb als *Kölner Werkschulen* erstaunlich rasch wieder aufnehmen und knüpfte mit der Verbindung von künstlerischer Ausbildung und Werkstattunterricht erfolgreich an die Zielsetzungen der 1920er Jahre an. Durch die allgemeine Emanzipierung des Kunstbegriffs legten die 1960er Jahre das Gewicht wieder stärker auf die freie Kunstausübung, 1971 jedoch gebremst durch die Eingliederung in die Fachhochschule Köln. Mit der Schließung des Fachbereichs *Freie Kunst* wurde die Verbindung von freier und angewandter Kunst dort 1993 endgültig gelöst – und damit das Erbe der Werkschulen Geschichte.

Quellen und Literatur

HAStK Best. 902 (Adenauer, Konrad), A 191/1; HAStK Best. 902 (Adenauer, Konrad), A 191/2; Kölner Stadt-Anzeiger, 11.12.1925, Nr. 630; Konrad Adenauer: Sind Kultur und Technik Gegensätze. In: Der Niederrhein. Monatsblätter für Heimatkunde und -Kultur, Jg. 3, 1930, S. 89; Bericht über den Stand und die Verwaltung der Gemeinde-Angelegenheiten der Stadt Köln für das Rechnungsjahr 1920. Köln 1922.

Bachmann; Kurt Düwell: Universität, Schulen und Museen. Adenauers wissenschafts- und bildungspolitische Bestrebungen für Köln und das Rheinland (1917–1932), in: Stehkämper 1976, S. 167–206; Isaacs; Joppien; Kleinertz 1976; Kölner Werkschulen; Werner Lippert: Kölner Künstler, in: Vom Dadamax zum Grüngürtel, S. 158; Mai; Schulamt 1928; Köln 1928.

1 Die Ausstellung „ENDSTATION UBIERRING" im Kölnischen Stadtmuseum 2015/2016 bezog sich nur auf die Schließung des Fachbereichs „Freie Kunst" an der ehemaligen Fachhochschule Köln, heute Technische Hochschule Köln. Seitdem berät in Köln ein Runder Tisch mit Vertretern verschiedener Institutionen über die Aufarbeitung der Geschichte der „Kölner Werkschulen".
2 Brief von Elsässer an Adenauer, 29.04.1924, HAStK Best. 902 (Adenauer, Konrad), A 191/1, Digitalisat, S. 4.
3 Bericht über den Stand und die Verwaltung der Gemeinde-Angelegenheiten der Stadt Köln für das Rechnungsjahr 1920, Köln 1922, S. 95.
4 Konrad Adenauer: Sind Kultur und Technik Gegensätze. In: Der Niederrhein. Monatsblätter für Heimatkunde und -Kultur. Jg. 3, 1930, S. 89.
5 Kölner Stadt-Anzeiger, 11.12.1925, Nr. 630.
6 Brief von Walter Gropius an Ise Gropius, undatiert, vermutlich September 1924, zit. nach Isaacs, S. 338.
7 Brief von Riemerschmid an Adenauer, 26.06.1926, HAStK Best. 902 (Adenauer, Konrad), A 191/1, Digitalisat, S. 97.

Weibliche Figurenkomposition; Aquarell über Bleistift von Marta Hegemann, um 1930 (KSM)

DADA ODER SOZIALISMUS

Kunst und Künstler in der Adenauerzeit

Rita Wagner

Vor Beginn des Weltkriegs hatte sich Köln zu einem der interessantesten Kunstorte des Westens entwickelt – die Sonderbund- und Werkbund-Ausstellungen 1912 und 1914, zahlreiche Künstlervereinigungen, die sich der Moderne verschrieben hatten – all dies fand am 1. August 1914 ein abruptes Ende. Die jungen Künstler wurden eingezogen, das künstlerische Gemeinschaftsleben kam zum Stillstand.[1] Eine kleine verschworene Gemeinschaft Kölner Kriegsgegner und -gegnerinnen traf sich ab dem Winter 1916/17 in der Wohnung von Carl Oscar und Käthe Jatho in der Moltkestraße. Hier gab es Vorträge zu gesellschaftlichen und vor allem künstlerischen Themen. Auch die Kölner Großbürgerin Mathilde von Mevissen fand den Weg dorthin; sie beauftragte zudem Franz Wilhelm Seiwert, den sie dort kennenlernte, 1917 mit der Ausmalung der Kuppel ihres Hauses in der Zeughausstraße und verschaffte ihm so seinen ersten großen Auftrag.[2]

Nach dem Waffenstillstand kamen auch die Künstler zurück – enttäuscht, kampfmüde, von tiefem Widerwillen erfüllt gegen den Krieg und gegen die, die sie dort hineingetrieben hatten. Rasch bildeten sich neue Künstlergruppen. „1918 fanden sich in bedrängter Zeit […] die jungen Maler wie durch eine Art Urwaldtrommel zusammen. Nun aber begann ein intensiver Aufbruch“[3], erinnerte sich die Malerin Marta Hegemann. Eine der aktivsten Gruppen sammelte sich um Max Ernst und seine junge Ehefrau Luise Straus-Ernst, die im Herbst 1918 eine Dachwohnung am Kaiser-Wilhelm-Ring 14 bezogen. Gleich um die Ecke, am Hildeboldplatz 9, lebte das mit ihnen befreundete Künstlerpaar Marta Hegemann und Anton Räderscheidt.

Viele Kölner Künstler wollten an der Erneuerung von Geist und Gesellschaft nach dem Chaos des Krieges mitwirken; dazu gehörte auch die kleine Künstlervereinigung *Der Strom*, deren Zeitschrift bei dem Galeristen Karl Nierendorf im Kairos-Verlag erschien. Karl Nierendorf war im Dezember 1918 der Motor der *Gesellschaft für Künste*, die sich als *Gruppe Rheinland* des *Berliner Arbeitsrates für Kunst* begriff. Im Kairos-Verlag erschien 1919 der Gedichtband *Consolamini* von

Consolamini. Dichtungen von Johannes Th. Kuhlemann, illustriert von Max Ernst, 1919. Kairos-Verlag Köln-Ehrenfeld, Titelblatt (KSM)

Max Ernst: „DADA siegt!", Plakat zur Wiedereröffnung des „Dada-Vorfrühling" im Brauhaus Winter, 1920 (Privatsammlung, Paris)

Johannes Kuhlemann mit Illustrationen von Max Ernst. Aus dem Umfeld dieser Gesellschaft kamen die jungen Leute, die am 6. Februar 1919 eine Lesung expressionistischer Lyrik im Hotel Disch störten. Schon einen Monat später folgte der nächste Kunstskandal: Am Karnevalsdienstag 1919 kam es zu massiven Störungen einer Aufführung des monarchistischen Stückes *Der junge König* von Raoul Konen. Es handelte sich um eine geplante Aktion, in deren Zentrum Max Ernst gestanden hatte, gegen den „Kölner Theaterklüngel". Im Prozess im Juni 1919 wurde schließlich nur einer der sechs Angeklagten zu einer Geldstrafe verurteilt. Der Richter war der Ansicht, dass maßvolle Missfallensäußerungen im Theater erlaubt seien – die Zeiten hatten sich geändert.[4]

Im Februar und März 1919 erschien die neue, prädadaistische Zeitschrift *Der Ventilator*, finanziert von Johannes T. Baargeld (d. i. Alfred Gruenwald), Sohn wohlhabender, kunstliebender Eltern und USPD-Mitglied. *Der Ventilator* ähnelte dem anarchistischen *Ziegelbrenner* von Ret Marut (B. Traven). Nach fünf Ausgaben wurde die Zeitschrift verboten.

Blatt aus der Porno-Mappe; Linolschnitt auf Velum von Heinrich Hoerle, um 1930 (KSM)

Dada kommt

Im Sommer war Köln in künstlerischer Hinsicht Ruhe vergönnt; die Ernsts und Baargeld waren zum Bergsteigen in die Alpen gefahren. Sie unterbrachen ihre Rückreise in München und besuchten Paul Klee, der ihnen für eine Ausstellung in Köln zahlreiche Werke in Kommission mitgab. In der Münchner Buchhandlung Goltz entdeckte Max Ernst Bilder von Giorgio de Chirico in der Zeitschrift *Valori Plastici*, die ihn tief beeindruckten. Hier erfuhr er auch, dass sich Hans Arp, den er seit der Werkbundausstellung 1914 kannte, in Zürich aufhielt und dort einer der Aktiven der Dada-Bewegung war. Nach der Rückkehr stand für sie fest, dass sie mit ihrer Kunst neue Wege gehen mussten.

Im November 1919 organisierte Karl Nierendorf im Kölnischen Kunstverein (KKV) eine Ausstellung, die

Mann mit Hut; Ölgemälde von Anton Räderscheidt, 1922 (Museum Ludwig/Sammlung Kasimir Hagen)

Franz Wilhelm Seiwert; Linolschnitt von Hans Schmitz, 1924 (KSM)

Aufruf an die revolutionäre Jugend; Holzschnitt von Franz Wilhelm Seiwert, um 1923 (KSM)

einen Überblick über die avantgardistische Kunst des Rheinlands geben sollte. Aber Max Ernst und Johannes T. Baargeld waren wohl zu avantgardistisch – sie wurden von der Ausstellung ausgeschlossen. Durch die Vermittlung des Vorsitzenden des KKV Walter Klug gab es schließlich zwei Ausstellungen mit getrennten Plakaten und Katalogen.

Die Gruppe um Max Ernst, zu der neben J. T. Baargeld Hans Arp, Heinrich und Angelika Hoerle sowie Paul Klee und der kurz zuvor verstorbene Hans Bolz gehörten, nannte sich nach ihrem Katalog *Bulletin D* nun *Gruppe D* mit „D" für „Dada". „Das eigentlich Provozierende der Gruppe-D-Ausstellung waren neben den Material-Collagen von Max Ernst die Anerkennung dessen, was Nierendorf abschätzig als Primitiv denunzierte."[5] Auch Werke von Nichtkünstlern wurden als Ergebnis kreativer Tätigkeit erkannt und für ausstellungswürdig befunden; zu sehen waren Kinderzeichnungen, technische Geräte, afrikanische Plastiken und Arbeiten von Dilettanten. Der Katalog wurde wegen Otto Freundlichs Beitrag „Die Lach-Rakete" von der britischen Besatzungsbehörde beschlagnahmt. Sein Text war eine scharfe Polemik gegen die bürgerliche Familie. Im Frühjahr 1920 publizierten Max Ernst und J. T. Baargeld dann die Zeitschrift *Die Schammade. dilettanten erhebt euch* im Schloemilch-Verlag, der unter Hoerles Adresse arbeitete.

Die *Arbeitsgemeinschaft Kölner Künstler* veranstaltete für ihre Mitglieder im April 1920 eine juryfreie Ausstellung im Lichthof des Kunstgewerbemuseums am Hansaring. Der neue Museumsdirektor ließ die Arbeiten von Max Ernst und J. T. Baargeld aus der Ausstellung entfernen. Die beiden mieteten daraufhin den Lichthof des Brauhauses Winter in der Schildergasse 37. Ein Beil in der Ausstellung sollte es Besuchern ermöglichen, alles, was ihnen nicht gefiele, zu zerstören. Alles, was zerstört oder gestohlen wurde, wurde umgehend durch neue Arbeiten ersetzt. Der Tumult, den die Dada-Messe verursachte, und die Annahme, es handle sich um eine Reklame für ein Homosexuellen-Bordell, schließlich der Tobsuchtsanfall eines Besuchers ließen die Polizei eingreifen. Die Ausstellung wurde zwischen-

Ansicht von Köln und der Ville; Ölgemälde von Franz Wilhelm Seiwert, 1929 (KSM)

zeitlich geschlossen, kurz darauf aber triumphierend wiedereröffnet: „Dada siegt!".
In den nächsten beiden Jahren knüpfte Max Ernst engere Kontakte nach Frankreich und verließ schließlich 1922 Köln sowie Frau und Sohn, um Paul und besonders Gala Eluard nach Paris zu folgen. Damit lebte er aber auch die bewusste Internationalität von Dada. „Max Ernst geht nach Paris ... Dreißig Jahre in Deutschland waren genug."[6]

Politische Kunst

Die beiden anderen Namen, die man heute mit der Kölner Kunstszene der 1920er Jahre verbindet, sind Heinrich Hoerle und Franz Wilhelm Seiwert. Auch sie gehörten wie Angelika Hoerle, ihr Bruder Willy Fick sowie Anton Räderscheidt und Marta Hegemann anfänglich zur Dada-Bewegung um Max Ernst, aber schon bald fehlte ihnen hier der politische Bezug. Sie wollten weniger eine Revolution der künstlerischen Ästhetik als vielmehr eine soziale. Heinrich Hoerle erklärte die Trennung von Dada 1919: „Wir versuchen innerhalb der uns gegebenen Form, des Bildes, der Plastik, so einfach, so eindeutig zu werden, daß jeder uns verstehen kann."[7] Im Herbst 1920 konstituierte sich die Gruppe *stupid* am Hildeboldplatz; das Atelier Anton Räderscheidts wurde ihre permanente Ausstellungshalle. Max Ernst meinte rückblickend: „Stupid war eine Sezession von Dada-Köln. Die Aktivitäten Dadas waren Hoerle und vor allem Seiwert ästhetisch zu radikal und sozial zu wenig konkret."[8] Ihm hingegen erschien *stupid* als eine kleinbürgerliche Vereinigung. Die Dauerausstellung war „publikumsfrei", die Werke „zu einfach, zu rein, zu unkultiviert für die Kultur der letzten sechsjährigen Stahlbadesaison – kurz: zu stupid für eine von der stupidisten Menschlichkeit verlassene Menschheit".[9] Dem Katalog *stupid 1* war ein Motto von Heinrich Hoerle vorangestellt: „kunst ist die ausdauer der hinterbliebenen".
Als sich Mitte der 1920er Jahre die *Gruppe progressiver Künstler* bildete, folgte ihnen das Ehepaar Räderscheidt – Hegemann nicht mehr, ihm ging der Kommunismus der Gruppe zu weit. Anton Räderscheidt hatte sich malerisch zudem der Neuen Sachlichkeit zugewandt und hatte damit beachtlichen Erfolg. Sein Thema waren Selbstporträts und Paar-Figurationen, „in denen er wie wohl kein anderer neusachlicher Künstler die Isolation des Individuums sowie die Kommunikationslosigkeit von Paaren artikulierte."[10] Wenig später würde auch er Frau und Kinder verlassen.
Die Kölner Progressiven, zu denen neben Heinrich Hoerle und Franz Wilhelm Seiwert, die sich seit der Jahreswende 1918/19 kannten, als wichtigste Mitglieder Jankel Adler, Peter Alma, Gerd Arntz, Otto Freundlich, Raoul Haussmann, Stanislav Kubicki, Hans Schmitz und August Tschinkel gehörten,[11] bezeichneten sich auch als *Neukölnische Malerschule*. Besonders Franz Wilhelm Seiwert sah die Kölner Malerschule des späten Mittelalters als ein Modell für Kunst-Produktion an. Mit dem Aufkommen der bürgerlichen Gesellschaft

Kölner Zeitgenossen, Wachsfarbengemälde von Heinrich Hoerle, 1932. Hoerles Zeitgenossen, aufgereiht wie Heilige auf einem Altkölner Tafelbild, sind: Willi Ostermann, Konrad Adenauer, Trude Alex(-Hoerle), Hein Domgörgen und der Maler selbst (KSM)

war – so Seiwert – die kollektive oder Volkskunst verschwunden.
Der konstruktiv-figurative Stil der Progressiven war undogmatisch offen. So lehnten sie die Reduzierung der sozialistischen Kunst auf „platten Realismus" ab. Sie verstanden sich durchaus als Sozialisten, aber auch als Individualisten; sie sympathisierten mit dem revolutionären Russland, folgten aber nicht dessen autoritärer und zentralistischer Entwicklung. „Wir wollen jenseits der schwatzhaften Geistigkeit einfache Arbeit tun. [...] Unsere Bilder stehen im Dienste der Ausgebeuteten, zu denen wir gehören und mit denen wir uns solidarisch fühlen. Deshalb lehnen wir die zur Ergötzung des Bürgers vollführte, angeblich anti-bürgerliche, dadaistische Harlekinade ab [...]"[12], formulierte der nachdenkliche Franz Wilhelm Seiwert. Die Progressiven wollten nicht nur die Gesellschaft verändern, sondern auch die mit ihr verbundene Ästhetik. Allerdings stieß ihre Kunst bei ihrem Zielpublikum auf wenig Gegenliebe. Seiwerts Anspruch, „ein neuer Inhalt muß eine neue Formensprache erhalten"[13], isolierte ihn in der Arbeiterbewegung. 1929 wurde im *Café Monopol* am Wallrafplatz die Zeitschrift *a bis z* als „Organ der Gruppe Progressiver Künstler" ins Leben gerufen. Sie erschien von Oktober 1929 bis Februar 1933.
Bereits 1927 hatte die Gruppe Kontakt zu dem Fotografen August Sander aufgenommen, dessen Konzept der „Menschen des 20. Jahrhunderts" sie interessierte. Sander war den Künstlern in anderer Hinsicht behilflich – er fotografierte deren wenig nachgefragten Werke. So konnten diese in Zeitschriften abgebildet und verbreitet werden.
1925 wurde die *Ausstellungsgemeinschaft Kölner Künstler* gegründet, ein Ausstellungsverband ohne programmatische oder administrative Vorgaben, der am Neumarkt kostenlose städtische Ausstellungsräume nutzen durfte. Hier gab es auch „Kunst gegen Ware". Anlass war wohl nicht zuletzt, dass man die lebenden rheinischen Künstler bei der Jahrtausendausstellung nicht berücksichtigt hatte. Oberbürgermeister Konrad Adenauer setzte sich dafür ein, dass die Stadt den Künstlern finanziell half. 1931 war die Lage der Kölner Künstler verzweifelt, eine „Künstlerhilfe" konnte kaum die größte Not mildern. 1932 kam es am Neumarkt

zu einem Eklat: „Barthel Gilles stellte ein sehr großes Kriegsbild ins Fenster. Die Polizei verbot diese öffentliche Zurschaustellung. Das Bild konnte aber im Ausstellungsraum, hinter einem Vorhang, besichtigt werden. Gebühr 10 Pfennige"[14]. 14 Jahre nach Kriegsende verdrängte man das Grauen mehr als je zuvor.

Dies erinnert an einen früheren Kunstskandal. Im Herbst 1923 hatte der junge Kunsthistoriker Hans F. Secker für das Wallraf-Richartz-Museum das großformatige Otto-Dix-Gemälde *Der Schützengraben* über die Galerie Nierendorf erworben und in der neuen Abteilung für moderne Kunst ausgestellt. Es bildeten sich Schlangen von Besuchern, die das ehrliche und brutale Gesicht des Krieges sehen wollten: „einen nach tagelangem Trommelfeuer zerstörten Kampfgraben mit den toten Soldaten bzw. den Leichen, den Fetzen von Fleisch, Erde, Eisenträgern"[15]. Die Zeitgenossen erkannten Dix' pazifistische Propaganda – und nicht allen gefiel sie. „Das ist eine Entwürdigung der Kunst [...]. Unseres tapferen Heeres wird heute aus pazifistischer Ideologie viel zu wenig gedacht", war in der *Kölnischen Zeitung* am 15. Dezember 1923 zu lesen.[16] Einflussreiche Kölner Kunstfreunde beschwerten sich ebenso wie Offiziersvereine beim Oberbürgermeister und dieser ordnete an, dass das Gemälde ab sofort nur noch hinter einem Vorhang gezeigt werden durfte. Im Januar 1925 schließlich wurde das Bild aus dem Museum entfernt und dem Kunsthändler Karl Nierendorf zurückgegeben. Hans F. Secker trat im folgenden Sommer von seinem Posten zurück.

Diese lebendige Kunstszene, deren Ruf durch die Sammlerin Kathérine Dreier sogar bis New York gelangt war, fand 1933 ein abruptes Ende. Schon früher hatten wichtige Aktivposten Köln Richtung Paris verlassen, Hans Arp und Max Ernst zu Beginn der 1920er Jahre, auch Otto Freundlich hatte der Stadt den Rücken gekehrt; Gerd Arntz und August Tschinkel waren nach Wien gegangen, die beiden politischen Köpfe Franz Wilhelm Seiwert und Heinrich Hoerle verstarben 1933 und 1936 an ihren schweren Erkrankungen. Andere wie Anton Räderscheidt wählten die Emigration. Die, die blieben, verhielten sich ruhig, suchten ihre Kunden im privaten oder kirchlichen Bereich; nicht wenige aber erwiesen sich als Wendehälse, die sich rasch an die neuen Machthaber anbiederten.

Im südlichen Frankreich gab es noch einmal ein unerwartetes Zusammentreffen. Mit Beginn des Zweiten Weltkriegs ließ die französische Regierung Deutsche als feindliche Ausländer internieren, die meisten antifaschistische Flüchtlinge. Eines dieser Lager war die stillgelegte Ziegelei *Les Milles*[17] bei Aix-en-Provence. Und so kam es, dass sich hier die alten Kölner Bekannten Max Ernst, Anton Räderscheidt und Heinrich Maria Davringhausen wiedertrafen. Allen dreien gelang es, sich rechtzeitig in Sicherheit zu bringen. Otto Freundlich und Luise Straus-Ernst hatten dieses Glück nicht. Beide wurden als Juden aus Südfrankreich in die Vernichtungslager im Osten deportiert, wo sie ermordet wurden.

Die Kölner Kunstszene konnte nach 1945 nie wieder an die inspirierten alten Zeiten anknüpfen. Die Protagonisten der Moderne waren tot oder hatten die Stadt endgültig verlassen; den wenigen Zurückgekehrten gelang es nicht, an alte Erfolge anzuknüpfen.

Quellen und Literatur

Backes – Hagspiel – Herzogenrath; Bohnen; Max Ernst; Friedrich; Euler-Schmidt; Vitt, Zentrodada, Max Ernst in Köln, Herzogenrath 1980; Herzogenrath – Teuber – Littlefield; Hille; Jatho; Jung; Littlefield; Oellers – Euler-Schmidt; Riha – Schäfer; Schäfke – Euler-Schmidt; Schmitt-Rost; Vitt; Vom Dadamax zum Grüngürtel; Weissweiler

1 Vgl. dazu Hesse – Kramp – Soénius.
2 Vgl. Jatho, S. 7.
3 Zit. nach Johannes Räderscheidt: Marta Hegemann – Erinnerungen, in: Euler-Schmidt, Hegemann, S. 73–83, hier S. 76.
4 Vgl. Angela Merte: Dilettanten erhebt euch – Dada siegt! dada Kölns aktionistische Momente, in: Riha – Schäfer, S. 59–68, hier S. 59.
5 Walter Vitt: Kunst als Ausdauer der Hinterbliebenen. Zur Kölner Dada-Geschichte / Neues über Baargeld, in: Vitt, S. 9–66, hier S. 27.
6 Joachim Heusinger von Waldegg: Max Ernst und die rheinische Kunstszene 1909–1919, in: Herzogenrath 1980, S. 89–106, hier S. 104.
7 Zit. nach Kasper König: Vorwort, in Roth, S. 7–12, hier S. 7.
8 Werner Spies: Dada Köln: Vom Dadamax zum Grüngürtel, S. 30–34.
9 Dirk Teuber: Kunst und/oder Politik – stupid und Dada Köln, in Tiha – Schäfer, S. 198–214, hier S. 208 f.
10 Hildegard Reinhardt: Marta Hegemann – Leben und Werk, in: Euler-Schmidt, Hegemann, S. 7–48, hier S. 10.
11 Vgl. Hans Schmitt-Rost: Hoerle und Seiwert, in: Schmitt-Rost, S. 7–36, hier S. 11.
12 Uli Bohnen – Dirk Backes: Max Ernst und die Kölner Szene 1917–1920, in: Herzogenrath 1980, S. 131–147, hier S. 138.
13 Wulf Herzogenrath: Verschlungene Wege zu Entdeckungen – Willy Fick wiederentdeckt, in: Herzogenrath – Teuber – Littlefield, S. 7–13, hier S. 10.
14 Friedrich Vordemberge, zit. nach Oellers – Euler-Schmidt, S. 29, Abb. 33.
15 Schubert, S. 354; vgl. auch Lil.
16 Zit. nach Schubert, S. 354.
17 www.campdesmilles.org, [21.04.2017].

ZOO
„PARADIESVOGEL"
MÖSCH
SAMSTAG 4. FEBRUAR

„MER SIN GECK!"

In Zeiten gesellschaftlicher Umbrüche der 1920er und beginnenden 1930er Jahre mit besonderer Berücksichtigung der Künstlerbälle

Michael Euler-Schmidt

Bedingt durch den verlorenen Ersten Weltkrieg und das Verbot durch die darauf folgende britische Besatzung konnten die Kölner ihren Karneval von 1915 bis 1925 nicht offiziell feiern. Noch 1919 konnte man „wegen derartiger Initiativen" sogar zu mehrtägigen Haftstrafen verurteilt werden.[1] In jenen Jahren war das Leben in Köln aufgrund der Kriegsfolgen und der zu leistenden Reparationen zunächst von Arbeitslosigkeit, Armut, wirtschaftlicher Not und anhaltender Inflation geprägt. Erst 1925 wurde das vollständige Verbot zum Karneval mit Aussicht auf Abzug der britischen Besatzung gelockert. 1926 gab es dann wieder Saalveranstaltungen und kleinere inoffizielle Züge durch die Stadt. Dann endlich am 13. Januar 1927 durfte mit einer Sondergenehmigung des Polizeipräsidenten ein erster offizieller, als „Kappenfahrt" bezeichneter Zug durch Köln gehen.
Wie wurde also der Kölner Karneval in den 1920er Jahren und den beginnenden 1930er Jahren organisiert und gelebt? Im Köln der Weimarer Republik bestimmten zwei gesellschaftliche Gruppen mit ihren karnevalistischen Aktivitäten das Geschehen in der Ära des strikten Verbots durch die britischen Besatzer und auch in der Zeit danach. Neben dem *Festkomitee des Kölner Karnevals* und den Karnevalsgesellschaften waren es z. B. die Künstler und ihre Veranstaltungen, die neue Zeichen setzten. So blieb das *Festkomitee* mit seinen angeschlossenen Gesellschaften in seinen organisierten Festformen und Festinhalten antiliberalen und antimodernen Vorstellungen des alten Mittelstandes treu.[2]

Plakat zum Paradiesvogel-Ball im Zoo 1933; Farblithografie und -druck von Wilhelm Eisfeller (KSM)

Verbotener Karneval; Ölgemälde von Heinz Kroh, 1923–1926 (KSM)

In den Zeiten des Verbotes half sich der offizielle Karneval z. B. mit der Gründung von „Familiengesellschaften". So gründeten sich 1919 die *Fidelen Zunftbrüder* und die *KG Frohsinn*. Auch die *Altstädter* gründeten sich 1922 als *Fidele Altstädter*. Die *Blauen Funken* feierten 1921 ihr 50-jähriges Jubiläum und in der Kölner Karnevalszeitung von 1922 konnte man lesen: „Kölner Rosenmontagszug 1922". Dieser fingierte Aufruf zu einem Rosenmontagszug, der natürlich nie stattgefunden hat, stand unter dem Motto „Mer sin geck!". 34 Personen- und Wagengruppen wurden aufgeführt, u. a. die „notleidenden Landwirte im Gelde erstickend" oder „viel ausgepreßtes deutsches Volk", und unter Nummer 34, der Schlusswagen „Arbeitslose Karnevalspräsidenten, Liederdichter und Karnevalisten".[3]

Titelblatt der Lumpenball-Chronik; Fotomontage, August Sander, 1929 (KSM)

Dem gegenüber entwickelten sich aber auch alternative Formen des Karnevals, „dazu gehörten die kommerziellen Heimatrevuen, ferner die Veranstaltungen der progressiven Künstler und der Sozialdemokraten, die der modernen Lebenswelt aufgeschlossen gegenüberstanden und auch im Karneval demokratische und liberale Ideale verbreiteten."[4] Die Anfang der 1920er Jahre wieder verstärkt aufkommenden Heimatrevuen bedienten in der Zeit des Verbotes in den Varieté-Häusern der Stadt, z. B. im *Kaiserhof* oder im *Groß Köln*, mit der Ausdrucksform des Musiktheaters und Sprechtheaters das Publikum, das sonst immer auf den großen Karnevalssitzungen zu finden war. Die Sozialdemokraten und Gewerkschaften begannen mit ihren karnevalistischen Aktivitäten erst nach der Wiederzulassung des Karnevals Mitte der 1920er Jahre. Sie setzten sich z. B. mit ihrer Veranstaltung *Lachen links 1928* deutlich ab von den Vorstellungen der konservativ-bürgerlichen Schichten, indem sie u. a. Frauen in den Elferrat beriefen.[5] Die aber wohl spannendsten und nachhaltigsten alternativen Festformen zum Kölner Karneval entwickelten in den 1920er Jahren die Kölner Künstler.

Und irgendwie fand man auch immer wieder Möglichkeiten, das Karnevalsverbot zu umgehen. Dies belegt das Gemälde von Heinz Kroh *Verbotener Karneval* von 1923/24 und die *Original Illustrierte Kölner Karnevalszeitung* von 1924 in der man lesen konnte:

> „Ov krüzz oder quer
> Ov Knäch
> Oder Här
> Mer looße nit
> Mer looße nit Vum Fasteleer!" [6]

Vermutlich um 1920 feierten die Studenten der späteren Kölner Werkschulen ihr Fest im nahegelegen Brühl, dem Heimatort von Max Ernst. Im Roman von Ute Bales *Die Welt zerschlagen* über Angelika Hoerle, gibt es zu dieser fiktiven Reise eine Passage: „Im Atelier

Lumpenball 1931; Fotografie von August Sander (KSM)

Lumpenball 1930: Rundfunksprecher Karl Heil und Schauspieler Poelzig; Fotografie von August Sander (KSM)

am Hildeboldplatz sind sich alle einig: Ihren Karneval lassen sie sich nicht nehmen. Angelika ist voller Vorfreude. Zu lange schon gab es keine Krätzchen, keine Prinzengarde, keine Roten Funken, keine Bützchen. Am Karnevalssamstag treffen sie sich gegen fünf am Barbarossaplatz, besetzen ein komplettes Abteil des feurigen Elias, einer Dampflock, die über die Dörfer des Vorgebirges nach Brühl fährt, wo die Engländer ihnen nichts anhaben können. Alle haben Taschen dabei, in denen Kostüme versteckt sind. Schon Wochen vorher haben sie geklebt und genäht. Köln liegt knapp hinter ihnen, da werden Pfeifen, Hörner und Blechtrommeln ausgepackt und ein schräges Konzert beginnt." In Brühl angekommen wird die Dekoration im Hotel geschildert: „Bizarre Tierwesen lauern an den Wänden oder hängen schaukelnd von der Decke. Phantasievolle Gestalten aus buntem Pappmache, grobem Stoff, behangen mit küchenüblichen Objekten, reißen ihre Münder auf. Leute in opulenten Kostümen mit viel Goldflitter und Tüll kommen ihnen entgegen [...] Die Musikkapelle auf dem Podium spielt Walzer, Foxtrott und Tango."[7]

Aus privaten Künstlerfesten in den Ateliers entwickelten sich dann um das Jahr 1925 auch in der Öffentlichkeit wahrnehmbare Veranstaltungen, in denen sich „progressive, den Horizont der Stadt überschreitende ästhetische Ideen und Stile mit Elementen des kölschen Fasteleers" vermengten.[8]

Als einzig sicher zu datierendes Fest für 1925 kann nur das *Gauklerfest* aufgeführt werden. Dies war der erste große öffentliche Ball der Kölner Künstlerschaft nach der teilweisen Aufhebung des Verbotes und er wurde von dem Kölner Maler und Zeichner Heinz Kroh organisiert: „Die Erträgnisse flossen dem Reichswirtschaftsverband bildender Künstler zu, dessen Ortsgruppe Heinz Kroh bis 1928 leitete. Die Regie führte Dr. Liebscher vom Schauspielhaus, unter dem Motto „Gaukler und Karikaturen aller Zeiten" präsentierten sich die verschiedenen Gruppen der Kölner Künstler: Hans Schmitz führte die Höhlenbewohner an, inmitten der alten Griechen trat Liane Benner als Kassandra auf, Willi Janssen präsentierte die Romanische Zeit mit einem Schulausflug unter Karl dem Dicken, sämtliche Kölner Typen, geführt von A[dolf] Winkel, fehlten nicht,

und als letzte Gruppe brach Das Chaos auf die Bühne, inszeniert von Heinrich Hoerle und Peter Abelen."[9]
Nachgewiesen sind für diese Zeit aber auch Veranstaltungen in reich geschmückten Sälen von der Künstlergruppe *Hängematte* und von der Vereinigung *Scheune*. Die *Hängematten*-Künstlerbälle hatten z. B. je nach Dekoration und Ausmalung der Säle noch einen Untertitel *Hängematten Boheme (wie eiskalt ist dein Händchen)*. Die Künstler der *Scheune* singen noch heute das Scheunenlied:

„Wir sind ja die nackigen Zissen,
die Affen mit blutrotem Arsch.
Wir scheißen und kacken und pissen
Erav von der dritten Etasch."[10]

Der Karnevalsball der Kölner Werkschulen etablierte sich später im Kölner Zoo-Restaurant als *Paradiesvogelball*. Vorläufer war vermutlich das *Fest in Orange* an den Werkschulen.[11] Die Quellenlage zu diesem Fest, wie auch zum vermutlich ersten *Paradiesvogel*-Ball 1927, ist dünn. Grundsätzlich aber etablierte sich dieser Ball als Vorbild für Kostümierungen, Fest- und Saalgestaltungen. Auch entwarf die Werkschule Kostüme für "karnevalslustige Kölnerinnen"[12]. Die Journalistin und Ehefrau von Max Ernst, Lou Straus-Ernst, schrieb in der Berliner Zeitschrift *Der Querschnitt* fast schwärmerisch über die Dekoration. Sie berichtete, dass die Saaldekorationen nach dem Ball nicht abgebaut wurden und für weitere Veranstaltungen stehen blieben. Fast alle Mal- und Dekorationsklassen der Werkschule hatten sich hier eingebracht, so die Klassen von Jan Thorn-Prikker, Richard Seewald und dem Direktor Richard Riemerschmid.
„Anders allerdings als bei den meisten [...] Künstlerbällen und Atelierfesten spielte bei den ‚Lumpenbällen' der progressiven Kölner Künstler im kleinbürgerlichen Lokal *Dekke Tommes* neben der Dekoration, auch die Auflehnung gegen bürgerliche Konventionen und schließlich auch gegen den aufkommenden Nationalsozialismus eine Rolle".[13] War der *Lumpenball* zunächst nur ein Atelierfest bei Heinrich Hoerle oder Franz Wilhelm Seiwert gewesen, bevor man in das etwas größere Etablissement *Dekke Tommes* umzog? Diese Frage um das „Wann" ist strittig. Auch die Mappe des großen Kölner Fotografen dieser Zeit August Sander *Chronik der Lumpenbälle* 1920–1932 gibt darauf keine Antwort. So spricht Ulrich Keller vom Jahr 1922 von einem ersten Kontakt Sanders zur Gruppe der Progressiven und Gerd Arntz, einst selbst Mitglied der Gruppe, will Sander erst 1925 wahrgenommen haben.[14] Wie auch immer, mit August Sanders Fotografien besitzen wir heute herausragende Dokumente nicht nur von diesem Kölner Künstlerfest.

Einladung zum Lumpenball Em Decke Tommes 1934; Lithografie. Trotzig und unter völliger Verkennung der Situation nach 1933 verkündet man – „es geht weiter" (KSM)

Zu den Regularien im *Dekke Tommes* hielt übrigens 1952 Hans Schmitt-Rost als Zeitzeuge fest: Den Kreis der Teilnahmeberechtigen für die Bälle bestimmten die Mitglieder. „Es konnte durchaus nicht jeder Mensch, auch nicht gegen Eintrittsgebühr, Zutritt erhalten. Wir suchten uns die Leute aus."[15] Er berichtete weiter, dass Künstler und Schriftsteller freien Eintritt hatten und Mäzene und andere wohlhabende Gäste aus dem bürgerlichen Karneval „doppelt und dreifach" zahlen mussten.[16]
Eine sehr differenzierte Betrachtung dieser Künstlerfeste lieferte wiederum Lou Straus-Ernst, 1931 in *Der Querschnitt*: „Etwas besser ist es schon auf den sogenannten ‚Künstlerbällen'; doch sind sie den Festen, die anderswo unter diesem Namen gegeben werden, recht ähnlich, haben nichts spezifisch Kölnisches und zeichnen sich durch die Abwesenheit der

Künstler aus. Eine Ausnahme bildet hier höchstens der seit Jahren traditionelle ‚Paradiesvogel', der Ball der Kölner Werkschulen. Für die Künstler und alle, die mit ihnen sympathisieren, sind die Lumpenbälle da. In einem ziemlich finsteren und immer viel zu kleinen Lokal ‚Dekke Tommes' trifft man sich und hier gibt es wirklich originelle Kostüme. Wer sich mit Frack oder Smoking her verirrt hat, muß sich wenigstens sofort das Gesicht und die Hemdbrust bemalen lassen […]'.[17]

Köln war in den Jahren zwischen 1917 und 1933 fast ein Eldorado für Künstlergruppen und -vereinigungen. Ob nun die *Gesellschaft der Künste* (1918/19), *Der Strom* (1919), *stupid* (1920), die *Ausstellungsgemeinschaft Kölner Maler* (1924), die *Gruppe progressiver Künstler* (um 1925) oder der *ASSO/ARBKD* (1929)[18]: Auch sie waren der Nährboden für kreativen und teils subversiven Karneval in jener Zeit.

Richard Seewald, Lehrer an den Kölner Werkschulen, beschrieb in seinen Memoiren die Zeit von 1924 bis 1931 als die Blütezeit des Kölnischen Kunstlebens. Es waren vor allem die kulturpolitischen Bestrebungen des damaligen Kölner Oberbürgermeisters, Konrad Adenauer, im Zusammenhang mit den Werkschulen, die Seewald zu dieser Überzeugung kommen ließen.[19]

Ob nun an den Kölner Werkschulen oder bei der Kölner Künstlerschaft, die Säuberung des Kunsttempels durch die Nationalsozialisten sollte all diesem Modernen rasch ein Ende machen. So hatten die politischen, wirtschaftlichen und ästhetischen Wandlungen bereits 1929 im demokratischen Zwischenspiel in Deutschland begonnen. Nach Stresemanns Tod erwachte der Nationalsozialismus in der Weltwirtschaftskrise neu und die Nationalsozialisten marschierten voran, um alles was nicht ihren Vorstellungen entsprach, mit eisenbeschlagenen Stiefeln niederzutreten.

Der letzte *Lumpenball* fand am 27. Februar 1933 statt, in der Nacht des Reichstagsbrandes. Hans Schmitt-Rost überlieferte seinen Eindruck vom Fest: „Das letzte Fest im Dekke Tommes war zugleich das wildeste und denkwürdigste. Es war der Abend, an dem der Reichstag abbrannte. Nie hatte der Dekke Tommes so viele Besucher gehabt […] Es war ein Tanz auf dem Vulkan. Draußen strichen die Rollkommandos der SA durch das Viertel und wir hatten allen Grund, Überfälle und Schießereien zu befürchten. Da kam die Nachricht vom Reichstagsbrand. Eine Gruppe von Freunden brachte sie mit und hatte auch schon ein Lied

Ganz Köln kariert auf dem Paradiesvogel 4 – Fest der Kölner Werkschulen am 18. Januar 1930; Ehrenkarte für Museumsdirektor Prof. Wilhelm Ewald (die dieser nicht genutzt hat) (KSM)

dazu gemacht: Der ganze Reichstag steht in Flammen, hipp, hipp hurra!. Schon vierzehn Tage später gab es einige unter diesen Leuten, die nicht dabei gewesen sein wollten […]. Es gab Leute, denen liefen die Tränen über die Wangen […] Abschied von einer Zeit, die zu Ende gegangen war, Opposition, Angst Verzweiflung. Wie viele derer, die dort tanzten und sangen, sind in den folgenden Jahren Opfer der heraufdämmernden Verbrechen geworden […]".[20]

Quellen und Literatur

1 Zepter, S. 296.
2 Leifeld, S. 48.
3 Euler-Schmidt, Och, S. 64.
4 Leifeld, S. 48.
5 Leifeld, S. 49.
6 Euler-Schmidt, Coellen, S. 32.
7 Bales, S. 186–188.
8 Zepter, S. 297.
9 Euler-Schmidt, Coellen, S. 32.
10 Euler-Schmidt, Strausfeld, S. 18.
11 Zepter, S. 300.
12 Zepter, S. 304.
13 Leifeld, S. 51.
14 Euler-Schmidt, Coellen, S. 32.
15 Euler-Schmidt, Coellen, S. 33.
16 Leifeld, S. 51–53.
17 Grüngürtel, S. 246.
18 Oellers/Euler-Schmidt, S. 14.
19 Euler-Schmidt, Strausfeld, S. 10.
20 zit. nach Euler-Schmidt, S. 79–80.

Kostümentwurf aus der Kostümklasse der Kölner Werkschulen 1932: Don Quijote und Sancho Pansa; aquarellierte Zeichnung von Wary (KSM)

ZWISCHEN AUFBRUCH UND REPRESSION

Homosexuellensubkultur in Köln 1917–1933

Jürgen Müller

Homosexuelle galten in der Weimarer Republik wie schon im Kaiserreich in der Gesellschaft als Außenseiter und waren von strafrechtlicher Verfolgung bedroht. Daraus resultierend entwickelten sie einen Lebensstil, der das öffentliche und private Leben von ihrer Sexualität komplett abtrennte. Sexuelle Bedürfnisse wurden an Treffpunkten im halböffentlichen Bereich ausgelebt, einfach im Stadtbild zu identifizieren und im allgemeinen Tag und Nacht zugänglich. Zu den wichtigsten Treffpunkten zählten die Pissoire, wo man sexuelle Handlungen meist direkt ausführen konnte. Von den 16 bekannten Pissoiren in Köln befanden sich 13 in der Alt- und Neustadt; meist etwas abgeschirmt in kleinen Parkanlagen gelegen wie das Pissoir an der Trankgasse, am Rudolfplatz oder am Gallwitzufer (heute Riehler Wall). Hier konnte man unauffällig auf andere Sexualpartner warten; sich durch Zeichen verständigen, die Eingeweihten vertraut waren. Weitere Treffpunkte waren Parkanlagen wie der Volksgarten und der Beethovenpark oder der Park am Artilleriedenkmal am Riehler Wall. In den Schwimmbädern wurden die abgetrennten Bereiche der Wannenbäder für sexuelle Kontakte genutzt. Der Hauptbahnhof, die Pissoire und Parkanlagen am Rheinufer zwischen Bastei und Heumarkt waren zudem Anlaufstelle für mann-männliche Prostitution.

Die liberale Verfassung der Weimarer Republik mit neuen Freiheiten in Wort und Schrift ermöglichte auch in Städten jenseits von Berlin die Entwicklung einer öffentlichen, lebendigen Homosexuellensubkultur. So befand sich auch Köln in Aufbruchsstimmung: Es entstanden neue Lokale als Treffpunkte; es gründeten sich Vereine und die zahlreichen Homosexuellenzeitschriften fanden ihre Abnehmer.

Pissoir an der Trankgasse, am Rheinufer versteckt in einer kleinen Parkanlage; Fotografie (Centrum Schwule Geschichte, Köln)

Bunte Anfänge

Das Nettesheim-Casino, Hahnenstraße 55–57, in unmittelbarer Nähe des Rudolfplatzes, bestand bereits vor dem Ersten Weltkrieg. 1920 warb es mit einer Anzeige als „langjähriger Treffpunkt der internationalen und eleganten Herrenwelt“. Täglich wurde Stimmungsmusik geboten und die erstmals 1919 erschienene Homo-

Nettesheim-Casino in der Hahnenstraße am Rudolfplatz; Postkarte (Centrum Schwule Geschichte, Köln)

sexuellenzeitschrift *Die Freundschaft* ausgelegt. Doch das Nettesheim-Casino profitierte nur einige Jahre vom Aufschwung der Homosexuellenszene. Im Zuge der Eröffnung größerer und moderner Lokalitäten begann Mitte der 1920er Jahre sein Abstieg. In unmittelbarer Nähe eröffnete 1919 oder 1920 das Restaurant Dahlhaus in der Hahnenstraße 37–39. Das Homosexuellenlokal warb mit täglichen Konzerten, sonntags zusätzlich mit Kabarett und es gab sich als Clublokal des Freundschaftsbundes. Mit der Tempelhof-Diele, Deutzer Freiheit 35, und dem Restaurant Zum Bahnhof, Mindener Straße 16, gab es auch in Deutz zwei Homosexuellenlokale. Ausschlaggebend für den Standort waren wohl die Kasernen unmittelbar am Rheinufer. Soldaten waren für Homosexuelle schon vor dem Ersten Weltkrieg gesuchte Sexualpartner. Ob ihres kargen Solds waren einige von ihnen bereit, sich zu prostituieren und bei den Soldaten war die Gefahr einer Erpressung wegen „widernatürlicher Unzucht" weniger groß als bei anderen männlichen Prostituierten.

Die Homosexuellenlokale der 1920er Jahre boten ein breit gefächertes Repertoire an Unterhaltung: Musikkapellen spielten beispielsweise Jazz oder Schrammelmusik. Es gab Kabarett mit Vorträgen, Gesang, Tanz und vor allem Travestie. Neben den obligatorischen Silvester- und Karnevalsbällen wurden auch Festivitäten ausgerichtet wie z. B. ein „Strandfest" oder eine „Rosennacht am Rhein". Das „Große internationale lila Fest", das 1922 in der Tempelhof-Diele gefeiert wurde, benannte sich nach dem 1920 veröffentlichten „Lila Lied", der ersten Homosexuellenhymne.

Neben den großen Homosexuellenorganisationen wie dem *Wissenschaftlich-humanitären Komitee* (gegründet 1897) und der *Gemeinschaft der Eigenen* (gegründet 1903) – sie sollen in allen größeren Städten des Deutschen Reichs Ortsgruppen gehabt haben – gründeten sich 1920 in vielen Städten Freundschaftsbünde. Im Herbst 1920 veranstaltete in Köln der kurz zuvor gegründete *Geselligkeits-Klub Harmonie* in der Waldschenke zu Hand bei Köln ein großes Fest. In den folgenden Jahren folgten weitere Vereinsgründungen: 1926 trafen sich die Mitglieder der *Einigkeit* im Lokal *Dornröschen*, der Verein Unter uns tagte im Hotel zum Adler. Für das Lokal *Augustenhof* war ein Damenclub verzeichnet. In den Vereinen spielten sozial-gesellige Aspekte eine große Rolle. Die Treffen fanden monatlich oder gar wöchentlich statt.

Homosexuellenzeitschriften wurden fast ausnahmslos in Berlin verlegt. In Köln gab es Verkaufsstellen in einzelnen Lokalen, an Zeitungskiosken oder in den Bahnhofsbuchhandlungen. Die Kölner Homosexuellen informierten sich jenseits der Diskussion zur Strafrechtsreform, wissenschaftlicher Erkenntnisse, jenseits von Unterhaltung oder Kritiken zu Theaterstücken und Filmen auch über die Homosexuellenszene vor Ort. In den Zeitschriften gab es Anzeigen von Homosexuellenlokalen, Nachrichten über lokale Vereinsaktivitäten und zahlreiche Kontaktanzeigen.

Die neu entstandenen Homosexuellenlokale, -vereine und -zeitschriften waren ein Zeichen des Aufbruchs, einer weitgehenden Befreiung von Zwängen und zeugten vom Hoffen auf das Ende von Diskriminierung und Strafverfolgung.

Anzeige oben:
Die Tempelhof-Diele warb 1922 in Das Freundschaftsblatt mit einem „lila Fest" (NS-DOK)

Anzeige links:
Anzeige für ein Herbstfest des kurz zuvor gegründeten Kölner Homosexuellenvereins Harmonie in Die Freundschaft, 1920 (NS-DOK)

Anzeige rechts:
Anzeige des Lokals Dornröschen in Das Freundschaftsblatt, 1931/32 (NS-DOK)

Die Homosexuellenszene etabliert sich

In der zweiten Hälfte der 1920er Jahre nahm die Zahl an Homosexuellengaststätten zu. Bisher sind zwölf Lokale für die Zeit nach 1925 bekannt. Sie waren nun über das Stadtgebiet verteilt, so gab es zwei Lokale in Riehl, darunter das *Oberbayern am Zoo*, Riehler Straße 167, oder am Friesenplatz 19 das *Hansa-Cafe*, das Lokal *Kersten* in der Fleischmengergasse, und in der Maximinenstraße die *Schnäuzer-Diele*. Es gab sowohl einfache Gaststätten, sogenannte Dielen, feine Tanzbars oder Weinlokale wie die *Traube*, Am Perlenpfuhl 68, wo ein gesetztes Publikum verkehrte. Mondäner ging es im *Augustenhof*, Pantaleonstraße 20 zu. Luise Straus-Ernst beschrieb das Publikum des Lokals: Im Festsaal tanzten fast nur sich affektiert gebende junge Männer in extravaganter Aufmachung, ebenso Frauen, die Smoking und Herrenhemdbluse trugen. Aber es gab – so Straus-Ernst – auch Anrührendes: „Da sind zwei Männer, bürgerlich-solid gekleidet, in den besten Jahren, wie man sagt, mit richtigen Schnurrbärten [...] Sie tanzen jeden Tanz miteinander, gehen hin und wieder tief ins Knie, in einem stillschweigenden Kontakt; und dabei bekommen ihre harten, gleichgültigen Gesichtszüge einen Ausdruck feierlicher Sammlung."[1]

Das bekannteste Lokal der damaligen Zeit war das *Dornröschen* in der Friedrichstraße 15. Es bestand von 1925 bis 1933. Vorne gab es einen schmalen Schankraum: links die lange schmale Theke, rechts fünf bis sechs Tische. Durch eine Pendeltüre – mit einem Schild „Zutritt verboten. Bund für Menschenrecht" – betrat man den Festsaal, den Clubraum des lokalen Vereins, zu dem nur Mitglieder Zutritt hatten. Die Vereinsmitgliedschaft erwarb man für 20 Pfennig. Die geschlossene Gesellschaft bot Schutz gegenüber der Ordnungspolizei. Im Saal sorgte eine Fünf-Mann-Kapelle für Stimmung. Auf den 20 bis 30 Tischen, die laubenartig voneinander getrennt waren, befanden sich Tischtelefone, mit denen man Kontakt aufnehmen und zum Tanz bitten konnte. Diese Einrichtung war moderner als die Saalpost, mit der das *Hotel zum Adler* in der Johannisstraße warb. Mittwochs, samstags und sonntags wurden Kostümbälle veranstaltet. Männer erschienen in aufwändigen Da-

Szene im Festsaal des Dornröschen; Zeichnung von Martin Augstein nach Angaben von Willi Zehnpfennig, der dort als Zigarettenboy arbeitete (Centrum Schwule Geschichte, Köln)

mengarderoben und Frauen trugen Frack oder Smoking. Geworben wurden mit Musik, einem Showprogramm und sogenannten Damendarstellern. Ruth und die Tänzerin Carmen waren lokale Größen. Der Star war Tilla, ein rund 40-jähriger Mann: „kniefreier Rock, tiefes Dekolletee, Seidenstümpfe und Halbschuhe."[2] Er brachte derbe Couplets. Tilla, mit bürgerlichem Namen Baptist Johann Welsch, trug auch tagsüber Frauenkleider. Er hatte einen von der Polizei ausgestellten „Transvestitenschein", der ihn vor Polizeiwillkür schützte. Welsch bzw. Tilla wurde während der NS-Zeit mehrfach wegen „widernatürlicher Unzucht" verhaftet und kam 1943 im Alter von 55 Jahren im Konzentrationslager Mauthausen ums Leben.

Das *Dornröschen* stand zuletzt unter der Leitung des Wirts Johann S. Mumbour, der schon zuvor Homosexuellenlokale in Düsseldorf und in Köln geführt hatte, so das *Hotel zum Adler*, Johannisstraße 36, und dann das Lokal *Zum weißen Haus*, Freiheitstraße 67. In beiden Lokalitäten gab es Clubabende, große Feste und traten Damenimitatoren aus. Er probierte in den ersten Lokalen das aus, mit dem er später das *Dornröschen* zum ersten Treffpunkt der männlichen und weiblichen Homosexuellen in Westdeutschland machte. Mumbour, der auch in der NS-Zeit noch ein Homosexuellenlokal führte, wurde als sogenannter Verführer interniert und kam 1945 im Alter von 63 Jahren im Konzentrationslager Dachau ums Leben.

Repressionen statt Aufklärung

Es gibt kaum Daten über den Umfang der polizeilichen Verfolgung homosexueller Männer im Köln der Weimarer Republik. Für 1925 meldete die *Kölnische Volkszeitung*, dass 139 Männer verhaftet wurden. Gegen sie wurde wegen „widernatürlicher Unzucht" (§ 175 RStGB) ermittelt. Außerdem konnte die Polizei wegen Erregung öffentlichen Ärgernisses und wegen tätlicher Beleidigung gegen Homosexuelle vorgehen. Neben der drohenden Gefängnisstrafe fürchteten sie die gesellschaftliche Ausgrenzung wie den Verlust der Arbeitsstelle oder die Kündigung der Wohnung.

Seit Mitte der 1920er Jahre erhöhte sich – jenseits einer strafrechtlichen Verfolgung – der Druck auf die

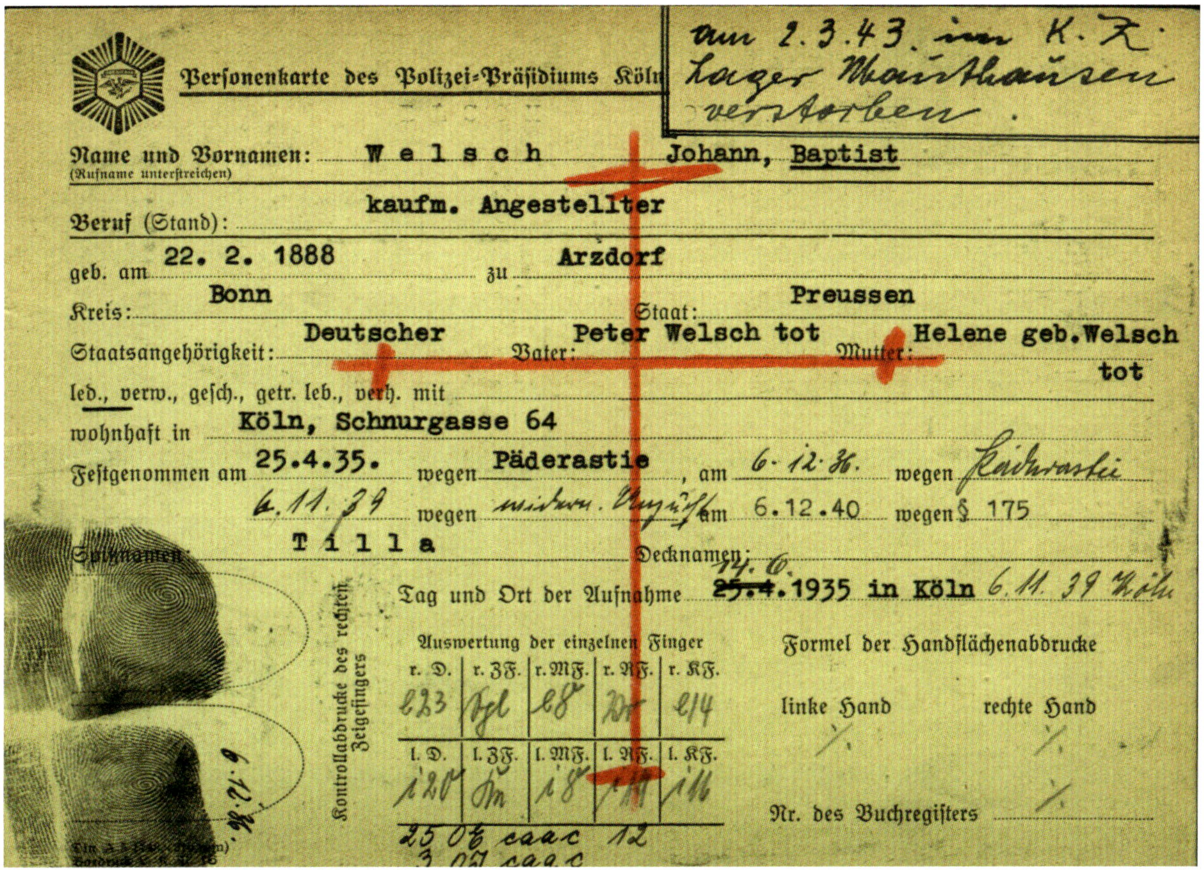

Personenkarte des Polizei-Präsidiums Köln

am 2.3.43. im K.Z. Lager Mauthausen verstorben.

Name und Vornamen: W e l s c h Johann, Baptist
(Rufname unterstreichen)

Beruf (Stand): kaufm. Angestellter

geb. am 22. 2. 1888 zu Arzdorf

Kreis: Bonn Staat: Preussen

Staatsangehörigkeit: Deutscher Vater: Peter Welsch tot Mutter: Helene geb.Welsch tot

led., verw., gesch., getr. leb., verh. mit

wohnhaft in Köln, Schnurgasse 64

Festgenommen am 25.4.35. wegen Päderastie, am 6.12.36. wegen Päderastie

6.11.39 wegen widern. Unzucht am 6.12.40 wegen § 175

Spitznamen: T i l l a Decknamen:

Tag und Ort der Aufnahme ~~25.4.~~ 14.6. 1935 in Köln 6.11.39 Köln

Kontrollabdrucke des rechten Zeigefingers

Auswertung der einzelnen Finger

r. D.	r. ZF.	r. MF.	r. RF.	r. KF.
e23	Vgl	e8	Dr	e14
l. D.	l. ZF.	l. MF.	l. RF.	l. KF.
i20	Im	i8	i11	i16

25 OE caac 12

Formel der Handflächenabdrucke

linke Hand ./. rechte Hand ./.

Nr. des Buchregisters ./.

Erkennungsdienstliche Karteikarte von Johann Baptist Welsch, angelegt vom Erkennungsdienst der Kriminalpolizei Köln. Welsch wurde zwischen 1935 und 1940 vier Mal wegen „widernatürlicher Unzucht", „Päderastie" bzw. Verstoßes gegen § 175 festgenommen (LAV NRW R, BR 2385 Nr. 3682)

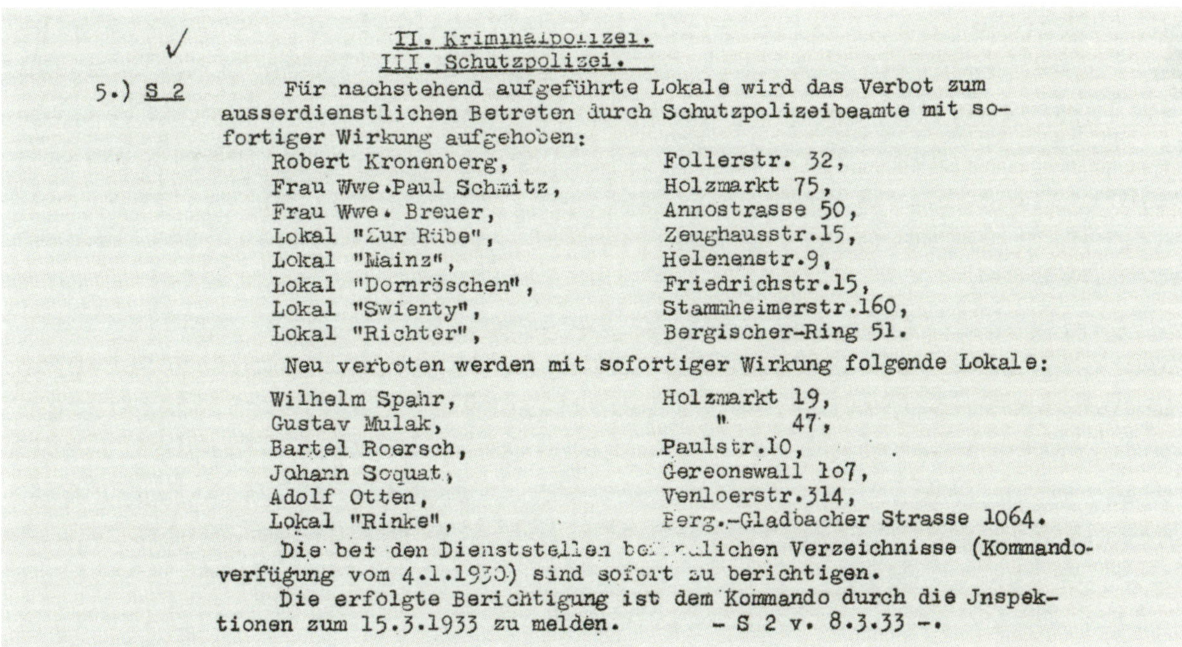

II. Kriminalpolizei.
III. Schutzpolizei.

5.) S 2 Für nachstehend aufgeführte Lokale wird das Verbot zum ausserdienstlichen Betreten durch Schutzpolizeibeamte mit sofortiger Wirkung aufgehoben:

Robert Kronenberg,	Follerstr. 32,
Frau Wwe.Paul Schmitz,	Holzmarkt 75,
Frau Wwe. Breuer,	Annostrasse 50,
Lokal "Zur Rübe",	Zeughausstr.15,
Lokal "Mainz",	Helenenstr.9,
Lokal "Dornröschen",	Friedrichstr.15,
Lokal "Swienty",	Stammheimerstr.160,
Lokal "Richter",	Bergischer-Ring 51.

Neu verboten werden mit sofortiger Wirkung folgende Lokale:

Wilhelm Spahr,	Holzmarkt 19,
Gustav Mulak,	" 47,
Bartel Roersch,	Paulstr.10,
Johann Soquat,	Gereonswall 107,
Adolf Otten,	Venloerstr.314,
Lokal "Rinke",	Berg.-Gladbacher Strasse 1064.

Die bei den Dienststellen befindlichen Verzeichnisse (Kommandoverfügung vom 4.1.1930) sind sofort zu berichtigen.

Die erfolgte Berichtigung ist dem Kommando durch die Jnspektionen zum 15.3.1933 zu melden. – S 2 v. 8.3.33 –.

Das Dornröschen wurde nach seiner Schließung Anfang März 1933 von der Liste verbotener Lokale der Kölner Schutzpolizei gestrichen. Tagesbefehl, Amtliche Bekanntmachungen der staatlichen Polizeiverwaltung Köln vom 15. 3. 1933 (NS-DOK)

Homosexuellenszene. Bei konservativen Bevölkerungsschichten wuchs die Besorgnis, dass die Zunahme einer öffentlichen Sichtbarkeit der Homosexuellen zu einer „Ausbreitung" der Homosexualität führen könnte. Die Polizei übte auf Wirte Druck aus, den lokalen Vereinen keine Räumlichkeiten mehr zur Verfügung zu stellen. In deren Folge löste sich auch die Kölner Ortsgruppe des *Bundes für Menschenrecht* auf. Sie wurde 1928 neu gegründet. Homosexuellenlokale wurden von der Polizei auf „schwarze Listen" gesetzt und von der Polizei observiert. Das *Dornröschen* fand sich 1932 ebenfalls auf einer solchen Liste.
Die Homosexuellen-Zeitschriften standen während der gesamten Zeit der Weimarer Republik unter Beobachtung. Immer wieder wurden einzelne Ausgaben zensiert, d. h., sie durften nicht öffentlich verkauft werden. Während solche Verbote bis Mitte der 1920er Jahre kaum vorkamen, häuften sich Zensurmaßnahmen in den letzten Jahren der Weimarer Republik.
Nicht zuletzt die öffentlichen Auftritte von Protagonisten der Homosexuellenbewegung sollten unterbunden werden. Im Bestreben einer Reformierung des § 175 sollten nicht nur Politiker, Polizeibeamte und Juristen, sondern auch die Öffentlichkeit über das „Wesen der Homosexualität" und die Folgen der (Straf-)Verfolgung aufgeklärt werden. Vorträge namhafter Wissenschaftler und Vertreter der Homosexuellenorganisationen fanden auch in Köln statt. So hielt der Berliner Sexualwissenschaftler Magnus Hirschfeld 1920 einen Lichtbildvortrag in der Lesegesellschaft. 1927 trat er mit dem Vortrag „Das Recht auf Liebe. Die sexuelle Krise" im Reichshallentheater auf. Der Vorsitzende des *Bundes für Menschenrecht* Friedrich Radszuweit sprach im *Dornröschen* vor Vereinsmitgliedern über „Homosexualität, Strafgesetz und Volksempfinden".
Wie stark sich das öffentliche Klima für Homosexuelle in Köln änderte, zeigt sich an der sogenannten Hirschfeld-Affäre in der zweiten Hälfte der 1920er Jahre. 1927 wollte Magnus Hirschfeld erneut in Köln einen Vortrag halten, diesmal im Gürzenich. Dies wurde von Seiten der Stadt abgelehnt. Auch Anfragen im folgenden Jahr und wiederum 1930 wurden abschlägig beschieden. Da sich die Stadt bei der Absage von 1927 hämische Kommentare der linken und liberalen Presse einhandelte, ging man bei den Anfragen 1928 und 1930 taktisch vor. Die Verantwortung der Absage wurde dem nachgeordneten Gürzenich-Ausschuss überantwortet.

Tilla, das ist Johann Baptist Welsch, der Damenimitator Kölns, in Die Freundin, 1927 (Centrum Schwule Geschichte, Köln)

Karikatur des Berliner Sexualwissenschaftlers Magnus Hirschfeld im Einsatz zur Bekämpfung des § 175 RStGB, von 1907 (US Holocaust Memorial Museum Photo Archives)

Ein jähes Ende

Mit der Machtübernahme der Nationalsozialisten brach die Homosexuellenszene rasch zusammen. Die Homosexuellenvereine lösten sich sofort selbst auf, Unterlagen wurden sofort vernichtet. Die Gefahr einer Verfolgung der Mitglieder war zu groß. Die Homosexuellenzeitschriften wurden als „Schmutz und Schund" verboten. Die meisten Homosexuellengaststätten wurden geschlossen. Vereinzelt konnten Lokale – manche nur vorübergehend – offenhalten. Eine Ausnahme bildete das *Steinerne Kännchen (Em steine Kännche)*, das 1930 in der Helenenstraße 16 öffnete, dann in der Straße Vor St. Martin 14 fortgeführt wurde und nach dem Krieg Am Perlenpfuhl 12 wiedereröffnete.

Quellen und Literatur

Arbeitskreis, Dornröschen; Himmel und Hölle; Müller, Ausgrenzung.

1 Ernst Luart (das ist Louise Strauß-Ernst), „Zug durch das dunkle Köln", in: Querschnitt 1929, Bd. 1, S. 104–106.
2 Rheinische Zeitung vom 15.5.1925.

Blick auf die Bühne und die Logen im Opernhaus am Habsburgerring; Fotografie, 1902 (TWS der Universität zu Köln)

„Das Publicum ist schon sehr schlimm, da ist wenig Freude zu erhoffen“[1]

Musiktheater in Köln 1917–1933

Tobias Wüstenbecker

Als Konrad Adenauer am 18. September 1917 vom Kölner Stadtrat zum Oberbürgermeister gewählt wurde, hatte knapp drei Wochen zuvor für die Vereinigten Stadttheater Cöln die vierte Kriegsspielzeit begonnen. An jenem Abend konnte das Publikum im Schauspielhaus das Lustspiel *Der Schwarzkünstler* von Emil Gött sehen und im Opernhaus hob sich für die beiden einaktigen Opern *Violanta* und *Der Ring des Polykrates* von Erich Wolfgang Korngold der Vorhang. Am Pult stand der 32-jährige Otto Klemperer (1885–1973), der mit Beginn dieser Spielzeit als Erster Kapellmeister an der Kölner Oper verpflichtet worden war. Klemperer hatte von Anfang an große Probleme mit dem Repertoirebetrieb gehabt. Ihm blieb seiner Meinung nach nicht genügend Zeit zum Proben, die Werke wurden „abgedroschen“. In den ersten drei Monaten musste Klemperer in 40 Vorstellungen 13 verschiedene Stücke dirigieren, bis zum Ende seiner ersten Spielzeit am 30. Juni 1918 kam er auf 98 Vorstellungen.[2] Trotz alledem versuchte er, zeitgenössische Werke mit mehr oder weniger Erfolg auf die Bühne zu bringen. So fanden nicht nur zahlreiche Kölner Erstaufführungen, wie z. B. *Jenůfa* von Leoš Janáček (1918, auch Deutsche Erstaufführung), *Die Frau ohne Schatten* von Richard Strauss (1919), *Die Gezeichneten* von Franz Schreker (1920) oder *Die Vögel* von Walter Braunfels (1921), sondern auch die Uraufführungen von Korngolds *Die tote Stadt* (1920, synchron mit Hamburg), Alexander von Zemlinskys *Der Zwerg* (1922) und Schrekers *Irrelohe* (1924) statt. Dennoch ging Klemperer 1924 nach Berlin. Obwohl er 1921 zum Generalmusikdirektor ernannt worden war, war er der Auseinandersetzungen mit Direktor (ab 1921 Generalintendant) Fritz Rémond und dem städtischen Kapellmeister Hermann Abendroth, der die eher konservativ-bürgerlichen Gürzenich-Konzerte leitete, überdrüssig. Gegenüber Rémond, einem ehemaligen Wagner-Tenor und nunmehr eine Figur aus vergangenen, wilhelminischen Zeiten, die gerne opulent inszenierte, konnte Klemperer sich oftmals nicht durchsetzen. Abendroth schließlich sträubte sich

Hans Strohbach, Bühnenbildentwurf Anitas Zimmer für Ernst Křeneks Jonny spielt auf, Opernhaus, 1927 (TWS der Universität zu Köln)

Otto Klemperer; Fotografie von Emil Bieber mit Autogramm, 1917 (KSM)

Direktor Fritz Rémond; Fotografie, vor 1921 (TWS der Universität zu Köln)

vehement gegen Klemperers Wunsch, mit dem Gürzenich-Orchester auch Konzerte zu geben, bis ihm drei pro Saison zugestanden wurden, allerdings im Opernhaus. Letztlich blieb Köln für Klemperer Provinz mit einem „rückständige[n] kulturelle[n] Klima“[3], die für ihn als Sprungbrett zu Höherem diente.

Sein Nachfolger Eugen Szenkar (1891–1977) kam vom Theater des Westens in Berlin. Er versuchte in Köln zum einen mit Barockmusik das Repertoire zu erweitern und führte 1924 die erste Händel-Oper überhaupt in Köln auf. Zum anderen setzte er den Weg Klemperers fort und brachte u. a. die Erstaufführungen von Sergej Prokofjews *Die Liebe zu den drei Orangen* (1925, auch DE), Egon Wellesz' *Alkestis* (1926) oder Arthur Honeggers *Judith* (1927). Ein großer Publikumserfolg wurde *Jonny spielt auf* von Ernst Křenek (1928), auch wenn der Evangelische Sittlichkeitsverein beim Kulturdezernenten Meerfeld gegen das Stück protestiert hatte, weil er der Meinung war, dass das Stück „für wahre Volksbildung und Erziehung [...] ohne jegliche Bedeutung [ist] und dass der Neger schließlich alle europäischen Koncurrenten dupiert [...] wirkt gewiß irreführend und demoralisierend“.[4]

Zum Ende der Weimarer Republik war die einzige zeitgenössische Uraufführung *Galatea* von Walter Braunfels (1930) und im gleichen Jahr als Erstaufführung noch Alban Bergs *Wozzeck*, ehe sich auch im Spielplan die konservativen Tendenzen durchzusetzen begannen. Ende der 1920er Jahre kam es noch zu einer Renaissance der Werke eines Sohnes der Stadt: Von 1928 bis 1931 wurde jährlich eine Operette Jaques Offenbachs auf die Bühne gebracht. Die schöne Helena machte den Anfang und der Bühnen- und Kostümbildner Hans Strohbach scheint mit den Geschlechtern zu spielen, wenn er der Figur der Helena männlich-markante Züge verleiht. *La Périchole* war 1931 für lange Zeit die letzte Offenbach-Operette auf Kölner Bühnen.

Hans Strohbach, Kostümentwurf Helena für Jacques Offenbachs Die schöne Helena, Opernhaus, 1928 (TWS der Universität zu Köln)

Hans Strohbach, Kostümentwurf Strolch für Belá Bartóks Der wunderbare Mandarin, Opernhaus, 1926 (TWS der Universität zu Köln)

Auch optisch brachen neue Zeiten an. Bereits Klemperer hatte dem Publikum Änderungen der Sehgewohnheiten zugemutet und gab Anregungen, das Bühnenbild stilistisch zu „begradigen".[5] Der Bühnenmaler Rudolf Hraby (geb. 1872) hatte seit 1902 Bühnenbilder in Köln entworfen und blieb bis Anfang der 1930er Jahre Vorstand des Malersaales. Er bewegte sich jedoch „auf der Traditionslinie der Kunst der Theaterateliers des 19. Jahrhunderts"[6] und gerne wurde immer wieder auf den Fundus zurückgegriffen, so dass sich Neuerungen nur langsam durchsetzten. Erst mit den Arbeiten von Theodor Caspar Pilartz, Gustav Singer, Erich Metzoldt und Hans Strohbach ab Mitte der 1920er Jahre wurde der Anschluss an den künstlerischen Standard der Gegenwart gefunden.
Köln war zwar die drittgrößte Stadt Deutschlands, konnte sich in der Weimarer Republik aber nicht zu einer progressiven Theatermetropole entwickeln. Dafür sorgte der größte Teil des Kölner Publikums, das sich in seiner „konservativen Urbanität"[7] eher dem klassischen Repertoire verbunden fühlte. Wenige Produktionen sorgten für überregionales Interesse, zeitgenössische Werke hielten nur selten dem Normalbetrieb stand.

„Lärm im Kölner Opernhaus."[8] Der Skandal um Béla Bartóks Der Wunderbare Mandarin

Am Samstag, dem 27. November 1926 kam es zu einer denkwürdigen Uraufführung im Kölner Opernhaus, die Theatergeschichte schreiben sollte.[9] Die Theaterpantomime *Der wunderbare Mandarin* von Belá Bartók stand auf dem Programm. Der Komponist war ein Freund von Eugen Szenkar, der sich sehr für dessen Werke einsetzte und auch Bartóks *Herzog Blaubarts Burg* zur Kölner Erstaufführung brachte, allerdings mit bescheidenem Erfolg beim Publikum. Für

Theodor Caspar Pilartz, Bühnenbildentwurf für Knut Hamsuns Königin Tamara, Schauspielhaus, 1924 (TWS der Universität zu Köln)

den *Mandarin* hatte Bartók bereits länger nach einem Uraufführungsort gesucht und war bereits 1924 in Budapest wegen des „unmoralischen" Inhalts gescheitert. Die Handlung bestand darin, dass drei Strolche ein Mädchen dazu zwingen, Männer von der Straße in ein Zimmer zu locken, um sie ausrauben zu können. Ein alter und ein junger Mann taugen mangels Geld nicht als Opfer, bevor ein geheimnisvoller Mandarin als dritter vom Mädchen mit einem Tanz betört wird. Die Strolche stürzen hervor, rauben ihn aus und versuchen, ihn mit einem Kissen zu ersticken. Als dies nicht gelingt, durchbohren sie ihn mit einem Schwert, doch seine Sehnsucht nach dem Mädchen ist stärker, so dass sie ihn schließlich aufhängen. Erst als sein Körper wieder heruntergenommen wird und das Mädchen ihn in die Arme schließt, bluten seine Wunden und er stirbt. Nachdem der Vorhang gefallen war, begann ein Pfeif- und Zischkonzert, das zehn Minuten anhielt und besonders stark beim Erscheinen Bartóks auf der Bühne ausfiel. Die wenigen Bravo-Rufe, vermeintlich bestellt, gingen vollkommen unten. Erst als der eiserne Vorhang fiel, endeten die vehementen Reaktionen.

Die Ereignisse des Abends fanden reichsweit Widerhall in den Zeitungen, vom linken bis zum rechten Spektrum wurde das Stück abgelehnt und auch teilweise die Absetzung gefordert. Empörte Briefe gingen in den folgenden Tagen bei der Generalintendanz, dem Beigeordneten für Kunst und Kultur Johannes Meerfeld und dem Oberbürgermeister ein. Die Kritik lief auf verschiedenen Ebenen ab. Da waren zum einen die wohl unglückliche Inszenierung und die Form der Pantomime.[10] Und auch wenn Teile des Publikums mit „übermoderner Schundmusik"[11] weiterhin nichts anfangen konnten, entrüsteten sich die meisten über die Handlung des „Kaschemmen- und Dirnenstücks voll der rohesten und brutalsten Instinkte"[12]. Dieser Fall von „Schmutz und Schund" kam nicht nur vielen Konservativen recht. Dass so viele Zeitungen berichteten, lag auch daran, dass die Thematik in der Öffentlichkeit präsent war, denn der Reichstag diskutierte zu der Zeit über das Schmutz- und Schundgesetz und die

dritte Beratung stand unmittelbar bevor.[13] Schließlich brachten die Kritiker noch direkte und antisemitische Angriffe gegen Eugen Szenkar vor, der, wenn er als „geborener ungarischer Jude nur ausländische Componisten duldet [...], in seine Heimat" zurückkehren solle: „Wir sind hier in einer deutschen Stadt und verlangen deutsche Opernwerke".[14]
Aufgrund der massiven Kritik der öffentlichen Meinung und insbesondere der Presse, sah sich nun auch die Kommunalpolitik zum Handeln gezwungen. Oberbürgermeister Adenauer war empört, dass er von den Vorgängen im Opernhaus erst durch die Zeitungen am Montag erfuhr. Er bestellte umgehend Eugen Szenkar in sein Büro ein und machte ihm „die bittersten Vorwürfe, wie es [ihm, Szenkar,] eingefallen wäre, so ein Schmutzwerk aufzuführen".[15] Adenauer „forderte die sofortige Absetzung des Werkes".[16] Szenkar wollte seinen Abschied einreichen, wovon Bartók ihn abhalten konnte. Ebenfalls am Montag schickte die Zentrumsfraktion der Stadtverordnetenversammlung dem Beigeordneten Meerfeld den Antrag auf „sofortige Zurückziehung des Stückes" und die Einberufung der Theaterkommission zu. Die Ereignisse müssen sich in den nächsten Stunden überschlagen haben, denn einige Abendausgaben lokaler Zeitungen berichteten bereits über die Verfügung Adenauers, das Stück sofort abzusetzen.[17] Die konservativen und klerikalen Kreise hatten ihr Ziel erreicht. Die Anordnung wiederum zog Schlagzeilen wie „Adenauer diktiert!" und „Mittelalter in Köln?"[18] nach sich und die *Sozialistische Republik* bezeichnete ihn als „Kunstreaktionsgeneral"[19]. Die Diskussionen in den Zeitungen hallten noch einige Wochen nach und Adenauers Ruf als Kulturpolitiker hatte starke Kratzer bekommen. Immerhin gab es für die Protagonisten an der Oper keine persönlichen Konsequenzen. Der Theaterausschuss sprach den Städtischen Bühnen das Vertrauen aus und betonte, dass die Verantwortlichkeit für den Spielplan bei der Intendanz liege. Allerdings wurde sichergestellt, dass der Generalintendant zukünftig über besondere Vorkommnisse dem Oberbürgermeister und dem Dezernenten sofort Mitteilung zu machen hat.

Gustav Singer, Bühnenbildentwurf für Tanz-Architektur (Projekt), Schauspielhaus, 1924 (TWS der Universität zu Köln)

Quellen und Literatur

1 Otto Klemperer an Richard Strauss, 30.9.1917.
2 Vgl. Heyworth, Klemperer, S. 148 u. 151.
3 Valder-Knechtges, Provinztheater, S. 243.
4 Wangenheim, Mandarin, Anhang Nr. 40 (21.9.1927).
5 Herzogenrath, Dadamax, S. 178.
6 Köhler, Hraby, S. 117.
7 Herzogenrath, Dadamax, S. 176.
8 Überschrift in der Kölnischen Zeitung vom 29.11.1926.
9 Die Ausführungen lehnen sich besonders an die Dissertation von Annette von Wangenheim zum „Wunderbaren Mandarin" an.
10 Später hatte Bartók keine Einwände gegen eine tänzerische Inszenierung 1942 an der Mailänder Scala durch den Choreographen Aurel von Milloss (vgl. Wangenheim, Mandarin, S. 103–119).
11 Aus der Zuschrift der Herren Max Lienhard und Peter Zisskoven an die Generalintendanz, 29.11.1926 (zit. nach Wangenheim, Mandarin, Anhang Nr. 42).
12 Kölnische Volkszeitung, 29.11.1926.
13 Das Gesetz zur Bewahrung der Jugend vor Schund- und Schmutzschriften wurde am 18.12.1926 erlassen.
14 Zuschrift von W. Klitz an die Generalintendanz, 29.11.1926 (zit. nach Wangenheim, Mandarin, Anhang Nr. 41; Unterstreichung im Original).
15 Szenkar in seinen unveröffentlichten Memoiren, zit. nach Valder-Knechtges, Arbeit, S. 67.
16 Ebd.
17 Z. B. die Rheinische Volkswacht zu Köln, 29.11.1926.
18 Rheinische Zeitung zu Köln, 30.11.1926 und 2.12.1926.
19 4.12.1926.

Nächste Doppelseite: Blick über die Kölner Messe nach Süden; Fotografie von Junkers Luftbild-Zentrale, 1928 (KSM)

LITERATUR

Petra Adenauer
Petra Adenauer: Konrad Adenauers sportpolitisches Wirken als Oberbürgermeister von Köln 1917–1933, Diplomarbeit an der Deutschen Sporthochschule Köln, Köln 1985. (Die Arbeit wurde in gekürzter Fassung im Jahrbuch des Kölnischen Geschichtsvereins von 1986 veröffentlicht).

Apex
Apex (pseud. R.G. Coulson): The Uneasy Triangle. Four Years of Occupation by 'Apex', 1931.

Arbeitskreis, Dornröschen
Arbeitskreis schwule Geschichte Kölns (Hg.): Dornröschen. Das Leben der „Verzauberten" im Köln der 20er Jahre, Köln 1987.

Asaria
Zvi Asaria: Die Juden in Köln von den ältesten Zeiten bis zur Gegenwart, Köln 1959.

Bachmann
Paul Bachmann: Die Kölner Meisterschule, Köln 1942.

Backes – Hagspiel – Herzogenrath
Dirk Backes – Wolfram Hagspiel – Wulf Herzogenrah: Heinrich Hoerle. Leben und Werk. 1895–1936, Köln 1981.

Bales
Ute Bales: Die Welt zerschlagen. Die Geschichte der Dada-Künstlerin Angelika Hoerle, Zell/Mosel 2016.

Bechhaus-Gerst
Marianne Bechhaus-Gerst: „Raum ohne Volk und Volk ohne Raum" – Die „Koloniale Sonderschau" auf der Pressa 1928, in: Bechhaus-Gerst – Horstmann, S. 211–214.

Bechhaus-Gerst – Horstmann
Marianne Bechhaus-Gerst – Anne-Kathrin Horstmann (Hgg.): Köln und der deutsche Kolonialismus. Eine Spurensuche, Köln – Weimar – Wien 2013.

Becker-Jákli 2012
Barbara Becker-Jákli: Das jüdische Köln. Geschichte und Gegenwart. Ein Stadtführer, Köln 2012.

Becker-Jákli 2002
Barbara Becker-Jákli (Hg.): Ich habe Köln doch so geliebt. Lebensgeschichten jüdischer Kölnerinnen und Kölner, 3. Aufl., Köln 2002.

Becker-Jákli 2004
Barbara Becker-Jákli: Das jüdische Krankenhaus in Köln. Die Geschichte des Israelitischen Asyls für Kranke und Altersschwache 1869 bis 1945 (Schriften des NS-Dokumentationszentrums 11), Köln 2004.

Biegel
Gerd Biegel: Geld aus Köln. Quellen zur Stadtgeschichte. Stadtsparkasse Köln, Köln 1979.

Biermann
Werner Biermann: Konrad Adenauer. Ein Jahrhundertleben, Berlin 2017.

Billstein 1979
Reinhold Billstein (Hg.): Das andere Köln. Demokratische Traditionen seit der Französischen Revolution (Kleine Bibliothek 169), Köln 1979.

Billstein, Krieg und Revolution
Reinhold Billstein: Krieg und Revolution. Die Kölner Sozialdemokratie in den Jahren von 1914 bis 1918, in: Billstein, 1979, S. 189–222.

Bohnen
Uli Bohnen: Franz W. Seiwert 1894–1933. Leben und Werk, Köln 1978.

Bohnke-Kollwitz
Jutta Bohnke-Kollwitz (Hg.): Köln und das rheinische Judentum. Festschrift Germania Judaica 1959–1984, Köln 1984.

Buck u. a.
Elmar Buck u. a.: Köln. Die Stadt und ihr Theater, Orte und Personen, Oper, Schauspiel, Tanz, Kassel 2007.

Bund
Konrad Bund: Die Kölner Petersglocke wurde 75 Jahre alt, in: Jahrbuch für Glockenkunde, 9./10. Bd., 1997/1999, Brühl 1998, S. 311–316.

Carlebach
Alexander Carlebach: Adass Yeshurun of Cologne. The Life and Death of a Kehilla, Belfast 1964.

Himmel und Hölle
Centrum Schwule Geschichte (Hg.): Himmel und Hölle. 100 Jahre schwul in Köln, Köln 2002.

Cepl-Kaufmann
Gertrude Cepl-Kaufmann (Hg.): Jahrtausenfeiern und Befreiungsfeiern im Rheinland, Essen 2009.

Charlestonkleid
Charlestonkleid und Tippmamsell. Mode und modernes Leben der 20er Jahre, Begleitband zur Sonderausstellung, hg. v. Freunde und Förderer des Industriemuseums Cromford e.V./Landschaftsverband Rheinland/Rheinisches Industriemuseum, Ratingen 2001.

Corbach
Dieter Corbach: Die Jawne zu Köln. Zur Geschichte des ersten jüdischen Gymnasiums in Köln und zum Gedenken an Erich Klibansky (1900–1942). Ein Gedenkbuch, Köln 1990.

Dietmar
Carl Dietmar: Die Chronik Kölns, Dortmund 1991, bes. S. 332–381.

Döpp
Suska Döpp: Jüdische Jugendbewegung in Köln 1906–1938. Anpassung – Selbstbehauptung – Widerstand, Münster 1997.

Domke
Monika Domke: Die Kommunalpolitik von SPD und KPD von 1928 bis 1930, in: Billstein 1979, S. 224–256.

Düwell, Universität, Schulen und Museen
Kurt Düwell: „Universität, Schulen und Museen. Adenauers wissenschafts- und bildungspolitische Bestrebungen für Köln und das Rheinland (1917–1932)", in: Stehkämper 1976, S. 167–206.

Düwell – Köllmann
Kurt Düwell – Wolfgang Köllmann (Hgg.): Zur Geschichte von Wissenschaft, Kunst und Bildung an Rhein und Ruhr, (Rheinland-Westfalen im Industriezeitalter 4), Wuppertal 1985.

Ellscheid
Rosemarie Ellscheid: Der Stadtverband Kölner Frauenvereine. Ein Kapitel Frauenbewegung und Zeitgeschichte von 1909–1933, Köln 1983.

Erdmann
Karl Friedrich Erdmann: Adenauer in der Rheinlandpolitik nach dem Ersten Weltkrieg, in: Jahrbuch des Kölnischen Geschichtsvereins 40, Köln 1966, S. 106–129.

Euler-Schmdit, Coellen
Michael Euler-Schmidt: Coellen aus Rand und Band, in: Rolf Sachsse (Bearb.): August Sander. Köln wie es war, Köln 1988, S. 30–34, 146–162, 238–242.

Euler-Schmidt, Hegemann
Michael Euler-Schmidt (Hg.): Marta Hegemann (1894–1970). Leben und Werk, Kölnisches Stadtmuseum, Köln 1990.

Euler-Schmidt, Och
Michael Euler-Schmidt: „Och, wat wor dat fröher schön doch en Colonia", in: Ralf Bernd Assenmacher, Michael Euler-Schmidt, Werner Schäfke: 175 Jahre...und immer wieder Karneval, hg. v. Festkomitee des Kölner Karneval von 1823 e. V., Köln 1997, S. 68–83.

Euler-Schmidt, Strausfeld
Michael Euler-Schmidt: Peter Strausfeld (1910–1980). Ein Kölner Künstler in der Emigration, Köln 1987.

Ewald – Kuske
Wilhelm Ewald – Bruno Kuske (Hgg.): Katalog der Jahrtausendausstellung der Rheinlande in Köln 1925, Köln 1925.

Faust
Manfred Faust: Krieg, Revolution, Spaltung. Die Kölner Sozialdemokratie 1914 bis 1920, in: Gerhard Brunn (Hg.): Sozialdemokratie in Köln. Ein Betrag zur Stadt- und Parteiengeschichte, Köln 1986, S. 83–104.

Franken
Irene Franken: „Ja, das Studium der Weiber ist schwer!" Studentinnen und Dozentinnen an der Kölner Universität bis 1933. Katalog zur Ausstellung in der Universitäts- und Stadtbibliothek Köln, 28. April – 10. Juni 1995, Köln 1995.

Franzheim
Liesel Franzheim: Juden in Köln. Von der Römerzeit bis ins 20. Jahrhundert. Foto-Dokumentation, Kölnisches Stadtmuseum, Köln 1984.

Freiträger
Andreas Freiträger: „Veritati – Coloniae – Patriae". Facetten der Kölner Universitätsgeschichte zwischen Weimarer Republik und demokratischem Neubeginn. Zum 70. Jahrestag der Einweihung des Universitätshauptgebäudes und des 60. Jahrestags der Wiedereröffnung der Universität, Köln 2005.

Friedrich
Julia Friedrich (Hg.): Otto Freundlich. Kosmischer Kommunismus, Museum Ludwig, Köln – Kunstmuseum Basel, München – London – New York 2017.

Frielingsdorf, Auf den Spuren
Volker Frielingsdorf: Auf den Spuren Konrad Adenauers durch Köln. Gedenkschrift der Stadt Köln zum 125. Geburtstag ihres Ehrenbürgers am 5. Januar 2001, Köln 2001.

Frielingsdorf, Wirtschaftspolitik
Volker Frielingsdorf: Konrad Adenauers Wirtschaftspolitik als Kölner Oberbürgermeister (1917–1933), Basel 2002.

Frohn
Hans-Werner Frohn: Arbeiterbewegungskulturen in Köln 1890 bis 1933 (Düsseldorfer Schriften zur neueren Landesgeschichte und zur Geschichte Nordrhein-Westfalens 45), Essen 1997.

Gedye
G. E. R. Gedye: The Revolver Republic: France's Bid for the Rhine, 1930.

Gibbs
Philip Gibbs: Back to Life, 1920.

Grübel – Mölich
Monika Grübel – Georg Mölich (Hgg.): Jüdisches Leben im Rheinland, Köln u. a. 2005.

Gruner
Wolf Gruner: Die Kommunen im Nationalsozialismus: Innenpolitische Akteure und ihre wirkungsmächtige Vernetzung, in: Sven Reichhardt und Wolfgang Seibel: Der prekäre Staat: Herrschen und Verwalten im Nationalsozialismus, Frankfurt /M – New York 2011, S. 167–211.

Hacke
Christian Hacke: Adenauers Stellung zum deutschen Nationalstaat und zu Europa, in: Anselm Doering-Manteuffel – Hans-Peters Schwarz (Hgg.): Adenauer und die deutsche Geschichte, Bonn 2001, S. 34–52.

Hagspiel
Wolfram Hagspiel: Großbauten und Privathäuser 1927–1933, in: Hall, S. 69–76.

Hall
Heribert Hall (Bearb.): Köln und seine Bauten 1928-1988, Köln 1991.

Hansmeyer
Karl-Heinrich Hansmeyer (Hg.): 600 Jahre Kölner Universität. Von der mittelalterlichen Alma mater zum zukunftsorientierten Zentrum der Wissenschaft, Köln 1988.

Heimbüchel, Die neue Universität
Bernd Heimbüchel: Die neue Universität. Selbstverständnis – Idee und Verwirklichung, in: Bernd Heimbüchel – Klaus Pabst: Kölner Universitätsgeschichte, Bd. II: Das 19. und 20. Jahrhundert, Köln 1988, S. 101–656.

Heimbüchel, Universitas
Bernd Heimbüchel: 'Neuartige Universitas'. Zur Geschichte der Kölner Hochschulidee im 19. und 20. Jahrhundert, in: Geschichte in Köln, 23/1988, S. 247–266.

Heinen – Pfeffer
Werner Heinen – Annemarie Pfeffer: Köln: Siedlungen 1938–1988 (Stadtspuren. Denkmäler in Köln 10,II), Köln 1988.

Henneberg
Claus H. Henneberg: Musiktheater in Köln in der Weimarer Republik. Probleme einer Rückschau, in: Westdeutscher Rundfunk Köln (Hg.): Rheinisches Musikfest 1987, Köln 1987, S. 22–27.

Henning
Friedrich-Wilhelm Henning: Die Industrie- und Handelskammer zu Köln und ihr Wirtschaftsraum im Ersten Weltkrieg und in der Weimarer Republik, in: Die Geschichte der unternehmerischen Selbstverwaltung in Köln 1914-1997, Köln 1997, S. 7–117.

Herrmann
Walther Herrmann: Wirtschaftsgeschichte der Stadt Köln 1914 bis 1970, in: Hermann Kellenbenz – Klara van Eyll (Hgg.): Zwei Jahrtausende Kölner Wirtschaft, Köln 1975, S. 359–473.

Herzogenrath 1980
Wulf Herzogenrath (Hg.): Max Ernst in Köln. Die rheinische Kunstszene bis 1922, Köln 1980.

Herzogenrath 1981
Wulf Herzogenrath (Hg.): Sonderbund 1912, Werkbund 1914; PRESSA 1928, Köln 1981.

Herzogenrath – Teuber – Littlefield
Wulf Herzogenrath – Dirk Teuber – Angie Littlefield (Hgg.): Willy Fick, ein Kölner Maler der zwanziger Jahre wiederentdeckt, Köln 1986.

Hesse – Kramp – Soénius
Petra Hesse – Mario Kramp – Ulrich S. Soénius (Hgg.): Köln 1914. Metropole im Westen. Kölnisches Stadtmuseum, Museum für Angewandte Kunst, Stiftung Rheinisch-Westfälisches Wirtschaftsarchiv zu Köln 22. November 2014 bis 19. April 2015, Köln 2014.

Heyworth
Peter Heyworth: Otto Klemperer. Dirigent der Republik 1885-1933, Berlin 1988.

Hieronimus
Marc Hieronimus: „... das Küssen möglichst vermeiden". Die Spanische Grippe in Köln, in: Thomas Deres (Hg.): krank/gesund. 2000 Jahre Krankheit und Gesundheit in Köln. Köln 2005, S. 201–219.

Hille
Karoline Hille: Gefährliche Musen. Frauen um Max Ernst, Berlin 2. Aufl. 2009.

Hiller
Carl H. Hiller: Vom Quatermarkt zum Offenbachplatz. 400 Jahre Musiktheater in Köln, Köln 1986.

Hoffend
Andrea Hoffend: Konrad Adenauer und das faschistische Italien. Zur Instrumentalisierung von Kulturpolitik am Beispiel der Gründung des Petrarca-Hauses zu Köln 1931, in: Quellen und Forschungen aus italienischen Archiven und Bibliotheken 75, 1995, S. 481–541.

Horstmann
Anne-Kathrin Horstmann: „Das deutsche Volk braucht Kolonien" – Konrad Adenauer und der Kolonialrevisionismus, in: Bechhaus-Gerst – Horstmann, S. 197–203.

Isaacs
Reginald R. Isaacs: Walter Gropius. Der Mensch und sein Werk, Bd. 1, Berlin 1983.

Jatho
Carl Oskar Jatho: Franz Wilhelm Seiwert (Monographien zur rheinisch-westfälischen Kunst der Gegenwart 27), Recklinghausen 1964.

Jeffery
Keith Jeffery: The British Army and the Crisis of Empire, 1984.

Joppien
Rüdiger Joppien: Die Kölner Werkschulen 1920–1933. Unter besonderer Berücksichtigung der Ära Richard Riemerschmids (1926–1931), in: Wallraf-Richartz Jahrbuch 43, 1982, S. 247–346.

Jüdisches Schicksal
Jüdisches Schicksal in Köln 1918–1945. Katalog zur Ausstellung des Historischen Archivs der Stadt Köln / NS-Dokumentationszentrum, Köln 1988.

Jung
Werner Jung: Das moderne Köln. Der historische Stadtführer, Köln 2006.

Kaltenbach
Wilhelm Kaltenbach: Die St. Petersglocke des Kölner Doms, in: Kölner Domblatt, Jahrbuch des Zentral-Dombauvereins, 36./37. Folge, Köln 1973, S. 143–164.

Kessemeier
Gesa Kessemeier: Sportlich, sachlich, männlich. Das Bild der ‚Neuen Frau' in den Zwanziger Jahren. Zur Konstruktion geschlechterspezifischer Körperbilder in der Mode der Jahre 1920 bis 1929, Dortmund 2000.

Kieser
Marco Kieser: Als Paul Jockel in Köln beinahe den Nürburgring gebaut hätte. Aus dem Nachlass des Architekten Theo Wilkens, in: Denkmalpflege im Rheinland 30/1, 2013, S. 25–33.

Kleinertz – Sander – Stehkämper
Everhard Kleinertz – Hartmut Sander – Hugo Stehkämper: Konrad Adenauer. Seine Zeit – sein Werk. Ausstellung aus Anlaß des 100. Geburtstages am 5. Januar 1876, Historisches Archiv der Stadt Köln, 5. Januar bis 30. April 1976.

Koch-Mertens
Wiebke Koch-Mertens: Der Mensch und seine Kleider. Die Kulturgeschichte der Mode im 20. Jahrhundert, Bd. 2, Düsseldorf/Zürich 2000.

Köhler
Gerald Köhler: In voller Länge und Breite. Der Theatermaler Rudolf Hraby, in: Buck u.a., S. 113–117.

Köhler, Adenauer
Henning Köhler: Adenauer. Eine politische Biographie, Frankfurt/M 1994.

Köln 1928
Köln. Werden – Wesen – Wollen einer deutschen Stadt, hg. v. d. Stadt Köln, Köln 1928.

Kölner Werkschulen
Kölner Werkschulen (Hg.): 100 Jahre Kölner Werkschulen, Köln 1979.

Kramp – Soénius
Mario Kramp und Ulrich S. Soénius (Hgg.): Made in Cologne. Kölner Marken für die Welt, 2. aktualisierte und stark erweiterte Aufl., Köln 2015.

Langen 1997
Gabi Langen (Hg.): Vom Handstand in den Ehestand. Frauensport im Rheinland bis 1945, Köln 1997.

Langen 2000
Gabi Langen: Geliebt Verehrt Vergöttert. Die Idole des Kölner Sports, Köln 2000.

Langen 2009
Gabi Langen: Sport und Stadt – eine Partnerschaft entsteht, in: Sport für Köln – gestern, heute, morgen. Köln 2009. S. 15–25.

Langen – Deres
Gabi Langen und Thomas Deres: Müngersdorfer Stadion Köln, Köln 1998.

Leifeld
Marcus Leifeld: Der Kölner Karneval in der Zeit des Nationalsozialismus: vom regionalen Volksfest zum Propagandainstrument der NS-Volksgemeinschaft (Schriftenreihe des NS-Dokumentationszentrums der Stadt Köln 18), Köln 2015.

Lewald
Theodor Lewald: Sport, deutsche Wirtschaft und Volksgesundheit. Ein Beitrag zum Wirtschaftsprogramm der Reichsregierung. Vortrag, gehalten vor der Industrie- und Handelskammer in Berlin am 2. März 1926, Berlin 1926.

Lil
Kira Lil: Ein perfekter Skandal, in: Uwe Fleckner (Hg.): Das verfemte Meisterwerk: Schicksalswege moderner Kunst im Dritten Reich (Schriften der Forschungsstelle „Entartete Kunst“ 4), Berlin 2009, S. 49–74.

Littlefield
Angelika Littlefield: The Dada Period in Cologne. Selections from the Fick-Eggert-Collection. Art Gallery of Ontario, Toronto 1988.

Macht der Mode
Die Macht der Mode. Zwischen Kaiserreich, Weltkrieg und Republik, Begleitband zur Sonderausstellung, hg. v. LVR-Industriemuseum, Ratingen 2015.

Mai
Ekkehard Mai: Vom Werkbund zur Kölner Werkschule. Richard Riemerschmid und die Reform der Kunsterziehung im Kunstgewerbe. In: Ausst. Kat. Richard Riemerschmid. Vom Jugendstil zum Werkbund, Architektursammlung der Technischen Universität München, des Münchener Stadtmuseum und des Germanisches Nationalmuseum Nürnberg u.a., hg. v. Winfried Nerdinger, München 1982, S. 36–62 und S. 520–526.

Max Ernst
Max Ernst. Das Rendezvous der Freunde. Museum Ludwig Köln 22. Juni bis 8. September 1991, Köln 1991.

Mensing, 1998
Hans Peter Mensing: Emma, Gussie und Konrad Adenauer, mit ihren Töchtern Ria Reiners, Lotte Multhaupt und Libet Werhahn, in: Dieter Zimmer (Hg.): Deutschlands First Ladies, Stuttgart 1998.

Mensing
Hans-Peter Mensing: Kursbuch Adenauer 1917–1933, in: Schulz, S. 327–380.

Metzmacher
Helmut Metzmacher: Der Novemberumsturz 1918 in der Rheinprovinz, in: ANHV 168/169, 1967, S. 135 ff.

Mommsen
Wolfgang J. Mommsen: Deutschland, in: Enzyklopädie Erster Weltkrieg, hg. v. Gerhard Hirschfeld, Gerd Krumeich u.a., Paderborn 2009, S. 15–30.

Morsey 1965
Rudolf Morsey: Die Rheinlande, Preußen und das Reich 1914–1945, in: Rheinische Vierteljahrsblätter 30, Köln 1965, S. 176–220.

Morsey 1976
Rudolf Morsey: Der Staatsmann im Kölner Oberbürgermeister Konrad Adenauer, in: Rheinische Vierteljahrsblätter 40, Köln 1976, S. 199–211.

Morsey 2000
Rudolf Morsey: Adenauer und Berlin 1901–1949: Ein spannungsreiches Verhältnis, in: Dietrich Murswiek, Ulrich Storost und Heinrich A. Wolff (Hgg.): Staat – Souveränität – Verfassung: Festschrift für Helmut Quaritsch zum 70. Geburtstag, Berlin 2000, S. 535–549.

Müller, Adenauers Europa
Guido Müller: Adenauers Europa- und Kulturpolitik als Kölner Oberbürgermeister 1917–1933, in: Geschichte in Köln 47, Köln 2000, S. 48–70.

Müller, Ausgrenzung
Jürgen Müller: Ausgrenzung der Homosexuellen aus der »Volksgemeinschaft«. Die Verfolgung von Homosexuellen in Köln 1933–1945 (Schriften des NS-Dokumentationszentrums der Stadt Köln, 9), Köln 2003.

Nadler
Harry E. Nadler: Rhenish Separatist Movements during the Early Weimar Republic, 1918–1924, 1987.

Neidiger
Bernhard Neidiger: „Von Köln aus kann der Sozialismus nicht proklamiert werden“. Der Kölner Arbeiter- und Soldatenrat im November/Dezember 1918 (Kölner Schriften zu Geschichte und Kultur 11), Köln 1985.

Nelson
Keith Nelson: Victors Divided: America and the Allies in Germany, 1918-1923, 1975.

Nitt
Ingeborg Nitt: Glocken – Kunstwerke und Medizin (2. Teil), Die Stumme von Köln, in: Info-Heft der Akademie för uns kölsche Sproch, Nov. 2005 – April 2006.

Oellers – Euler-Schmidt
Adam C. Oellers – Michael Euler-Schmidt (Hgg.): Barthel Gilles. 1891–1977. Leben und Werk, Recklinghausen 1987.

Pawley
Margaret Pawley: Tom Williams, review of The Watch on the Rhine: The Military Occupation of the Rhineland, in: The English Historical Review 125, 513, 2010, pp. 486-487.

Piggott
Julian Piggott: 'The Rhineland Republic I', in: History Today 3, 12, 1953, pp. 817–822.

PRESSA
Internationale Presse-Ausstellung (Hg.): Pressa, Kulturschau am Rhein, Köln 1928.

Reimer
Klaus Reimer: Rheinlandfrage und Rheinlandbewegung (1918–1933). Ein Beitrag zur Geschichte der regionalistischen Bestrebungen in Deutschland, Frankfurt/M –Bern – Las Vegas 1979.

Reineking von Bock
Gisela Reineking von Bock: 200 Jahre Mode. Kleider vom Rokoko bis heute, Bestandskatalog des Museums für Angewandte Kunst Köln, Bd. 12, Köln 1991.

Reuther
HAStK, Best. 7030, Chroniken und Darstellungen 500-6: Heinrich Reuther: Köln im Ersten Weltkrieg, masch. MS, Köln 1931.

Riha – Schäfer
Karl Riha – Jürgen Schäfer (Hgg.): Fatagaga-Dada. Max Ernst, Hans Arp, Johannes Theodor Baargeld und der Kölner Dadaismus, Gießen 1995.

Roth
Lynette Roth: 1920–33. köln progressiv. seiwert – hoerle – arntz. Museum Ludwig 15. März bis 15. Juni 2008, Köln 2008.

Schäfke – Euler-Schmidt
Werner Schäfke – Michael Euler-Schmidt (Hgg.): Anton Räderscheidt, Köln 1993.

Schilling
Konrad Schilling (Hg.): Monumenta Judaica. 2000 Jahre Geschichte und Kultur der Juden am Rhein, Köln 1963.

Schlemmer 2004
Martin Schlemmer: Konrad Adenauer und die Rheinlandfrage. Eine unerledigte Streitfrage?, in: Geschichte im Westen 19, 2004, S. 7–23.

Schlemmer 2007
Martin Schlemmer: „Los von Berlin". Die Rheinlandbestrebungen nach dem Ersten Weltkrieg (Rheinisches Archiv 152), Köln – Weimar – Wien 2007.

Schlungbaum-Stehr
Regine Schlungbaum- Stehr: Das Martinsviertel, in: Hall, S. 85–92.

Schmidt 2007
Klaus Schmidt: Glaube, Macht und Freiheitskämpfe. 500 Jahre Protestanten im Rheinland, Köln 2007.

Schmidt 2016
Klaus Schmidt: Aufstieg einer Minderheit. 500 Jahre Protestanten in Köln (Kirchengeschichte regional 6), Münster 2016.

Schmidt – Weyer
Klaus Schmidt – Anselm Weyer: Klar und konsequent. Die Kölner Vikarin und religiöse Sozialistin Ina Gschlössl, in: Manfred Gailus – Clemens Vollnhals (Hgg.): Mit Herz und Verstand. Protestantische Frauen im Widerstand gegen die NS-Rassenpolitik (Berichte und Studien 65), Göttingen 2013, S. 253–268.

Schmitt-Rost
Hans Schmitt-Rost (Hg.): hoerle und seiwert. Moderne Malerei in Köln zwischen 1917 und 1933. Eine Monographie, Köln 1952.

Schubert
Dietrich Schubert: Die Verfolgung des Gemäldes Schützengraben (1923) von Otto Dix, in: Rolf Kloepfer – Burckhard Dücker (Hgg.): Kritik und Geschichte der Intoleranz. Dietrich Harth zum 65. Geburtstag, Heidelberg 2000, S. 351–370.

Schulamt
Schulamt der Stadt Köln, Abteilung für Berufs- und Fachschulen (Hg.): Die Berufsschulen, die kaufmännischen Fachschulen und technischen Lehranstalten in Köln. Denkschrift zur Eröffnung der Berufsschule Ulrepforte, Köln 1928.

Schulz
Günther Schulz (Hg.): Konrad Adenauer. 1917–1933. Dokumente aus den Kölner Jahren (Rheinprovinz. Dokumente und Darstellungen zur Geschichte der rheinischen Provinzialverwaltung und des Landschaftsverbandes Rheinland 15), Köln 2007.

Schwarz
Peter Schwarz: Adenauer. Der Aufstieg: 1876–1952, Stuttgart, 2. Aufl. 1986.

Seidler
Martin Seidler: Die Kölner Domglocken, Begleitheft zur CD, Köln, 2. Aufl. 2002.

Serup-Bilfeldt
Kirsten Serup-Bilfeldt: Zwischen Dom und Davidstern. Jüdisches Leben in Köln von den Anfängen bis heute, Köln 2001.

Simchowitz
Sascha Simchowitz: 25 Jahre Kölner Opernhaus 1902–1927, Köln 1927.

Soénius
Ulrich S. Soénius: Louis Hagen – ein Unternehmer in der Zeitenwende, in: Jahrbuch 82 des Kölnischen Geschichtsvereins e. V. 2013/14, Köln 2015, S. 245–289.

Sollmann
Wilhelm Sollmann: Die Revolution in Köln, Köln 1918.

Standt
Volker Standt: Köln im Ersten Weltkrieg. Veränderungen in der Stadt und des Lebens der Bürger 1914–1918, Göttingen 2014.

Stehkämper 1968
Hugo Stehkämper: „Es lebe die Republik!". Zeugnisse zur deutschen und kölnischen Geschichte November 1918 bis Februar 1919. Ausstellung des Historischen Archivs der Stadt Köln in der Eingangshalle des Rathauses vom 6.–29. November 1968.

Stehkämper 1970
Hugo Stehkämper: Die Weimarer Republik. Zeugnisse zu ihrer Geschichte. Ausstellung des Historischen Archivs der Stadt Köln aus Anlaß der 50. Wiederkehr des Verfassungsjahres 1919 in der Eingangshalle des Rathauses vom 9. Dezember 1969 bis 16. Januar 1970.

Stehkämper 1976
Hugo Stehkämper (Hg.): Konrad Adenauer. Oberbürgermeister von Köln. Festgabe der Stadt Köln zum 100. Geburtstag ihres Ehrenbürgers am 5. Januar 1976, Köln 1976.

Storer
Colin Storer: Britain and Weimar Republic: The History of a Cultural Relationship, 2010.

Tuohy
Ferdinand Tuohy: Occupied, 1918–30: A Postscript to the Western Front, 1931.

Valder-Knechtges
Claudia Valder-Knechtges: ... wie war unsere Arbeit damals schön ... Oberbürgermeister Konrad Adenauer und das Kölner Musikleben (1917–1933/45), hg. von Stefan Lübbe und Franz Xaver Ohnesorg, Köln o.J. [1995].

Valder Knechtges, Provinztheater
Dies.: Provinztheater im Umbruch (1916–1928), in: Christoph Schwandt (Hg.), Oper in Köln. Von den Anfängen bis zur Gegenwart, Berlin 2007, S. 207–254.

VStVK
Verhandlungen der Stadtverordneten-Versammlung zu Köln (VStVK), Sitzung vom 20. März 1919, Köln 1919 u.ö.

Vitt
Walter Vitt (Hg.): Bagage de Baargeld. Neues über den Zentrodada aus Köln – Stamberg 1985.

Vom Dadamax zum Grüngürtel
Vom Dadamax zum Grüngürtel. Köln in den 20er Jahren. Bildende Kunst, Fotografie, Rundfunk, Architektur, Musik, Theater, Literatur. Kölnischer Kunstverein 15. März bis 11. Mai 1975, 2. überarb. Aufl.

von Hehl
Ulrich von Hehl: Schulte, Karl Joseph, in: Erwin Gatz (Hg.): Die Bischöfe der deutschsprachigen Länder 1785/1803 bis 1945. Ein biographisches Lexikon, Berlin1983, S. 680–682.

Wangenheim
Annette von Wangenheim: Béla Bartók. „Der wunderbare Mandarin" – Von der Pantomime zum Tanztheater (Die Tanzarchiv-Reihe 21), Overath b. Köln 1985.

Weidenfeld
Werner Weidenfeld: Konrad Adenauer und Europa. Die geistigen Grundlagen der westeuropäischen Integrationspolitik des ersten Bonner Bundeskanzlers, Bonn 1976.

Weissweiler
Eva Weissweiler: Notre Dame de Dada. Luise Straus-Ernst – das dramatische Leben der ersten Frau von Max Ernst, Köln 2016.

Wenge
Nicola Wenge: Integration und Ausgrenzung in der städtischen Gesellschaft. Eine jüdisch-nichtjüdische Beziehungsgeschichte Kölns 1918–1933, Mainz 2005.

Werhahn
Libet Werhahn (zus. mit Marlene Zinken): Im Wechselbad der Geschichte. Gussie Adenauer, in: Der unverstellte Blick. Unsere Mütter (aus)gezeichnet durch die Zeit 1938 bis 1958. Töchter erinnern sich, Opladen u. a., 2008, S. 80–89.

Wieger
Hermann Wieger (Hg.): Handbuch von Köln, Köln 1925.

Wiessing
Mathijs C. Wiessing: Gertrud Meyer – Die Frau mit grünen Haaren, Hamburg 1978.

Wilhelm
Jürgen Wilhelm (Hg.): Zwei Jahrtausende Jüdische Kunst und Kultur in Köln, Köln 2007.

Williamson 1977
David Williamson: 'Cologne and the British, 1918-26', in: History Today 27, 11,1977, pp. 695–702.

Williamson 1991
David Williamson: The British in Germany, 1918-1930: The Reluctant Occupiers, 1991.

Wolff
Arnold Wolff: St. Petersglocke – „Dicker Pitter" (www.koelner-dom.de/index.php?id=60).

Zander-Seidel
Jutta Zander-Seidel: Kleiderwechsel. Frauen-, Männer- und Kinderkleidung des 18. bis 20. Jahrhunderts. Die Schausammlungen des Germanischen Nationalmuseums, Bd. 1, Nürnberg 2002.

Zepter
Michael Cornelius Zepter: Maskerade – Künstlerkarneval und Künstlerfeste in der Moderne, Wien – Köln – Weimar 2012.

„10 Uhr pünktlich Gürzenich".
Kölner Frauengeschichtsverein (Hg.): „10 Uhr pünktlich Gürzenich". Hundert Jahre bewegte Frauen in Köln - zur Geschichte der Organisationen und Vereine. Katalog zur gleichnamigen Ausstellung 13. Januar bis 22. Februar 1995 in den Räumen des Fördervereins junger Kunst „68elf" e.V. (Agenda Frauen, 5), Münster 1995.

DIE AUTORINNEN UND AUTOREN

KONRAD ADENAUER, geb. am 9. Januar 1945 in Bad Honnef, Abitur am Kölner Apostelgymnasium, Jurastudium in Freiburg i. Br. und Köln, ebenda Notar von 1980–2015.

BEATRIX ALEXANDER, geb. 1956 in Mönchengladbach, seit 1984 am Kölnischen Stadtmuseum, zuständig für Bibliothek und Provenienzforschung.

DR. WIBKE BECKER, geb. 1972 in Hann. Münden, Historikerin (Studium der Geschichte und Germanistik an der Universität zu Köln), seit 2012 Mitarbeiterin des Kölnischen Stadtmuseums in Bereichen Presse und Öffentlichkeitsarbeit, Marketing und Veranstaltungsorganisation.

DR. JOHANNES RALF BEINES, geb. 14. Januar 1950 in Mönchengladbach, Studium der Geschichte und Kunstgeschichte in Bonn, ab 1979 wissenschaftlicher Mitarbeiter beim Stadtkonservator Köln, 2010–2015 beim Kölnischen Stadtmuseum.

JOHANNA CREMER M. A., 2005–2010 Studium der Kunstgeschichte, Alten Geschichte und Mittelalterlichen/Neueren Geschichte an der Universität zu Köln und der Karlsuniversität Prag, 2013–2016 Promotionsstipendium der a.r.t.e.s. Graduate School for the Humanities Cologne. Seit 2016 wissenschaftliche Volontärin am Kölnischen Stadtmuseum.

THOMAS DERES M. A., Historiker, wissenschaftlicher Mitarbeiter des Historischen Archivs der Stadt Köln.

DR. MICHAEL EULER-SCHMIDT M. A., Kunsthistoriker, Germanist und Theaterwissenschaftler, stellv. Direktor und Leiter der Abteilung zur Pflege und Erforschung des Kölnischen Brauchtums im Kölnischen Stadtmuseum.

IRENE FRANKEN, geb. 1952 in Düsseldorf, Studium Lehramt an der Realschule, danach tätig als Buchhändlerin, Historikerin, Publizistin, Eventmanagerin, Multimediaentwicklerin, Ausstellungsmacherin und Stadtführerin.

GÜNTER GROSCH, 1934–2015, ehem. Mitarbeiter des Kölnischen Stadtmuseum; Mitglied der „Kölner Münzfreunde".

PHILIPP HOFFMANN M. A. studierte Geschichte, Politik und Soziologie in Bonn und Wien und arbeitet als wissenschaftlicher Mitarbeiter im Kölnischen Stadtmuseum. Zurzeit entsteht sein Dissertationsprojekt zur deutschen Waggonindustrie in der Weimarer Zeit an der Universität Bonn.

JENNIFER KIRCHHOFF M. A., geb. 1985, studierte Kunstgeschichte, Geschichte und Pädagogik in Köln und Rom. Nach beruflichen Tätigkeiten in Florenz und Köln arbeitet sie zurzeit als wissenschaftliche Mitarbeiterin im Kölnischen Stadtmuseum sowie als selbstständige Museumspädagogin.

BIRTE KLARZYK M. A., Studium der Geschichte und Archäologie in Köln, derzeit Dissertationsprojekt über Verfolgung der jüdischen Bevölkerung in Köln 1938–1944, angestellt beim Museumsdienst Köln sowie freie Mitarbeit im NS-Dokumentationszentrum.

DR. MARIO KRAMP, geb. 1961, studierte Mittlere und Neue Geschichte, Alte Geschichte und Kunstgeschichte in Aachen und Paris, seit 2010 Direktor des Kölnischen Stadtmuseums.

STEFAN LEWEJOHANN, Studium der Geschichte und Germanistik an der Universität zu Köln, wissenschaftlicher Mitarbeiter des Kölnischen Stadtmuseums, Mitherausgeber von „Geschichte in Köln. Zeitschrift für Stadt- und Regionalgeschichte".

DR. HENRIETTE MEYNEN, geb. 1940, 1962–1965 Ausbildung als Diplombibliothekarin, 1968–1976 Studium der Geographie, Kunstgeschichte, Kartographie, 1975–1978 Forschungsstipendium der Fritz Thyssen Stiftung: Kölner Grüngürtel, 1978–2005 Wissenschaftliche Mitarbeiterin des Kölner Stadtkonservators.

DR. JÜRGEN MÜLLER, geb. 1959, Fachjurist und Historiker (Studium der Geschichte, Kunstgeschichte und Soziologie in Köln), seit 2007 wissenschaftlicher Mitarbeiter im NS-Dokumentationszentrum der Stadt Köln

DR. JOACHIM OEPEN, geb. 1963, Studium der Klass. Philologie, Geschichte, Hist. Hilfswissenschaften, Pädagogik in Köln, Promotion 1998, stellv. Leiter des Historischen Archivs des Erzbistums Köln, Lehrbeauftragter an der Universität zu Köln und am Erzbischöflichen Diakoneninstitut Köln, Mitherausgeber von „Geschichte in Köln. Zeitschrift für Stadt- und Regionalgeschichte", Publikationen zur Kölner Stadt- und rheinischen Landesgeschichte.

DR. GABRIELE OEPEN-DOMSCHKY, Historikerin, freie Autorin, Dom- und Kirchenführerin, Veröffentlichungen zur Kölner Stadtgeschichte.

SASCHA PRIES M. A., geb. 1983, Magisterstudium der Geschichte, Politikwissenschaft und Englische Literatur in Köln und Bonn. Seit 2012 wissenschaftlicher Mitarbeiter des Kölnischen Stadtmuseums.

HENRIETTE REKER, seit 2015 Oberbürgermeisterin der Stadt Köln.

DR. ULRICH S. SOÉNIUS, geb. 1962 in Köln, Vorstand und Direktor der Stiftung Rheinisch-Westfälisches Wirtschaftsarchiv zu Köln, stellv. Hauptgeschäftsführer der Industrie- und Handelskammer zu Köln.

JULIAN VALANT ist ein junger Historiker mit Sitz in Großbritannien. Er spezialisiert sich auf das Studium der militärischen Besetzungen, sein nächstes Projekt wird ein Doktorat über die Briten in Österreich 1945–1955 sein.

RITA WAGNER M. A., geb. 1956 in Brühl (Rhld.), Studium der Neueren Geschichte, Soziologie und Publizistik in Münster, Leiterin der Graphischen Sammlung des Kölnischen Stadtmuseums.

TOBIAS WÜSTENBECKER M. A., studierte Geschichte und Soziologie in Bielefeld und Baltimore (USA); 2006–2010 Volontär und danach wissenschaftlicher Mitarbeiter an den Reiss-Engelhorn-Museen Mannheim, seit 2010 Direktionsassistent und wissenschaftlicher Mitarbeiter am Museum für Angewandte Kunst Köln (MAKK).

ABBILDUNGSVERZEICHNIS

Abkürzungen

AdsD:	Archiv der sozialen Demokratie
KSM:	Kölnisches Stadtmuseum
HAStK:	Historisches Archiv der Stadt Köln
IWM:	Imperial War Museum
MAKK:	Museum für Angewandte Kunst Köln
NS-DOK:	NS-Dokumentationszentrum der Stadt Köln
RBA:	Rheinisches Bildarchiv Köln
RWWA:	Stiftung Rheinisch-Westfälisches Wirtschaftsarchiv zu Köln
StBKAD:	Stiftung Bundeskanzler-Adenauer-Haus
TWS:	Theaterwissenschaftliche Sammlung

Abbildungsnachweis

Archiv der sozialen Demokratie / Friedrich-Ebert Stiftung
S. 71

Archiv der Stiftung Bundeskanzler-Adenauer-Haus, Bad Honnef-Rhöndorf
Foto: Judith Fröhlich
S. 14

Archiv der Stiftung Bundeskanzler-Adenauer-Haus, Bad Honnef-Rhöndorf
S. 22, 23, 24, 25, 64, 73, 77 u., 78, 111, 128, 136

Archiv der Synagogen-Gemeinde Köln
S. 102 o.

Archiv des Straßenbahn-Museums Thielenbruch, Köln
S. 83

Centrum Schwule Geschichte Köln
S. 168, 170, 172

Centrum Schwule Geschichte Köln
Foto: Rheinisches Bildarchiv Köln
S. 167

Erzbischöfliches Diözesanmuseum Köln
Foto: Rheinisches Bildarchiv Köln
S. 94 r.

Evangelische Gemeinde Köln
S. 97 o.

Freunde der Art Cologne e.V.
Foto: Judith Fröhlich
S. 138

Historisches Archiv der Stadt Köln
Foto: Rheinisches Bildarchiv Köln
S. 26

Historisches Archiv Farina
S. 80, S. 84

Hohe Domkirche St. Petrus
Foto: Rheinisches Bildarchiv Köln
S. 17

Imperial War Museum, London
S. 37, 39, 40

Kardinal-Schulte Haus / Erzbistum Köln
S. 95

Kölnisches Stadtmuseum:
S. 2/3, 56, 62, 77 o., 93, 132, 137, 180/181

Kölnisches Stadtmuseum
Foto: Rheinisches Bildarchiv Köln
S. 12, 18, 19, 20, 21, 28, 29 o., 31 u., 32, 33 o., 34, 32, 36, 38, 41, 42, 46, 49, 50, 52, 53, 60, 61 o. und u., 66, 68, 74, 81, 82, 86, 88, 89 l. und r., 91, 92, 94 l., 96, 97 u., 99, 107, 108, 109, 110, 112, 120, 122, 124, 125, 126, 129 u., 135, 140, 144 u., 146, 149 r., 150, 154 r., 156 l. und r., 157, 160, 162, 163 l. und r., 164, 165, 166, 176 l.

Foto: Rheinisches Bildarchiv Köln, Wolfgang F. Meier
S. 57, 115 o., 152, 158, 161,

Foto: Rheinisches Bildarchiv Köln, Kim Pottkämper, Alina Cürten
S. 72

Foto: Rheinisches Bildarchiv Köln, Marion Mennicken
S. 87

Kölnisches Stadtmuseum
Foto: Judith Fröhlich
S. 16 u., 29 u., 30, 44, 45, 76, 90, 113 o., 115 u., 149 l. u., 153

KTHC Stadion Rot-Weiß e.V.
Foto: Judith Fröhlich
135 l.

Landesarchiv NRW – Abteilung Rheinland – BR 2385 Nr. 3682
S. 171 o.

Münchener Stadtmuseum, Sammlung Graphik/Gemälde
S. 148 l.

Museum für Angewandte Kunst Köln
Foto: Rheinisches Bildarchiv Köln
S. 149 l. o.

Museum Ludwig
Foto: Rheinisches Bildarchiv Köln / © VG Bild-Kunst, Bonn 2017
S. 69, 127, 142, 143, 144 o., 145, 155

NS-Dokumentationszentrum der Stadt Köln
S. 101, 103, 104, 105, 169 o. und u. l. und u. rechts, 171 u.

NS-Dokumentationszentrum der Stadt Köln
Foto: Rheinisches Bildarchiv Köln
S. 100

Rheinisches Bildarchiv Köln
S. 48, 51, 54, 55, 58, 75, 129 o., 131

Rheinisches Bildarchiv Köln / © VG Bild-Kunst, Bonn 2017
S. 16 o., 31 o., 33 u.

Sankt Georg Köln (Diözesanzentrum)
Foto: © CEphoto, Uwe Aranas
S. 148 r.

Stadt Köln
S. 10

Stadtkonservator Köln
S. 134

Stiftung Rheinisch-Westfälisches Wirtschaftsarchiv zu Köln
S. 116, 119, 121 r.

Stiftung Rheinisch-Westfälisches Wirtschaftsarchiv zu Köln
Foto: Ford-Werke
S. 114

Stiftung Rheinisch-Westfälisches Wirtschaftsarchiv zu Köln
Foto: Peter Boettcher
S. 121 l.

Theaterwissenschaftliche Sammlung der Universität zu Köln
S. 174, 175, 176 r., 177 l. und r., 178, 179

United States Holocaust Memorial Museum
S. 173

Universität zu Köln
Foto: Rheinisches Bildarchiv Köln
S. 113 u.

Reproduktionen:

Siegfried Braun (Hg.): Jahrbuch der Synagogengemeinde Köln, Köln 1934, S. 38:
S. 102 u.

Rudolf Hummel (Hg.): Deutsche Reichsbahn: Monopol, Verkehrsaufsicht – Verkehrsbedienung. Nachrichten für Verkehrsforschung, Jahrgang 1928, Heft 1:
S. 117

Herzogenrath – Teuber – Littlefield, S. 61:
S. 70

PRESSA, S. 56:
Foto: Rheinisches Bildarchiv Köln
S. 123

Köln 1928, S. 150:
Foto: Rheinisches Bildarchiv Köln
S. 147

Henriette Meynen: Die Kölner Grünanlagen. Die städtebauliche und gartenarchitektonische Entwicklung des Stadtgrüns und das Grünsystem Fritz Schumachers (Beiträge zu den Bau- und Kunstdenkmälern im Rheinland 25), Düsseldorf 1979, Abb. 125
S. 130

Riha – Schäfer, S. 67:
S. 154 l.

Wieger, S. 210:
S. 59

„10 Uhr pünktlich Gürzenich", S. 156:
S. 67